Strategisches Industriegüterdesign

Christoph Herrmann · Günter Moeller ·
Ronald Gleich · Peter Russo
Herausgeber

Strategisches Industriegüterdesign

Innovation und Wachstum durch Gestaltung

 Springer

Herausgeber

Dr. Christoph Herrmann
Günther Moeller
hm+p Herrmann, Moeller +
Partner | Unternehmensberater
Maximilianstraße 29
80539 München
c.herrmann@hmp-innovation.de
g.moeller@hmp-innovation.de

Prof. Dr. Ronald Gleich
Prof. Dr. Peter Russo
Strascheg Institute for Innovation
and Entrepreneurship (SIIE)
European Business School (EBS)
International University
Schloss Reichartshausen
Wiesbaden/Rheingau
EBS Campus Rheingau
65375 Oestrich-Winkel
ronald.gleich@ebs-siie.de
peter.russo@ebs-siie.de

ISBN 978-3-642-00115-4   e-ISBN 978-3-642-00116-1
DOI 10.1007/978-3-642-00116-1
Springer Dordrecht Heidelberg London New York

Die Deutsche Nationalbibliothek verzeichnet diese Publikation in der Deutschen Nationalbibliografie; detaillierte bibliografische Daten sind im Internet über http://dnb.d-nb.de abrufbar.

Foto vordere Umschlagseite: Heidelberger Druckmaschinen AG

Einbandgestaltung: WMX GmbH, Heidelberg

Printed on acid-free paper

Springer ist Teil der Fachverlagsgruppe Springer Science+Business Media (www.springer.com)

Vorwort

„Für ein Unternehmen, das bereits Weltklasse in vielerlei anderer Hinsicht geworden ist, stellt Design die nächste große Herausforderung dar."

Prof. Robert H. Hayes, Professor of Business Administration (Emeritus), Harvard Business School

„Design prägt sichtbar das Marken- und Unternehmensprofil, nicht nur im Konsumgüter-, sondern auch im Investitionsgüterbereich. Es schafft Kundenidentifikation und damit Kundenbindung, differenziert Produkt und Unternehmen, erzeugt eine Preisvorstellung beim Kunden, positioniert ein Produkt am Markt und verdeutlicht Unternehmensidentität – Hightechprodukt, Präzision, technische Kompetenz – informierend und imageprägend."

Stefan Schönherr, Leiter Design der Produktsparte Bus der MAN Nutzfahrzeuge AG

Das Design, speziell das Produktdesign, erlebt aktuell eine Aufmerksamkeit, wie es sie zuvor kaum gegeben hat. Spätestens seit dem Erfolg von APPLE's iPod und iPhone haben immer mehr Unternehmer und Manager das Design als wichtigen strategischen Erfolgsfaktor für sich erkannt. In Branchen wie der Automobilindustrie zählt das Design inzwischen zu den wichtigsten Entscheidungsfaktoren beim Produktkauf (vgl. HERRMANN u. MOELLER 2005). Selbst in traditionell eher designfernen Branchen wie etwa der Service- oder Investitionsgüterindustrie gewinnt das Design zunehmend an Bedeutung (vgl. ERLHOFF et al. 1997, STEINMEIER 1998). Während im Konsumgüterbereich vor allem das Kommunikations- und Verpackungsdesign von zentraler Bedeutung ist und es im Servicebereich hauptsächlich um die Gestaltung innovativer Dienstleistungsumgebungen („Service Environments" wie zum Beispiel die Flaggschiff-Filiale Q110 der Deutschen Bank in Berlin) geht, steht im Investitionsgüterbereich das industrielle Design technischer Produkte im Mittelpunkt (vgl. HESKETT 1997).

Unternehmen wie BASF, HEIDELBERG, FESTO, GILDEMEISTER, MAN, STILL, Zeiss und viele andere mehr haben in den vergangenen Jahren bewiesen, dass dem industriellen Design nicht nur eine wichtige Rolle im Produktentwicklungsprozess zukommt, sondern es darüber hinaus auch einen wichtigen Beitrag zu Innovationserfolg, Umsatzwachstum und Markenstärkung leisten kann. Aber auch mittelgroße und kleinere Investitionsgüterhersteller wie zum Beispiel die PCS Systemtechnik GmbH aus München, die SICK Engineering GmbH aus Dresden oder das Unternehmen STARMED aus Ulm haben erkannt, dass das Design ihnen wichtige Marktvorteile bietet. Wer die Erfolgsrate von Neuprodukteinführungen am Markt erhöhen, seine Produkte wirksam vom globalen Wettbewerb differenzieren und dabei die Qualität und Wertigkeit der angebotenen Leistungen unterstreichen will, der kommt heute auch im Investitionsgüterbereich um eine gezielte Designpolitik nicht herum. Es verwundert nicht, dass vor diesem Hintergrund nicht mehr nur die kunst- und kulturwissenschaftliche Fachpresse, sondern immer häufiger auch Wirtschaftsmedien einen anhaltenden „Trend" zum

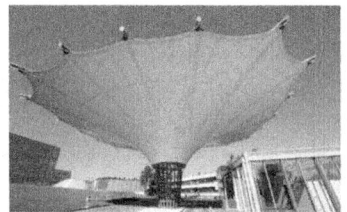
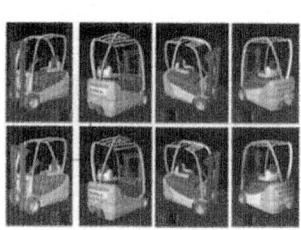

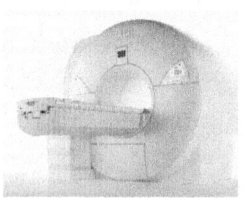
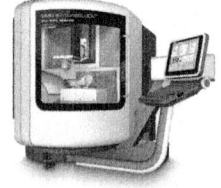

Abb. 1. Strategisches Industriegüterdesign – Beispiele aus der Praxis (Quellen: FESTO, STILL, BASF, HEIDELBERG, Siemens, GILDEMEISTER)

Design ausmachen (Harvard Business Manager, Heft 4/2007), ein verstärktes „Designdenken" in den Unternehmen einfordern (Wirtschaftswoche, Ausgabe vom 04.10.2006) oder gar den Anbruch einer neuen „Design-Ära" ausloben (BusinessWeek, NussbaumOnDesign Blog vom 07.01.2007).

Der aktuelle Hype um das Design darf allerdings nicht darüber hinwegtäuschen, dass das Thema aus praktischer wie theoretischer Sicht immer noch mit einigen fundamentalen Schwierigkeiten zu kämpfen hat. Insbesondere in kleineren und mittleren Unternehmen, aber nicht nur dort, sieht sich das Design nach wie vor mit vielen Missverständnissen, Sprachschwierigkeiten und einem häufig eher willkürlichen denn systematischen Umgang konfrontiert. Jens Reese, langjähriger Designleiter der Siemens AG in München, hat diesen Zusammenhang folgendermaßen auf den Punkt gebracht: *„Aus vielen Interviews mit Ingenieuren und Designern geht hervor, dass der Anspruch an ästhetische Parameter nicht so stark ausgeprägt ist und dass viele Ingenieure die Anmutungsqualität ihrer eigenen Produkte nicht wahrnehmen und sich gegenüber dem Wort ‚Ästhetik' eher sprachlos geben. [...] Besonders in der mittelständischen Industrie ergeben sich daraus schwierige Grenzsituationen. [...] Der persönliche Geschmack einiger weniger Mitarbeiter in Führungspositionen gilt oft als Richtschnur; und dies ohne eine Reflektion über die Qualität der Gestaltung. Gut gemeinte Einflussnahme von außen ist nicht erwünscht. [...] Ein hoher ästhetischer Anspruch an Wohnqualität oder gediegene Arbeitsplatzatmosphäre lässt nicht unbedingt auf gut gestaltete Produkte schließen. [...] Diese Tatsache stellt sich immer wieder als ein überraschendes Phänomen dar"* (REESE 2005b, S. 12 f.). Auch die Ingenieursdisziplin selbst hat dieses Dilemma bereits vor geraumer Zeit erkannt. So kommt etwa das VDI-Technologiezentrum in seinem 1997 für das Bundesministerium für Bildung, Wissenschaft, Forschung und Technologie erstellten Statusbericht zu dem Schluss: *„Design kann erheblich stärker als üblich den Innovationsprozess beeinflussen. [...] Designer können nicht nur Innovationen begleiten, sondern selbst Innovationen initiieren und sogar Innovationsvisionen entwickeln. Dieses Potenzial wird weder ausreichend genutzt noch ausreichend gepflegt."* (VDI 1997, S. 74)

An dem hier beschriebenen Defizit ist die Designdisziplin selbst nicht ganz unschuldig. Sieht man einmal davon ab, dass sich der akademische Teil der Designzunft vor allem in Deutschland *„immer wieder in Widersprüche verstrickt, von Selbstzweifeln geplagt und von Legitimationsproblemen geschüttelt wird"*, so die Deutsche Gesellschaft für Designtheorie und -forschung selbstkritisch auf ihrer Website (www.dgtf.org), so ist ein industriell, sprich ökonomisch-technisches Designverständnis in der deutschen Designszene immer noch recht schwach ausgeprägt. Um mit Brigitte Wolf, Professorin für Designtheorie und Designstrategie an der Bergischen Universität Wuppertal, zu sprechen: *„Der materiellen Orientierung der Betriebswirtschaftslehre steht das häufig idealistische Selbstverständnis des Designs gegenüber."* (WOLF 1994, S. 12) Während sich in den vergangenen Jahren ein industrielles Designverständnis im angloamerikanischen wie auch im skandinavischen Sprachraum weitgehend durchgesetzt und die Zahl fundierter Publikationen zu Themen wie „Designmanagement", „Designinnovation" und zum „Industrial Design Engineering" dort deutlich zugenommen hat (siehe beispielhaft ANTIKAINEN 2004, BORJA DE MOZOTA 2003a, BRUCE u. BESSANT 2002, DMI 2004, GRIMHEDEN u. HANSON 2005, KARJALAINEN 2004, LAUREL 2003, STAMM 2003), betonen Designbetrachtungen im deutschsprachigen Raum häufig vornehmlich die künstlerisch-kreative Seite des Designs (siehe etwa HILDEBRANDT et al. 2007, PRICKEN 2004). Auch die Designpraxis in Deutschland pflegt nach wie vor gerne das Image einer vornehmlich künstlerisch orientierten Profession, wie nicht zuletzt der Hype um Designstars wie „Konstantin Grcic" belegt (vgl. ESCHBACH 2006).

Was der Designtheorie wie -praxis in Deutschland – allem Gerede vom Designmanagement und strategischem Design zum Trotz – fehlt, ist ein klarer Bezug zur industriellen Unternehmenspraxis und den damit verbundenen Managementaufgaben (strategische Unternehmensführung, Innovation, Technik, Forschung & Entwicklung, Sortimentsmanagement, Produktion, Absatz/Vertrieb etc.; vgl. HERRMANN 2005, HERRMANN u. MOELLER 2006a). Hier tut sich eine wichtige Forschungslücke auf. Um diese Lücke zu schließen und so die von der DGTF eingeforderte „fundierte Orientierung" der Designtheorie und -forschung aus industrieller Sicht voranzutreiben, vor allem aber um der Industrie ein besseres Instrumentarium für den Aufbau, die Weiterentwicklung und das Management der eigenen Designpotenziale zur Verfügung zu stellen, hat sich im Herbst 2006 am Lehrstuhl für Industrielles Management der European Business School die Forschungsgruppe „Industrial Design & Innovationsmanagement" konstituiert, die Anfang 2007 in das neu gegründete Strascheg Institute for Innovation & Entrepreneurship an der EBS integriert wurde.

Als ein erstes Projekt hat die Forschungsgruppe im Mai 2007 die Ausschreibung „Markenbildung durch Industrial Design – Konzepte für kleinere und mittlere Investitionsgüterhersteller" der Stiftung Industrieforschung (www.stiftung-industrieforschung.de) gewonnen. Neben einer Desktop-Analyse, deren Ergebnisse im Frühjahr 2008 in Form eines ersten Berichtbandes vorgestellt wurden (vgl. GLEICH et al. 2008), und einer großzahligen empirischen Untersuchung, deren Resultate im Frühjahr 2009 veröffentlicht werden, sieht das Forschungsprojekt die Zusammenstellung verschiedener Fallstudien von größeren wie kleineren Unternehmen aus dem industriellen Kontext vor. Ziel der Fallstudienuntersuchung ist es, Unternehmen vorzustellen, die in den vergangenen Jahren ein strategisches Industriegüterdesign in herausragender Weise für sich umgesetzt haben und die sich somit hervorragend als Vorbild für andere Unternehmen aus dem industriellen Bereich eignen.

Die Ergebnisse der Fallstudienuntersuchung stehen im Mittelpunkt dieses Buches. Damit soll zum einen die Bedeutung unterstrichen werden, die das strategische Design heute für ein erfolgreiches Unternehmens- und Innovationsmanagement besitzt. Zum anderen wird so der Tatsache Rechnung getragen, dass sich die industrielle Praxis eher an praktischen Beispielen aus verwandten Branchen orientiert als an rein theoretischen Überlegungen oder aber an Beispielen aus dem Konsumgüterbereich. Um mit einem der im Rahmen des Forschungsprojektes interviewten Experten zu sprechen: *„Das Haupthindernis einer konsequenteren Nutzung des industriellen Designs im Investitionsgüterkontext ist mentaler Natur. Viele Unternehmer im Investitionsgüterbereich halten das Design schlichtweg für irrelevant oder zumindest für sekundär. Um hier die reale Bedeutung des Designs aufzuzeigen und breitere Kreise im industriellen Mittelstand von der Wichtigkeit des industriellen Designs zu überzeugen, sind Beispiele aus der industriellen Praxis,* *die den konkreten wirtschaftlichen Nutzen einer erfolgreichen Designpolitik aufzeigen, eine notwendige Voraussetzung."*

Ganz bewusst hat die Forschungsgruppe bei der Auswahl der Benchmark-Unternehmen daher nicht nach typischen „Design Heros" gesucht, sondern nach Unternehmen, die das industrielle Design seit Jahren konsequent und jenseits oberflächlicher Showallüren für den eigenen Unternehmens- und Markterfolg nutzen. Diese „Hidden Design Champions" kommen dabei aus so unterschiedlichen Branchen wie der Zulieferindustrie (ANGELL-DEMMEL, EDAG), der Werkzeugmaschinenindustrie (GILDEMEISTER), dem Bereich der pneumatischen Antriebssysteme (FESTO), der Thermotechnik (BOSCH), der Bau-/Haustechnik (ACO, DORMA, HÄFELE), der Industrierobotik (KUKA), der Druckmaschinenindustrie (HEIDELBERG), dem Nutzfahrzeugbereich (MAN), der Reinigungstechnik (KÄRCHER), der Mechatronic (WITTENSTEIN), der Systemtechnik und Softwareindustrie (PCS, D-LABS), dem Brennstoffzellenbereich (SFC), der Messtechnik (SICK), der Intensivmedizin (STARMED) und der Optoelektronik (SÜSS MicroTec). Ingesamt werden in diesem Buch neunzehn Fallbeispiele derartiger „Good"- sowie „Best Practice"-Unternehmen vorgestellt. Ein Unternehmen der ursprünglich für diese Veröffentlichung vorgesehenen 20 Praxisbeispiele hat die Freigabe seiner Fallstudie übrigens aus taktischen Gründen nachträglich zurückgezogen, was wiederum zeigt, dass in manchem Unternehmen selbst das Design inzwischen zu einem Politikum geworden ist.

Eingerahmt werden die insgesamt neunzehn Fallstudien dabei von drei Grundlagenbeiträgen: Das erste Kapitel zeigt zunächst auf, in welchen Feldern heute die wichtigsten Wachstumspotenziale für Industriegüterunternehmen zu finden sind und welche Rolle das Design für das Wachstum von Investitionsgüterherstellern besitzt. Das zweite Kapitel beleuchtet ausführlich die enormen Chancen und Herausforderungen einer erfolgreichen Gestaltungsarbeit im industriellen Kontext. Im Anschluss an die Fallstudien werden im abschließenden Kapitel dieses Buches schließlich die zentralen Erfolgsfaktoren eines strategischen Industriegüterdesigns erläutert und anhand anwendungsorientierter Ausführungen aufgezeigt, wie sich eine erfolgreiche Designarbeit mit wenigen systematischen Schritten in der Praxis umsetzen lässt.

Was alle Beiträge in ihrer Gesamtheit zeigen, ist, dass das industrielle Design eine wichtige, wenn nicht sogar unerlässliche Ergänzung zu dem häufig ja bereits sehr konsequent umgesetzten Innovations- und Technologiemanagement deutscher Industriegüterunternehmen darstellt. Als wichtigster „Kommunikator" der Funktionalität, Wertigkeit und Innovativität des Produktangebotes eines Unternehmens ist das Produktdesign neben der technischen Qualität einer der wichtigsten Botschafter, den ein Investitionsgüterunternehmen am Markt besitzt. Gerade das deutsche Design steht – in der Tradition von Deutschem Werkbund, Bauhaus, HfG Ulm und der „guten Form" – seit jeher für Werte wie Zuverlässigkeit, Funktionalität, Stringenz, Einfachheit und Klarheit. Es sind nicht zuletzt diese Werte, die den Spitzenruf deutscher Industrieprodukte auf dem Weltmarkt begründet haben. In Zeiten eines verschärften weltweiten Wettbewerbs haben diese Werte keineswegs an Bedeutung verloren, sondern vielmehr an Relevanz gewonnen. Wer heute industrielle Produkte mit hoher technischer Qualität erfolgreich am Markt verkaufen will, muss dafür sorgen, dass diese Qualität über die Produktgestaltung auch nach außen wahrnehmbar wird. Technische Kompetenz sollte daher immer mit einer entsprechenden Gestaltungskompetenz verknüpft werden, oder anders formuliert: „German Engineering braucht German Design."

Wer das erkennt, das Design konsequent und zielführend für sich nutzt und dabei den Mut zu einer gleichermaßen innovativen wie eigenständigen, qualitätsorientierten und wiedererkennbaren Produktpolitik besitzt, kann die eigenen Wachstumspotenziale im Investitionsgüterbereich deutlich erhöhen.

Oestrich/Winkel, April 2009

Dr. Christoph Herrmann
Dipl.-Des. Günter Moeller
Prof. Dr. Ronald Gleich
Prof. Dr. Peter Russo

Forschungsgruppe „Industrial Design & Innovationsmanagement" am Strascheg Institute for Innovation & Entrepreneurship der European Business School

Inhaltsverzeichnis

1 Wachstumspotenziale für Industriegüterunternehmen   1

Christoph Dilk, Ronald Gleich, Peter Russo

2 Strategisches Industriegüterdesign   9

Christoph Herrmann, Günter Moeller

3 Fallstudien   39

Christoph Herrmann, Günter Moeller

4 Praxisleitfaden 173

Christoph Herrmann, Günter Moeller

Über die Autoren 209

Literaturverzeichnis 213

1 Wachstumspotenziale für Industriegüterunternehmen

Design als einer von mehreren zentralen Erfolgsfaktoren im industriellen Management der Zukunft

Christoph Dilk, Ronald Gleich, Peter Russo

„*Heute brauchen Unternehmen ihre Maschinen oder Anlagen nicht mehr durch einen grün-grauen Anstrich in den Hintergrund treten zu lassen, heute können B2B-Hersteller stolz ihre Produkte im [...] ansprechenden Design präsentieren. [...] Design avanciert zum Wettbewerbsfaktor gegenüber den Billigherstellern aus den Niedriglohnländern.*"

Prof. Dr. Waldemar Pförtsch und Dr. Michael Schmid,
Auszug aus dem Fachbuch „B2B-Markenmanagement",
Verlag Vahlen, München 2005

1.1 Design im Industriegüterkontext

Um zu verstehen, warum das Design einen zunehmend wichtiger werdenden Erfolgsfaktor nicht nur für Konsumgüter- und Dienstleistungsunternehmen, sondern auch für die Hersteller industrieller Produkte – sprich von Gütern, die nach industriellen Grundsätzen erstellt und für industrielle Zwecke bestimmt sind – darstellt, ist es zunächst einmal wichtig aufzuzeigen, welche Bedeutung Industriegüterunternehmen in Deutschland grundsätzlich für die gesamtwirtschaftliche Entwicklung besitzen, wo zukünftig die zentralen Wachstumspotenziale dieser Branche zu sehen sind und wie das Design ein gezieltes Wachstumsmanagement von Industriegüterunternehmen unterstützen kann. Neben der Zusammenstellung einiger grundsätzlicher Kennzahlen beruhen die folgenden Ausführungen daher im Wesentlichen auf einer umfangreichen Studie, die das Strascheg Insti-

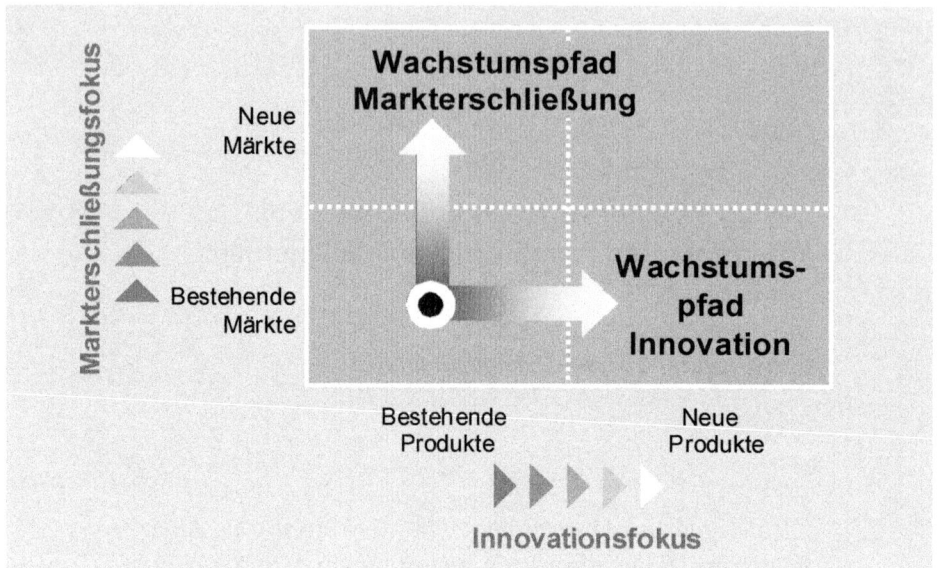

Abb. 1.1. Mögliche Wachstumspfade für Industriegüterunternehmen (Quelle: DILK et al. 2008, S. 14)

tute for Innovation and Entrepreneurship (SIIE) der European Business School (EBS) 2007 mit Unterstützung des Maschinenbauinstituts des Verbandes Deutscher Maschinen- und Anlagenbau (VDMA) und der Technologie Management Gruppe (TMG) IMC GmbH durchgeführt hat (vgl. DILK et al. 2008). Das Beispiel Maschinenbau belegt anschaulich, dass deutsche Industriegüterunternehmen die beiden potenziellen Wachstumspfade „Markterschließung" und „Innovation" bereits umfangreich für sich nutzen. Allerdings bestehen in diesen Bereichen auch noch deutliche Herausforderungen. Dies betrifft u.a. die richtige Nutzung des Designs als unterstützenden Faktor bei der erfolgreichen Lancierung neuer Technologie- und Produktlösungen wie auch bei der Erschließung neuer Kundengruppen und Märkte.

1.2 Bedeutung von Industriegüterunternehmen für die gesamtwirtschaftliche Entwicklung

Industriegüterunternehmen besitzen eine entscheidende Bedeutung für die deutsche Volkswirtschaft. Nach wie vor ist das produzierende Gewerbe in Deutschland für über 25 % des Bruttoinlandsproduktes verantwortlich. Das verarbeitende Gewerbe (produzierendes Gewerbe ohne Baugewerbe und Energiewirtschaft) beschäftigte im Jahr 2007 in rund 22.900 Unternehmen 5,2 Mio. Mitarbeiter und erzielte dabei einen Umsatz von ca. 1,57 Billionen Euro (Quelle: Statistisches Bundesamt; BMWI). Nimmt man alleine den Maschinenbau in Deutschland, so realisiert dieser jährlich einen Gesamtumsatz von 190 Mrd. Euro und ist dabei nicht nur größter industrieller Arbeitgeber, sondern auch führende Exportbranche und oft wichtigster Partner in der Entwicklung und Umsetzung von Innovationen. 75 % des Maschinenumsatzes gehen ins Ausland. Der Maschinenhandelsüberschuss (Export minus Import) lag 2007 bei 86 Mrd. Euro. Die zunehmende internationale Verflechtung drückt sich auch in einem steigenden Bestand der ausländischen Direktinvestitionen des Maschinenbaus sowie umgekehrt ausländischer Investitionen in den deutschen Maschinenbau aus. Ein Welthandelsanteil von über 19 % macht die Branche zum führenden Anbieter von Maschinen weltweit, vor den USA und Japan. In 18 von 32 international vergleichbaren Fachzweigen ist der deutsche Maschinen- und Anlagenbau Weltmarktführer. Dabei dominieren in diesem Bereich nach wie vor häufig mittelständische Betriebs- und Entscheidungsstrukturen. Circa 88 % der Unternehmen im Maschinenbau beschäftigen weniger als 250, nur 2 % mehr als 1.000 Mitarbeiter. Mehr als zwei Drittel der Unternehmen haben sogar weniger als 100 Beschäftigte (Quelle: VDMA).

Tabelle 1.1. Zur wirtschaftlichen Bedeutung von Industriegüterunternehmen

Die größten Industriebranchen		
Branche	**Umsatz**	**Beschäftigte**
Maschinen- und Anlagenbau	190 Mrd. €	914.000
Elektrotechnik und Elektronik	182 Mrd. €	820.500
Straßenfahrzeugbau	290 Mrd. €	744.500
Ernährungsgewerbe	116 Mrd. €	408.600
Chemie	140 Mrd. €	419.300
Bauhauptgewerbe	81 Mrd. €	714.000

Umsatz und Beschäftigte nach fachlichen Betriebsteilen, Quelle: BMWI 2007

1.3   Investitionsgüterunternehmen: Kerntreiber für Innovationen

Auch wenn Dienstleistungs- und Konsumgüterunternehmen einen immer wichtigeren Einfluss im Innovationskontext aufweisen, so sind Industriegüterunternehmen nach wie vor Vorreiter bei der Entwicklung neuer Innovationen. Nimmt man den Maschinenbau als Referenzbranche, so wird dort ein Drittel der Umsätze mit neuen oder deutlich verbesserten Produkten erwirtschaftet. Laut Statistik des VDMA haben beispielsweise im Jahr 2006 drei Viertel der Maschinenbauunternehmen in Deutschland mindestens eine Produkt- und/oder Prozessinnovation eingeführt. Die Innovationsaufwendungen des Maschinenbaus lagen 2006 bei 10,7 Mrd. Euro. Das ist deutlich mehr als die Aufwendungen für Forschung und Entwicklung in Höhe von 4,7 Mrd. Euro im selben Jahr. Die Differenz ist ein Hinweis auf die starke Bedeutung der Aufwendungen für Konstruktionsaktivitäten, die notwendig sind, um ein neues Produkt des Maschinen- und Anlagenbaus zur Marktreife zu bringen (Quelle: VDMA).

Wie das Bundesministerium für Wirtschaft und Technologie (BMWI) jüngst in einem Grundlagenbeitrag zur „Bedeutung der Investitionsgüterindustrie für den Wirtschaftsstandort Deutschland" festgestellt hat, besitzen deutsche Industriegüterunternehmen *„herausragende Kompetenz [...] insbesondere im Bereich der sog. höherwertigen Güter (medium high technology), bei denen modernste Technologien in klassische Produkte integriert werden. Zu nennen sind hier insbesondere der Maschinen- und Fahrzeugbau, die Chemieindustrie und die Elektrotechnik. In diesen Bereichen werden die höchsten FuE-Aufwendungen getätigt und die höchsten Exportüberschüsse erzielt"* (BMWI 2007).

1.4   Wachstumspotenziale für Industriegüterunternehmen

Die zahlreichen Erfolge, welche deutsche Industriegüterunternehmen in den zurückliegenden Jahren erzielen konnten, sollten jedoch nicht darüber hinwegtäuschen, dass sich diese in den kommenden Jahren einigen deutlichen Herausforderungen gegenübersehen werden. Vor dem Hintergrund der weltwirtschaftlichen Rezession in bedeutenden Märkten ist für die kommenden Jahre die Frage bedeutend, mit welchen Strategien und auf welchen Wegen das in den letzten Jahren erzielte Wachstum aufrechterhalten und weiter gefördert werden kann. Dieser Fragestellung hat sich 2007 das SIIE in einer gemeinsam mit dem VDMA erstellten Studie zum Thema „Wachstumspotenziale im Maschinenbau" angenommen. Die Ergebnisse der Untersuchung basieren auf zwei Säulen: Zunächst wurde ein schriftlicher Fragebogen an deutsche Maschinenbauer verschickt, der von 81 Unternehmen beantwortet wurde. Anschließend wurden die Ergebnisse in Interviews mit ausgewählten Unternehmen vertieft und untermauert. Ein Auszug der Ergebnisse wird im Folgenden vorgestellt. Die ausführliche Ergebnisdokumentation ist bereits im VDMA Verlag erschienen (vgl. DILK et al. 2008).

Wachstum lässt sich nach Ansicht der befragten Unternehmen grundsätzlich in mehreren Dimensionen realisieren. Dabei sind vor allem die Wachstumsfelder Innovation, Dienstleistungen sowie die Erschließung neuer Kundengruppen als besonders relevant anzusehen. Die Ergebnisse legen nahe, dass eine Renditesteigerung durch eine weitere Internationalisierung und Durchdringung der Istkunden dagegen eher schwierig zu erreichen sein wird – nicht zuletzt deshalb, weil die meisten der befragten Unternehmen bereits über eine sehr hohe Exportquote verfügen bzw. die Absatzpotenziale, die bei bestehenden Kunden im Hinblick auf aktuelle Produkte bestehen, bereits weitgehend ausgeschöpft wurden.

1.5   Herausforderungen im Innovationsmanagement

Was das Innovationsmanagement, sprich die Entwicklung neuer Produkte betrifft, so ist auch hier festzustellen, dass der deutsche Maschinenbau und mit diesem die deutsche Investitionsgüterindustrie bereits ein relativ hohes Qualitätslevel erreicht haben. Nur noch wenige Industriegüterunternehmen können es sich heute leisten, über keine klar formulierte Innovationsstrategie zu verfügen. So gaben lediglich 15,6 % der befragten Maschinenbauunternehmen an, im eigenen Unternehmen sei keine klare Innovationsstrategie vorhanden (vgl. DILK et al. 2008).

Dennoch gibt es nach wie vor auch etliche Herausforderungen, denen sich die deutsche Investitionsgüterindustrie im Innovationsmanagement stellen muss. Um herauszufinden, welche dieser Herausforderungen aktuell besonders bedeutsam sind, wurden die befragten Maschinenbauunternehmen in Anlehnung an HAUSSCHILDT u. SCHLAAK 2001 gebeten, ausgewählte Aspekte des Innovationsmanagements in Bezug auf ihre Produktinnovationen zu bewerten. Als größte Herausforderung wurde dabei von den befragten Unternehmen angegeben, dass Produktneuheiten dem Management in sehr großem Umfang neue, nicht vorhandene Fähigkeiten abverlangen (siehe Abbildung unten). Diese Herausforderung wurde interessanterweise größer eingestuft als die Tatsache, dass neue Produkte häufig auf einem technischen Wissen beruhen, mit denen das Unternehmen zuvor wenig Erfahrung hatte.

Im Kontext dieses Herausgeberbandes am bemerkenswertesten ist jedoch die Tatsache, dass sich das Produktdesign als zweitgrößte Herausforderung im Innovationsmanagement der befragten Maschinenbauunternehmen herausgestellt hat. Neben der reinen Funktionalität spielen optische, ergonomische und haptische Eigenschaften der Produkte offensichtlich eine zunehmend wichtiger werdende Rolle im Investitionsgüterkontext. Das Design kann die Wertig-

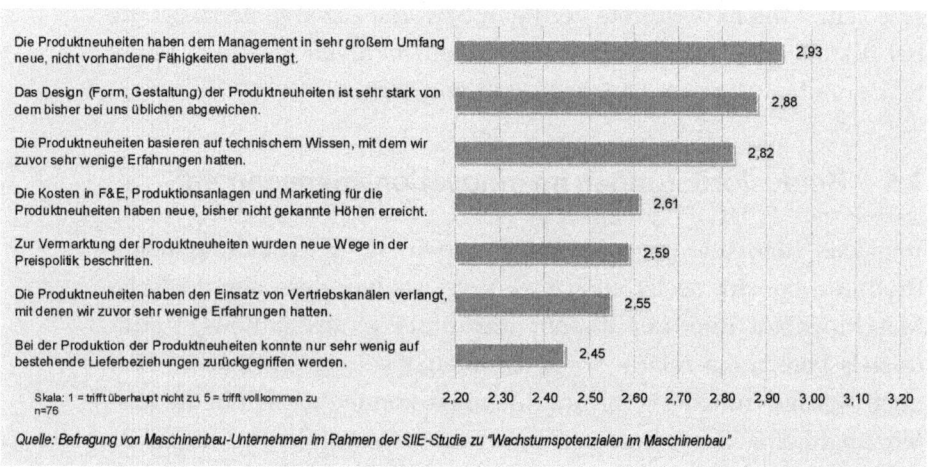

Abb. 1.2. Herausforderungen im Innovationsmanagement von Industriegüterunternehmen (Quelle: DILK et al. 2008, S. 39)

keit von Industriegütern unterstützen und den Innovationsgrad deutlich erhöhen. Manager wie technische Entwickler sind jedoch häufig mit der Frage überfordert, wie das Design neuer Produkte konkret aussehen, welchen strategischen und gestalterischen Rahmensetzungen dieses entsprechen und wie man das Design entsprechend bewerten und managen soll.

1.6 Design als einer von mehreren zentralen Erfolgsfaktoren im industriellen Management der Zukunft

Die oben aufgeführten Studienergebnisse zeigen eines deutlich: Das Design ist sicherlich nicht als ausschließlicher Erfolgsfaktor einer zukünftigen Innovations- und Wachstumspolitik von Industriegüterunternehmen zu verstehen. Gerade weil viele Industriegüterunternehmen andere Innovations- und Wachstumspotenziale jedoch schon weitgehend ausgeschöpft haben, gewinnt das Design als einer von mehreren Erfolgsfaktoren im industriellen Management der Zukunft zunehmend an Bedeutung. Die Entwicklungspotenziale für ein nachhaltiges, strategisch ausgerichtetes und eng mit der Innovations-, Marken- und Produktpolitik des Unternehmens verzahntes industrielles Design sind demnach erheblich. Diese Erkenntnis deckt sich mit den Ergebnissen anderer empirischer Erhebungen. So hat etwa die Stiftung Industrieforschung im Vorfeld der Ausschreibung des Forschungsprojektes, auf dem dieser Herausgeberband beruht, bei einer Befragung von kleineren und mittelgroßen Industrieunternehmen in Deutschland festgestellt, dass im Hinblick auf die Umsetzung einer konsequenten Designpolitik noch deutliche Wissens- und Kompetenzlücken bestehen. Die zunehmende Schließung dieser Lücke ist einer von verschiedenen Faktoren, die zur nachhaltigen Stärkung der Wettbewerbskraft deutscher Industriegüterunternehmen beitragen können. Denn nur wenn die den Produkten deutscher Investitionsgüterhersteller zugrunde liegende hohe Engineering-Kompetenz noch deutlicher als bisher nach außen wahrnehmbar wird, kann sich die deutsche Industrie auch in Zukunft erfolgreich im immer härter werdenden globalen Wettbewerb behaupten.

2 Strategisches Industriegüterdesign

Chancen und Herausforderungen der
Gestaltungsarbeit im industriellen Kontext

Christoph Herrmann, Günter Moeller

„Die Durchsetzung technischer Innovationen auf dem Markt
hängt wesentlich von nicht im engeren Sinne technischen Gesichtspunkten ab. Auf das Produkt selbst bezogen ist von diesen
Faktoren das Design wohl der wichtigste."

> VDI Technologiezentrum Physikalische Technologien,
> Statusbericht „Design und Innovation" (Quelle: VDI
> 1997)

2.1 Die Bedeutung des Designs für Industriegüterunternehmen

Neben einer erfolgreichen Produkt-, Marken-, Technologie- und
Innovationspolitik ist das Design in den letzten Jahren mehr und
mehr zu einem weiteren wichtigen Erfolgsfaktor für Unternehmen
geworden. Dies hängt u.a. damit zusammen, dass in Zeiten einer
vermehrten technologischen Gleichstellung und des verschärften
globalen Wettbewerbs andere Differenzierungsaspekte – zum Beispiel die Produktgestaltung – deutlich an Bedeutung gewinnen.
Inzwischen häufen sich die Studien, die aufzeigen, dass das Design dabei deutlich mehr ist als nur ein hübsches „Add-on". So hat
etwa eine Langzeituntersuchung des British Design Councils aus
dem Jahre 2004 gezeigt, dass die Unternehmen, die konsequent
das Thema „Design" für sich nutzen, eine deutlich bessere Markt-
performance als der Marktdurchschnitt aufweisen (vgl. DESIGN
COUNCIL 2004).

Interessant an solchen und ähnlichen Betrachtungen ist, dass sie keineswegs nur für Konsumgüterhersteller gelten, sondern ebenso für Hersteller von Industriegütern. Ein ganz wesentlicher Unterschied zwischen Konsum- und Industriegütern ist dabei darin zu sehen, dass Industriegüter meist eine langfristige Anschaffung darstellen, bei denen häufig objektive Nutzungsvorteile im Vordergrund stehen, während Konsumgüter dagegen eher für den kurzfristigen Ge- oder Verbrauch gekauft werden und hierbei sogenannte Zusatznutzenaspekte (Image, Marke, äußere Attraktivität) eine nicht unerhebliche Rolle spielen. *„Kann man sich auch in Bereichen, wo Funktionalität und Langlebigkeit im Vordergrund stehen, einen Wettbewerbsvorteil durch innovatives Design verschaffen?"* Dieser zentralen Frage sind u.a. die beiden B2B-Experten Waldemar Pförtsch und Michael Schmid in ihrem Buch „B2B-Markenmanagement" nachgegangen. Sie kommen dabei zu der klaren Antwort: Ja, man kann! *„Entstehungszyklen von Industriegütern können aufgrund komplexer Technologien oft sehr lange andauern. Die Produkt- bzw. Marktlebenszyklen verkürzen sich dagegen immer mehr. Durch Investitionsgüterdesign kann dieser Innovationsdruck entschärft werden, denn es können innerhalb kürzester Zeit mit einem geringen finanziellen Aufwand neuartige Produkte geschaffen werden. Die heutige Homogenisierung durch allgemein bzw. schnell verfügbare neue Technologien kann selbst im Hightechbereich zu einer Art Monotonie durch fehlende Differenzierungsmerkmale führen. Technologische Leistungsprofile sind heute oft identisch und verlangen daher nach einer neuen Profilierung …"* (PFÖRTSCH u. SCHMID 2005, S. 21).

Auch wenn man bei der Beurteilung der Potenziale, die das Design bietet, nicht so weit gehen mag wie der VDI in dem einleitenden Zitat zu diesem Beitrag, so wird bei näherem Hinsehen doch deutlich, *„Design ist im Entwicklungsprozess von Produkten"* zwar *„nur ein Aspekt. Ihm kommt jedoch eine Schlüsselrolle zu, da es mit gestalterischen Mitteln die vielen anderen sichtbar und erfahrbar macht"* (ebenda, S. 22). Anders gesagt: Das Design ist im Investitionsgüterkontext zwar keine hinreichende Voraussetzung für den Produkt- und Markterfolg, wohl aber häufig eine notwendige Bedingung dafür, dass diese anderen Vorteile überhaupt ihre volle Wirkung entfalten können.

2.2 Kernanforderungen an das industrielle Design

Auch wenn die Bedeutung des Designs in den letzten Jahren deutlich zugenommen hat, so hat das Design gerade in industriellen Umfeldern immer noch mit einigen zentralen Herausforderungen zu kämpfen. Unter diesen sind die folgenden drei besonders hervorzuheben:

2.2.1 Design jenseits der reinen Ästhetik

Eine erste zentrale Herausforderung ist darin zu sehen, dass das Design von vielen Menschen – so auch von den meisten Entscheidungsträgern im industriellen Kontext – nach wie vor primär als Verschönerungsleistung gesehen wird (vgl. DAVIS 2006). Sicher, jedes Design, auch das Design von Maschinen, Anlagen und sonstigen Industriegütern, besitzt immer auch eine ästhetische Dimension. Wie die im Folgenden aufgeführten Fallstudien zeigen werden, kommen dem Design im industriellen Kontext neben der rein ästhetischen Funktion jedoch noch zahlreiche weitere wichtige Aufgaben zu. So ist das Design im Entwicklungsprozess neuer Pro-

- Funktionelle und ergonomische Produktgestaltung
- Schaffung starker, zuverlässiger, attraktiver Produkte mit hoher Qualitätsanmutung
- Nonverbale Kommunikation technologischer Kompetenz (German Engineering...)
- Optimierter Abgleich konstruktiver Möglichkeiten mit Kunden-/Markterfordernissen
- Ermöglichung eines eigenständigen und einheitlichen Produktauftritts
- Differenzierung vom Wettbewerb
- Erhöhung der Innovativität + Preiswürdigkeit des Marktangebotes
- Sicherstellung von Wiedererkennbarkeit
- Verbesserter Schutz vor Plagiaten
- Reduzierung von Sortimentskomplexität und Kommunikation von Sortimentslogiken
- Unterstützung von Marketing und Vertrieb
- Förderung der Unternehmensreputation
- Stärkung der Wahrnehmung als führende Industriemarke

Abb. 2.1. Wichtige Funktionen des Designs im industriellen Kontext jenseits der reinen Ästhetik

dukte häufig ein wichtiger Impulsgeber, nicht nur bei der Generierung neuer Produktideen, sondern auch in technisch-konstruktiver Hinsicht. Design kann darüber hinaus helfen, die Funktionalität, Ergonomie und Sicherheit von Produkten zu erhöhen, die Qualität, Langlebigkeit und Wiedererkennbarkeit von Produkten zu gewährleisten, das eigene Produktportfolio wirksam vom Wettbewerb zu differenzieren und Produkte im Lebenszyklus zu verjüngen. Diese wichtigen Aufgaben des Designs finden in der Praxis wie Theorie der industriellen Produktentwicklung leider immer noch viel zu wenig Beachtung, verlangen aber nach einem ganz anderen Umgang mit dem Design als ein ausschließlich am „Schönen" ausgerichtetes Designverständnis.

2.2.2   Design als wichtiger Faktor industrieller Produktentwicklung

Als logische Konsequenz aus der oben beschriebenen vornehmlich ästhetischen Sichtweise des Designs wird das Design von vielen Entscheidungsträgern nach wie vor nur für solche Branchen als relevant angesehen, in denen nach dem Motto „Sex sells" der Schönheit eines Produkts eine zentrale Bedeutung zukommt, so etwa im Bereich der Unterhaltungselektronik (Fernseher, MP3-Player, Hi-Fi-Anlagen etc.), des Interiordesigns (Möbel, Lampen, Küchen etc.) oder der Fast Moving Consumer Goods (Packaging, Retail Design etc.). Gerade bei Ingenieuren trifft man immer wieder auf das Vorurteil, das Design habe in ihren – eher technisch geprägten Märkten – allenfalls eine sekundäre Bedeutung: *„Viele Produkte, besonders aus dem Investitionsgüterbereich, galten lange als nicht designrelevant. Weder ein verkaufsfördernder noch ein gewinnbringender Nutzen wurden gesehen und deshalb Gestaltung ausgeschlossen. Den Gedanken, den Produkten eine neue Qualität zu geben, auch wenn sich der Grundnutzen dadurch nicht steigern lässt, wurde auf lange Sicht nicht stattgegeben."* (REESE 2005b, S. 28) Es verwundert nicht, dass sich das Design vor dem Hintergrund einer solch kritischen Wahrnehmung durch die Technik in den letzten Jahren sehr stark an eine andere Disziplin angenähert hat, nämlich an das Marketing. Das Design wird diesem Verständnis folgend primär als Mittel zur Unterstützung der Absatzfunktion und weniger als wesentlicher Bestandteil der Produktentwicklung begriffen. Nicht dass Bezüge zum Marketing, zur Marke, zum Markt für ein erfolgreiches

Designmanagement unwichtig wären. Kritisch ist diese Entwicklung jedoch vor allem dann zu beurteilen, wenn dabei wichtige Verbindungen zu anderen zentralen Bereichen (F&E, Innovation, strategische Unternehmensführung, Fertigung etc.), die für eine gelingende Designpolitik wichtig sind, verloren gehen. Dies ist deshalb problematisch, da auf diese Weise dem Design mehr und mehr die industrielle Basis abhanden kommt. Dies belegt nicht zuletzt eine Analyse der Designdiskurse in Theorie und Praxis. Wie Gui Bonsiepe, einer der profiliertesten Designtheoretiker dieser Epoche, jüngst in einem Grundlagenbeitrag festgestellt hat, wird die Designsprache heute stark von marketingtechnischen Begriffen dominiert („Branding" etc.), während wichtige industrielle Bezugsgrößen (Produktivität, Funktionalität, Ergonomie etc.) verstärkt in den Hintergrund gerückt sind (vgl. BONSIEPE 2007). Aus betriebswirtschaftlicher Perspektive ist eine solche Schieflage höchst problematisch, sind es doch immer mehr- und nicht eindimensionale Betrachtungsweisen, die zu optimalen Produktlösungen führen. Gerade bei der Gestaltung industrieller Produkte geht es keineswegs nur um die Erfüllung bestimmter Marketingziele, sondern vielmehr darum, alle drei Dimensionen der Produktentwicklung, nämlich die **technische Dimension** (konstruktive Möglichkeiten, Funktionalitäten, Sicherheit etc.), die **betriebswirtschaftliche Dimension** (Unternehmens-/Sortiments-/Marken-/Produkt-/Vertriebsstrategie, Kunden-/Marktanforderungen, finanzielle Rahmenbedingungen etc.) und die **gestalterische Dimension** (Formgebung, Ergonomie, Ästhetik etc.) so miteinander abzustimmen, dass daraus optimale Produktlösungen resultieren.

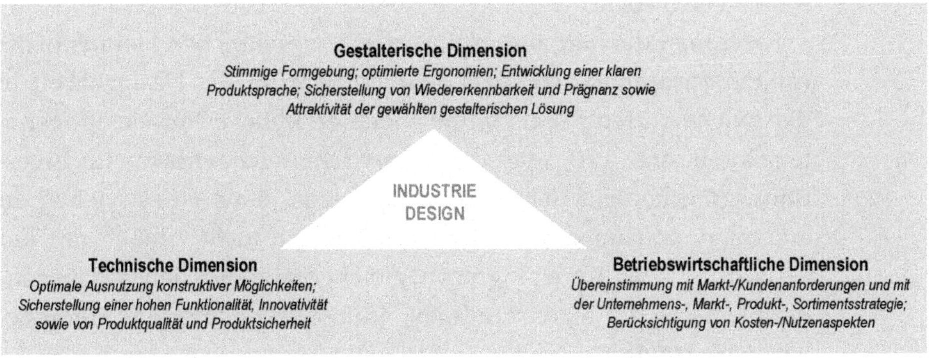

Gestalterische Dimension
Stimmige Formgebung; optimierte Ergonomien; Entwicklung einer klaren Produktsprache; Sicherstellung von Wiedererkennbarkeit und Prägnanz sowie Attraktivität der gewählten gestalterischen Lösung

INDUSTRIE
DESIGN

Technische Dimension
Optimale Ausnutzung konstruktiver Möglichkeiten; Sicherstellung einer hohen Funktionalität, Innovativität sowie von Produktqualität und Produktsicherheit

Betriebswirtschaftliche Dimension
Übereinstimmung mit Markt-/Kundenanforderungen und mit der Unternehmens-, Markt-, Produkt-, Sortimentsstrategie; Berücksichtigung von Kosten-/Nutzenaspekten

Abb. 2.2. Zentrale Dimensionen eines erfolgreichen industriellen Designs

2.2.3   Design als strategischer Erfolgsfaktor

Eine dritte Kernherausforderung für die Designarbeit der Zukunft ist darin zu sehen, dass diese – nicht nur im industriellen Umfeld, aber vor allem dort – noch häufig „aus dem Bauch heraus" betrieben wird. Dies bedeutet nichts anderes, als dass die Gestaltung im Wesentlichen dem persönlichen Geschmack einzelner Designer, Entwicklungsteams und/oder F&E-Leiter überlassen wird. Eine saubere strategische Ausrichtung (wie die anderer wichtiger Bereiche des Unternehmens auch) findet dabei leider nur selten statt (vgl. HERRMANN 2005). Sicherlich: Für eine erfolgreiche Gestaltungsarbeit sind immer auch gewisse schöpferische Freiräume wichtig. Oder anders formuliert: Ohne entsprechende handwerkliche und kreative Fähigkeiten nützt auch die beste Designstrategie nichts. Dennoch kommt einer sauberen strategischen Unterfütterung der Designarbeit eine große Bedeutung zu. Dies gilt insbesondere für industrielle Umfelder, in denen es nicht einfach nur um das schönere Produkt geht, sondern vor allem um das technologisch bessere, langlebigere, funktionell und materiell hochwertigere, glaubwürdigere und somit wettbewerbsfähigere. Industriegüterunternehmen sind daher mindestens genauso (wenn nicht sogar mehr noch) als die Hersteller von Konsumgütern gefordert, das Design nicht nur als operative Aufgabenstellung zu betrachten, sondern als wichtigen strategischen Erfolgsfaktor, der ebenso sorgfältig durchdacht und entwickelt werden sollte wie andere Erfolgsfaktoren des Unternehmens (technologische Kompetenz, Vertriebspower, HR, finanzielle Ressourcen etc.) auch.

Fasst man die hier aufgeführten drei wesentlichen Herausforderungen zusammen, so wird deutlich, warum die Designarbeit in der angewandten Praxis immer noch erhebliche Entwicklungspotenziale besitzt. Will man diese Entwicklungspotenziale im Investitionsgüterkontext richtig für sich nutzen, dann ist es wichtig zu erkennen, warum das Industriegüterdesign nicht einfach mit der Gestaltung von Konsumgütern gleichgesetzt werden kann, sondern einer ganz eigenständigen, industriell geprägten Herangehensweise bedarf.

2.3   Spezifika des Industriegüterdesigns

Der Begriff „Industriegut" wird in der Theorie und Praxis weitgehend synonym zu dem des „Investitionsgutes" verwendet, also für Produkte, die nicht direkt dem Ver- oder Gebrauch von Endnutzern zugeführt werden, sondern von der Industrie zur Herstellung anderer Güter verwendet werden (vgl. BACKHAUS 2003, BACKHAUS u. VOETH 2004). Anders als „Investitionsgut" weist der Begriff „Industriegut" jedoch eine abweichende Konnotation auf: Hier steht weniger der Investitionsgedanke im Vordergrund als vielmehr der industrielle Kontext, in dem diese Produkte nicht nur verwendet, sondern ebenso entwickelt, gefertigt und abgesetzt werden. Während bei vielen Konsumgütern industrielle Aspekte eher in den Hintergrund treten, diese heute häufig sogar gar nicht mehr im absetzenden Unternehmen selbst entwickelt und hergestellt werden, sind diese bei Industriegütern von fundamentaler Bedeutung.

Industriegüter sind im Gegensatz zu Konsumgütern häufig durch einen hohen Komplexitäts- und Individualitätsgrad gekennzeichnet. Sie besitzen zahlreiche technische Anforderungen und Spezifikationen und haben es auf Kundenseite mit komplexen Entscheidungsstrukturen (Stichwort: „Buying Center"), einer deutlich unelastischeren Nachfrage und einer weniger massenmarkt-, sondern vielmehr einzelkundenorientierten Vertriebspolitik zu tun (vgl. PFÖRTSCH u. SCHMID 2005). Entsprechend kompliziert sind in der Regel auch die Entwicklungs-, Herstellungs- und Absatzprozesse für Industriegüter, was nicht ohne Konsequenzen für die Designarbeit bleibt. Nicht um das Design relativ simpler zwei- oder dreidimensionaler Marketingoberflächen – wie etwa bei einer Milchverpackung – geht es hier, sondern um die Gestaltung komplexer Komponenten, Halbwerkzeuge, Maschinen, Benutzeroberflächen etc. Dies stellt hohe Anforderungen an das technologische Know-how des Designers, an Erfahrungen im Umgang mit konstruktiven Prozessen, Materialien, Fertigungsverfahren etc. Das Design besitzt hier keineswegs nur ein nachrangige „Verschönerungsfunktion", sondern ist integraler Bestandteil der Produktentwicklung und der fertigungsnahen Konstruktion, unabhängig davon, ob nun ein externer Gestalter oder aber ein internes Entwicklungsteam die Designaufgabe wahrnimmt.

- Hohe Produktkomplexität in technologischer, konstruktiver und funktioneller Hinsicht
- Zahlreiche Produkteigenschaften mit hoher Bedeutung für den Kaufentscheid
- Umfassende Rahmenvorgaben (Pflichtenhefte...)
- Hoher Individualisierungsgrad der Produkte
- Systemgedanke (Einzelprodukte als Teil häufig umfangreicher Produktsysteme)
- Kleinserien-/Einzelfertigung
- Eher unelastische Nachfrage
- Komplexe Kaufentscheidungsprozesse (Buying Center, Systemlieferanten...)
- Häufig einzelkundenorientierte Marketing- und Vertriebspolitik
- Starke Abhängigkeit des Unternehmensimages vom Produkt-/Technologie-Image

> **Hohe Komplexität der Designaufgabe**
> **Hohe technische und branchenspezifische Anforderungen an die Designarbeit**
> **Notwendige Integration der Designaufgabe in den Prozess der Produktentwicklung**

Abb. 2.3. Kerneigenschaften von Industriegütern und Konsequenzen für das Design

Ferner ist beim Design von Industrie- bzw. Investitionsgütern zu beachten, dass der formale Freiheitsgrad hier deutlich geringer ausfällt als bei vielen Konsumgütern. Nimmt man etwa das Beispiel einer industriellen Wasserpumpe, so *„ist das Pumpengehäuse (Primärform) durch strömungstechnische Optimierung genau definiert und darf"* in der Regel kaum *„angetastet werden. Hingegen gibt es bei den Sekundärformen wie Sockel, Lagergehäuse, Gehäuseverrippung und Ähnlichem gewisse Freiheiten, die man mit den Technikern gemeinsam erst ausloten muss. Aus diesem geringen Freiheitsgrad aber eine unternehmerische Produktpersönlichkeit"* (und Markenidentität) *„zu entwickeln, ist die gestalterische Herausforderung"*. (HEUFLER 2006, S. 77)

Auch die Zielsetzungen des Designs für Industriegüter sehen gänzlich anders aus als für Konsumgüter. Geht es beim Konsumgüterdesign häufig darum, ein relativ austauschbares Produkt einfach nur eigenständiger, schicker, markentypischer sowie anschlussfähiger zu bestimmten Zielgruppenbedürfnissen zu gestalten, stehen beim Design industrieller Produkte eine Vielzahl sehr viel grundlegender Aspekte im Vordergrund: Es geht darum, konstruktiv saubere Produktlösungen zu finden, Funktionalität und Ergonomie zu gewährleisten, die Innovativität und vor allem Qualität von Produkten nach außen deutlich zu machen, Produktsegmente voneinander abzugrenzen und die technologische Kompetenz des Herstellers durch eine entsprechend hochwertige Gestaltung zu unterstreichen. Unterschiedlichste Gestaltungsoptionen müssen dabei nicht nur mit dynamischen Markterfordernissen abgestimmt werden, sondern ebenso mit hochkomplexen technologischen Möglichkeiten. In der richtigen Aussteuerung des Dreiecks Markt, Technik und Gestaltung ist entsprechend die zentrale Herausforderung eines effizienten industriellen Designmanagements zu sehen.

2.4 Konsequenzen für ein zeitgemäßes industrielles Designmanagement

Nimmt man die zuvor skizzierten Kernherausforderungen und zentralen Spezifika einer industriellen Designarbeit ernst, dann wird deutlich, warum – anders als von vielen Apologeten des neuen Designbooms gerne behauptet wird – eine erfolgreiche Designarbeit kein Selbstläufer ist, schon gar nicht im industriellen Kontext. Dafür sind vielmehr verschiedene Voraussetzungen zu schaffen, die im Folgenden kurz erläutert werden sollen:

2.4.1 Einsicht in die Notwendigkeit einer konsequenten Designarbeit

Empirische Untersuchungen zeigen immer wieder: Innovationen gelten heute als wesentliche Grundlage unternehmerischen Wachstums. Wenn es um konkrete Umsetzungsfragen etwa im Bereich der Innovation von Produkten geht, werden Innovationsfragen allerdings schnell auf untere Funktionsbereiche übertragen. Nur wenige Unternehmenslenker fühlen sich für Innovationsfragen selbst verantwortlich (vgl. IBM 2006). Vor dem Hintergrund, dass bereits Fragen der konkreten Produktinnovation im Topmanagement kaum Beachtung finden, verwundert es kaum, dass Designfragen von Führungskräften häufig stiefmütterlich behandelt werden. Wenn Designaufgaben überhaupt als wichtig erachtet werden, dann geschieht das heute interessanterweise vornehmlich mit Bezug auf das Corporate Design, die Unternehmenskommunikation und ein angemessenes „Branding". Die Gestaltung der Produkte wird dagegen häufig als zweitrangig angesehen (vgl. hierzu u.a. die empirischen Studien des IDZ 2006 und des DESIGN COUNCILS 2006). Dies ist insofern verwunderlich, da gerade im Industriegüterkontext Produkte die wichtigsten Botschafter sind, die ein Unternehmen besitzt (viel wichtiger als das Logo, die Visitenkarte oder die Unternehmensarchitektur). Daher ist es unerlässlich, auch diesen Bereich mit in die unternehmerische Gestaltungsarbeit einzubeziehen. Dies setzt allerdings voraus, dass die Bedeutung eines stimmigen Produktdesigns auch auf höchster Ebene des Unternehmens erkannt wird. Um noch einmal mit Brigitte Wolf, Professorin für Designtheorie und strategisches Design an der Bergischen Universität Wuppertal, zu sprechen: *„In den mehr als zwanzig Jahren, in denen ich mich nun schon mit Fragen des Designmanagements beschäftige, habe ich immer wieder feststellen können, dass ein erfolgreiches Designmanagement vor allem dann funktioniert, wenn dessen Wichtigkeit von der Unternehmensspitze wertgeschätzt wird. Oder anders formuliert: Wenn Design nicht fest in die Unternehmensstrategie integriert ist, besteht die große Gefahr, dass Designinitiativen auf mittlerer und unterer Managementebene ihre Wirkung verfehlen."* (WOLF 2008b)

2.4.2 Orientierung am und auf das Produkt

Eine zweite wichtige Konsequenz aus der zuvor beschriebenen Herausforderungslage ist eine dringend notwendige Reorientierung von Designtheorie und Designpraxis auf das Produkt. Während das Design entwicklungshistorisch klar aus der Trennung von Herstellungs- und Entwurfsaufgaben im Prozess der Industrialisierung hervorgegangen ist und somit vormals eindeutig auf das Produkt bezogen war, sind in den letzten Jahren vermehrt Marken- und Marketingaspekte in den Vordergrund der Designarbeit gerückt. Dies lässt sich u.a. daran erkennen, dass sich in den letzten Jahren immer mehr Designbüros weg vom Produktdesign hin in Richtung Markenberatung und Markengestaltung entwickelt haben (so zum Beispiel die Agenturen frog, Fitch, Enterprise IG etc.). Aus industrieller Perspektive steht jedoch das Produkt nach wie vor im Mittelpunkt der Gestaltungsarbeit. Das bedeutet nicht, dass man deshalb Markenaspekte vernachlässigen sollte. Ein stimmiges Markendesign

Abb. 2.4. Zusammenspiel von Unternehmens-, Produkt- und Markenidentität bei Industriegütern

sollte jedoch nicht einfach auf der Ebene abstrakter Markenwerte oder simpler Logogestaltungen stehen bleiben. Vielmehr geht es darum, die Marke und das Produkt so aneinander auszurichten, dass beide eine stimmige Einheit ergeben und Markenwerte nicht nur durch die Werbung transportiert werden, sondern über die Produktgestaltung eine im wahrsten Sinne des Wortes „objektivierbare" Basis erhalten. Interessanterweise gilt dies nicht nur für Investitionsgüterunternehmen, sondern in zunehmendem Maße ebenso für die Hersteller von Konsumgütern. In Zeiten des Web 2.0 und der damit verbundenen Prozesse der „Konsumentendemokratisierung" (HELLMANN 2007) gewinnen nämlich Produktaspekte wieder deutlich an Bedeutung. *„Wenn man etwas Großartiges verspricht und das Produkt diese Versprechungen dann nicht erfüllt, dann führt dies"* in Zeiten einer erhöhten Transparenz durch das Internet" *automatisch zu einer Attacke. Vor diesem Hintergrund sehen wir aktuell den Beginn einer Re-Emanzipation des Objektes bzw. des Produkts als Moment der Wahrheit"*, so der Designexperte Richard Seymour jüngst in der britischen Fachzeitschrift Marketing (vgl. MARKETING 2008, S. 39). Dabei gilt es zu beachten, dass das Verhältnis von Produkt und Marke im Industriegüterbereich traditionell immer schon ein anderes gewesen ist als im Konsumgüterbereich.

So sind in diesem Markt Identitätsaspekte deutlich wichtiger als Imageaspekte. Nicht so sehr ein durch Werbung geschaffenes idealtypisches Markenbild als vielmehr die Frage, wofür das Unternehmen produktseitig tatsächlich steht, sollte die Marken- und Designpolitik von Unternehmen in diesen Märkten bestimmen (vgl. KAPFERER 1992). Dabei ist zu berücksichtigen, dass das Verhältnis von Marken- und Produktidentitäten im Industriegüterkontext anders ausgeprägt ist als im Konsumgüterbereich. Während bei vielen Konsumgütern die Markenidentität die Produktidentität klar dominiert, ist in Industriegütermärkten eine stimmige Markenidentität ohne klare Produktidentitäten kaum denkbar. Umso wichtiger ist es, eben diese Produktidentitäten – und nicht ausschließlich abstrakte Markenwerte – in den Mittelpunkt der eigenen Gestaltungsüberlegungen zu stellen.

Natürlich gibt es in Deutschland und Europa eine Vielzahl von Designbüros, die dem Trend zu einer einseitigen Ausrichtung auf ein imageorientiertes Markendesign bisher erfolgreich widerstanden haben und stattdessen nach wie vor industrielle Gestaltungsaufgaben (inklusive aller für eine fertigungsnahe Entwicklung notwendigen Kompetenzen zum Beispiel in den Bereichen Materialforschung, CAD, Design Engineering etc.) in den Vordergrund ihrer Arbeit stellen (Designaffairs und Neumeister Design in München, Teams Design in Esslingen und Attivo Creative Ressource in Mailand sind nur drei von diversen Büros, die sich hier nennen lassen). Industriegüterunternehmen tun daher gut daran, mögliche Designpartner für die eigene Entwicklungsarbeit genau zu selektieren. Immer wieder trifft man in der Praxis auf Beispiele, wo Corporate-Design-Agenturen mit der Entwicklung von produktbezogenen Designguidelines oder gar der Gestaltung konkreter Produkte beauftragt werden. Es versteht sich von selbst, dass man hier kaum die Leistung erwarten kann, die versierte Industriedesignspezialisten in auf Produktfragen spezialisierten Design- und Beratungsbüros zu leisten imstande sind, was wiederum klar aufzeigt, dass nicht jedes Design automatisch auch ein gelungenes Design darstellt. Erst recht nicht in einem derart komplexen Umfeld wie dem der Industriegüter.

2.4.3 Integration in den Innovationsprozess

Ein weiterer wesentlicher Unterschied zwischen Konsumgütern und Industriegütern ist darin zu sehen, dass die Produktpolitik bei Ersteren häufig vom Marketing bestimmt wird, bei Letzteren jedoch von den Bereichen F&E, Innovationsmanagement oder sogar von der Produktion (so zum Beispiel im Bereich der Auftragsfertigung). Dies begründet, warum die Designarbeit im industriellen Kontext nur dann erfolgreich ist, wenn sie von vornherein konsequent in den Produktentwicklungsprozess integriert und nicht nur als nachträgliche Verschönerungsleistung des Marketings begriffen wird. Dass eine solche Integration in den Innovationsprozess einer oberflächlichen Stylingpolitik eindeutig überlegen ist, hat u.a. eine Studie des schwedischen Industriedesignerverbandes gezeigt. Die Unternehmen, die das Design nicht nur als Styling begreifen, sondern dieses in ihre Innovationsarbeit integrieren, konnten dieser Studie zufolge in den letzten Jahren im Durchschnitt ein signifikant höheres Umsatzwachstum realisieren als die Unternehmen, die das Design nur zur Verschönerung ihrer Produkte nutzen (SVID 2004, SOTAMAA 2007).

Wichtig bei einer solchen Integration ist vor allem, das Design früher einzusetzen, als es bisher vielfach der Fall ist. Industriedesigner machen in der Praxis immer wieder die Erfahrung, dass sie zu spät in den Innovationsprozess involviert werden, meistens dann,

6,5 %
durchschnittliches Umsatzwachstum

9,0 %
durchschnittliches Umsatzwachstum

Unternehmen, die das Design vornehmlich als
nach gelagerte Styling-Funktion nutzen und nicht
in den Innovationsprozess integrieren

Unternehmen, in denen das Design integraler
Bestandteil des Entwicklungsprozesses ist und als
wichtige Innovationsfunktion begriffen wird

Abb. 2.5. Zusammenhang zwischen der Designpolitik von Unternehmen und ihrer Ertragskraft (Quelle: SVID 2004)

wenn die Maschine schon fertig ist und nur noch äußerlich in ein attraktives Gewand gepackt werden soll. Dies ist insofern kritisch zu beurteilen, da Designer im Innovationsprozess wichtige Impulse geben können, und zwar nicht nur für die Formgebung, sondern ebenso bei der Materialwahl, bei der Suche nach innovativen funktionellen Lösungen, ja selbst bei Fragen der technischen und der fertigungsnahen Konstruktion. Wie unterschiedlich Lösungen ausfallen können, je nachdem, wann das Design in die Entwicklungsarbeit einbezogen wird, hat Prof. Dr. Udo Lindemann, Inhaber des Lehrstuhls für Produktentwicklung an der TU München, anhand der folgenden zwei Beispiele anschaulich beschrieben: *„Im ersten Fall hatten wir ein Produkt technisch-wirtschaftlich optimiert, die Konstruktionsarbeiten waren weitgehend abgeschlossen. Nun wurde ein Designer eingeschaltet, ‚um noch einmal drüberzuschauen‘. Was sollte dieser ‚arme Mensch‘ denn noch tun? Wer hätte den neuerlichen Konstruktionsaufwand in Form eines erweiterten Budgets freigegeben und die verzögerte Markteinführung akzeptiert? Im zweiten Fall wurde der Designer vor der Festlegung des Maschinenkonzeptes eingebunden. Nach teilweise intensiven und heftigen Diskussionen wurde gemeinsam das Erscheinungsbild der Maschine mit den daraus resultierenden konzeptionellen Folgen festgelegt. Der spätere Messe- und Markterfolg hat diese gemeinsame Anstrengung als sinnvoll unterstrichen.“* (LINDEMANN 2005, S. 298)

Schuld daran, dass der erste hier beschriebene Fall in der Praxis leider immer noch viel häufiger anzutreffen ist als eine wirkliche Zusammenarbeit von Ingenieuren und Designern, ist nicht zuletzt ein problematisches Entwicklungsverständnis bei vielen Ingenieuren: *„Der Ingenieur ist zufrieden, wenn er eine technisch befriedigende Lösung gefunden hat. Wenn das Endresultat aber nicht gut aussieht, geht man zum Designer. Dieser ist für das Aussehen des Produktes zuständig. Überspitzt könnte man sagen: Der Naturwissenschaftler definiert die Funktion eines Produktes – der Designer darf noch die Farbe dazugeben.“* Sequenzielles Design, so nennt der Designprofessor Michael Krohn dieses Phänomen: *„Der Ingenieur findet die Lösung zur gestellten Aufgabe, danach gibt er das Produkt an den Designer weiter. Beide Parteien werden bei einer solchen Arbeitsorganisation dazu gezwungen, ihre Probleme isoliert zu lösen. Ein sequenzieller Ablauf kann aber den Diskurs, das gemeinsame Suchen nach einer Lösung verhindern und reduziert die Tätigkeit des Designers auf die Formgebung. Solche Prozesse sind zwar einfa-*

cher plan- und somit kontrollierbar, jedoch geht dabei viel Innovationspotenzial verloren. Technik, Ökonomie und Design müssen deshalb zusammengeführt werden. [...] Dadurch kann ein ineinander greifender, iterativer Arbeitsprozess entstehen." (HARDT 2004)

Voraussetzung dafür, dass eine frühzeitige Integration des Designs in den Innovationsprozess gelingt, ist allerdings, dass entsprechende Kompetenzen aufseiten des Designs vorhanden sein müssen. Gerade im industriellen Kontext wird es immer wichtiger, dass Designer neben kreativ-gestalterischen auch über hinreichende technisch-konstruktive sowie grundlegende betriebswirtschaftliche Kenntnisse verfügen und wissen, wie Innovationen nicht nur entwickelt, sondern auch effizient gefertigt werden können. *„Dass sich Designer mit Herstellungsproblemen, die aus dem Design resultieren, beschäftigen sollten, wird seit vielen Jahren gefordert. Traditionellerweise wird dabei die Idee vertreten, dass ein kompetenter Designer mit den Produktionsprozessen vertraut sein sollte, um so die Schaffung unnötiger zusätzlicher Herstellungskosten zu vermeiden. Aufgrund immer komplexer werdender Produkttechnologien, des Zeitdrucks, unter dem Designer stehen, wenn sie neue Designs entwickeln [...] und dem erhöhten Perfektionsgrad der Fertigungsverfahren verlieren eindimensionale Sichtweisen auf Produktentwicklungsprozesse immer mehr an Bedeutung. Es wird immer wichtiger, mehr Anstrengungen dahin gehend zu unternehmen, Herstellungs- und Montagefragen frühzeitig im Produktdesign-Zyklus zu berücksichtigen.*" (BOOTHROYD 1996, S. 19)

Um mit Christof Struhk, Geschäftsführer des Design- und Innovationsdienstleisters Modulor, zu sprechen: *„Es reicht heute nicht mehr aus, nur den Wunsch nach einem schönen Produkt zu befriedigen. Inhalte sind es, die in Zukunft zählen.*" (PETERS 1997, S. 14) Die Konsequenz daraus: *„Designer sind angehalten, sich entsprechendes technisches und betriebswirtschaftliches Wissen anzueignen, um aktiv in den Dialog mit Ingenieuren und Managern treten zu können.*" (ebenda) Umgekehrt müssen aber auch Ingenieure und Manager von Industrieunternehmen zukünftig einen aktiveren Beitrag dazu leisten, dass ein solcher Dialog mit dem Design überhaupt zustande kommt. Dass es in dieser Hinsicht in vielen Unternehmen immer noch deutliche Barrieren gibt, zeigen die folgenden Ausführungen anschaulich auf.

2.4.4 Überwindung der Antagonismen von Technik, Design und Management

Vielleicht die wichtigste Voraussetzung für ein gelingendes Industriegüterdesign überhaupt ist die Überwindung des Denkens in klassischen Funktionsbereichsgrenzen. Noch immer gilt: Viele Bereichsverantwortliche schotten sich bei Innovationsprojekten nach wie vor gegenüber einer Einflussnahme von außen ab. Die viel geforderte Prozessintegration bei Innovationsprojekten weist in der Praxis immer noch deutliche Defizite auf (vgl. ACCENTURE 2005, BEERENS et al. 2005, FROWEIN 2007). Vor diesem Hintergrund stellte selbst das Magazin der Süddeutschen Zeitung jüngst fest: *„Die viel beschworene Einheit aus Ingenieuren, Designern und Marketingspezialisten funktioniert viel zu selten"* (HERWIG 2006). Dieses Problem ist zwar nicht spezifisch für die Industriegüterbranche, dort aber sehr deutlich spürbar. Wenn uns etwas an den Ergebnissen unserer umfangreichen Untersuchungen zum Zusammenhang von „Industrial Design & Innovationsmanagement" überrascht hat, dann ist es sicherlich der Einfluss, den mentale Barrieren auf die industrielle Entwicklungsarbeit immer noch besitzen. In nahezu allen Interviews und Gesprächen, die wir im Rahmen unserer Forschungsbemühungen geführt haben, wurde in direkter wie indirekter Form auf die Bedeutung dieser subjektiv-emotionalen Einflussgrößen verwiesen.

Auch in der Literatur finden sich zahlreiche Beschreibungen, die auf die fast schon klischeehaften Differenzen zwischen Ingenieuren, Designern und Managern verweisen: Typisch hierfür sind etwa Beschreibungen wie die, nach der das Design in den Augen vieler Ingenieure und Manager als eine Disziplin gilt, die vor allem von *„bunten Vögeln"* betrieben wird, die *„mit der Kaffeetasse in der einen Hand und eventuell noch mit einer Zigarette in der anderen"* ihrer vornehmlich kreativen Arbeit nachgingen (REESE 2005b, S. 22). Umgekehrt findet man im Design häufig das Vorurteil, Ingenieure seien typische Bedenkenträger und verlören vor lauter Detailverliebtheit gerne mal den Blick fürs Ganze (vgl. ZERWECK 2008).

Wichtig zur Überwindung der hier zitierten mentalen Barrieren ist zunächst einmal die Erkenntnis, dass sich hinter derartig stereotypen Klischees keineswegs nur Vorurteile verbergen, sondern tatsächlich grundsätzlich verschiedene Sozialisations- und Qualifikationshintergründe. Während Ingenieure vom Beginn ihrer Ausbildung an darauf getrimmt werden, komplexe Entwicklungsprobleme in kleinste Detailfragen zu zerlegen, die dann sukzessive abgearbeitet werden, ist die Designausbildung von vorneherein auf eine ganzheitliche Produktentwicklung ausgerichtet: *„Der Designer schaut ein Produkt mit anderen Augen an. Für ihn sind statische, konstruktive Momente natürlich auch wichtig, aber die kommen später. Er betrachtet die Dinge aus einer anderen, vielleicht etwas gesamtheitlicheren Perspektive."* (HARDT 2004) Dies führt nicht selten zu Sprachschwierigkeiten mit den verantwortlichen Ingenieuren. *„Wenn ein Designer sagt, ich könnte mir auch vorstellen, dass dies hier eckig ist, dann meint er: So könnte man es auch machen. Ein Ingenieur aber denkt, der will das jetzt eckig machen."* (ebenda) Das Ergebnis sind nicht selten Reibungsflächen und ein Gefühl der Einmischung, dass vor allem immer dann entsteht, wenn der Designer konstruktive Verbesserungen anbringt, wenn er funktionale Lösungen infrage stellt. *„Dies empfinden Ingenieure oft als Eingriff in ihren Kompetenzbereich. Das haben wir noch nie so gemacht, das haben wir schon immer so gemacht, oder da kann ja jeder kommen – so könnte man die Reaktionen der Ingenieure auf die Vorschläge des Designers zusammenfassen. Man geht zum Designer und erwartet etwas. Wenn man als Gestalter diese Erwartung nicht erfüllt, vielleicht sogar die Arbeit des Ingenieurs hinterfragt – warum hat er die Batterie nicht hinten angebracht, sondern vorne? –, empfindet der Ingenieur dies als Einmischung in seinen Kompetenzbereich."* (ebenda)

Neben den hier deutlich werdenden Sprach- und Abstimmungsschwierigkeiten zwischen Ingenieuren und Designern spielen auch Differenzen im Denken von Managern und Designern eine nicht unwichtige Rolle bei der Umsetzung einer konsequenten Designpolitik im industriellen Kontext. Hierzu berichten beispielsweise GÖTZ u. SCHMID 2004a: *„Von Managern vernehmen wir oftmals die Klage, dass sie mit Designern nicht gut kommunizieren können, dass sie zur Umsetzung von Marketingzielen nicht in Teams arbeiten können, dass sie ihre Designer nicht dazu bewegen können, das ‚große' strategische Bild zu sehen und dass sie vor allem davor zurückscheuen, die kreative Freiheit zu beschneiden, die Designer ihrer Ansicht nach brauchen. Designer erzählen uns dagegen eine andere Geschichte. Sie fühlen sich bei der Schaffung eines Designs oftmals allein gelassen. Sie würden es begrüßen, wenn man ihnen nützliche Anweisungen an die Hand gäbe, erhalten jedoch häufig nur all-*

gemeine Leitlinien, die alles oder gar nicht heißen können. […] Wie uns Designer schon oft berichtet haben, betrachten Manager den Designer nicht als Mitglied des strategischen Teams oder als strategischen Akteur. Diese Situation vermag nicht zu überraschen. Marketingmanager und Strategen absolvieren in der Regel eine betriebswirtschaftliche, ingenieurwissenschaftliche oder juristische Ausbildung. Sie haben einen ausgeprägten analytischen Hang, der der Welt des Designs […] häufig nur wenig oder gar keinen Platz lässt. Die genannten Personen fühlen sich meist nicht wohl, wenn sie Designfragen behandeln sollen." (zitiert nach PFÖRTSCH u. SCHMID 2005, S. 24)

Wie stark derartige mentale Faktoren immer noch sind, belegt ein Vortrag, den der Designer Philip Zerweck 2008 auf dem 2. Symposium Technisches Design an der Universität Dresden gehalten hat. Nachdem Zerweck unter der Überschrift „Warum Designer nicht einparken können und Ingenieure nirgendwo hinkommen" zunächst die oben beschriebenen Vorurteile kritisch aufs Korn genommen hat, kommt er am Ende seines Vortrags zu der folgenden stereotypen Empfehlung: *„Lassen Sie den Ingenieur ans Steuer und fahren. Der Designer macht den Beifahrer, und sagt, wo es langgehen soll. Und die Wirtschaftswissenschaftler: Die kommen hinten in den Kindersitz und dürfen ihre Wünsche krähen."* (ZERWICK 2008, S. 133)

---

1. **TECHNOLOGY PUSH MODELL (1950s / 1960s)**

   Einfaches, lineares, technologiegetriebenes Modell der Innovationsorganisation

2. **NEED PULL MODEL (1960s / 1970s)**

   Stärker marktgetriebene Innovationsprozesse vor dem Hintergrund einer zunehmenden Neuorientierung der Unternehmen in Richtung "Market Pull" aufgrund verschärfter Marktanteilskämpfe

3. **COUPLING MODEL (1970s / 1980s)**

   Straffung der Innovationsprozesse über die verstärkte Koppelung einzelner Unternehmensfunktionen (R&D, Marketing, Finance…) vor dem Hintergrund eines zunehmenden Kostenbewusstseins und verstärkter Konsolidierungsbemühungen der Unternehmen

4. **PARALLEL PROCESS MODEL (1980s)**

   Verstärkte Parallelisierung von Teilstufen im Innovationsprozess; zunehmende Prozessintegration sowohl innerhalb des Unternehmens als auch „upstream" mit Lieferanten sowie „downstream" mit Kunden; zunehmende Bedeutung von strategischen Allianzen mit dem Ziel einer weiteren Erhöhung der allgemeinen Innovationseffizienz

5. **SYSTEMS INTEGRATION & NETWORKING MODEL (post 1990)**

   Hohe Systemintegration und extensiver Rückgriff auf Innovationsnetzwerke; zunehmende Bedeutung flexibler Organisationsformen; kontinuierliche und nach außen offene Innovationsprozesse (Stichwort: „Open Source", „Open Innovation"); Ziel: schneller und flexibler auf Marktveränderungen reagieren um Innovationsressourcen bedarfsgerechter anpassen zu können.

Abb. 2.6. Generationen der Innovationsorganisation (nach ROTHWELL 1994)

Aus unserer Sicht sind derartige Festschreibungen kaum geeignet, die notwendige Integration im Innovationsprozess voranzutreiben. Die moderne Innovationsforschung zeigt deutlich, dass die richtige Antwort auf die immer dynamischer und komplexer werdenden Innovationsbedingungen nicht in strengen Funktionsbereichsabgrenzungen zu suchen ist, sondern vielmehr in integrativen Teamlösungen (siehe hierzu beispielhaft ROTHWELL 1994 und die von ihm aufgezeigten „5 Generationen" der Organisation von Innovationsprozessen). Einem solchen Verständnis folgend sollten sowohl das Management als auch das Engineering und das Design einen entscheidenden Einfluss auf das Entwicklungsergebnis besitzen. Kommentierungen wie die von Philip Zerweck zementieren dagegen nur die beschriebenen Trennungen und verhindern so die notwendige Integration.

Natürlich gibt es auch andere Beispiele. Dies zeigen nicht zuletzt die im Folgenden aufgeführten Benchmark-Fallstudien. So unterschiedlich die dort vorgestellten Unternehmen jeweils sind: Allen dort vorgestellten Good- und Best-Practice-Beispielen ist gemeinsam, dass in ihnen klassische Bereichsgrenzen überwunden und vernetzte Formen der Zusammenarbeit aktiv gelebt werden. Auch im Bereich der Innovationsausbildung und -forschung gibt es eine Vielzahl positiver Signale. Neue Studiengänge in Schnittstellenbereichen, zum Beispiel zu den Themen „Designmanagement" und „Design Engineering" weisen in die richtige Richtung (vgl. GRIMHEDEN u. HANSON 2005; in Deutschland besteht hier allerdings gegenüber dem Ausland noch ein deutlicher Entwicklungsbedarf). Auch die Tatsache, dass die Stiftung Industrieforschung in den letzten Jahren auf der Grundlage empirischer Bedarfsanalysen verschiedene Forschungsprojekte zum Industriegüterdesign initiiert hat, ist als äußerst positives Signal zu werten. Last but not least zeigen verschiedene Messen an der Schnittstelle von Produkt-, Material- und Formentwicklungen (so zum Beispiel die EUROMOLD und die MATERIAL VISION in Frankfurt oder die MATERIALICA in München), dass Bereichsgrenzen immer stärker überwunden und Schnittstellenkompetenzen im Innovations- und Designkontext mehr und mehr Berücksichtigung finden.

2.4.5 Anpassung an die Realitäten von Entwicklungs- und Fertigungsprozessen

Um der Designarbeit im industriellen Kontext zum Erfolg zu verhelfen, reicht es allerdings nicht, nur die Wichtigkeit des Designs für den Produkterfolg von Industriegütern zu erkennen, das Produkt wieder stärker in den Mittelpunkt zu stellen, das Design wirksam in den Innovationsprozess zu integrieren und etwaige Bereichsantagonismen zu überwinden. Darüber hinaus ist es wichtig, den Gestaltungsprozess selbst anschlussfähig zu elementaren Veränderungen im Entwicklungs- und Herstellungsprozess zu machen. Beide Bereiche, F&E wie auch Fertigung, sind auf dem besten Wege, sich von starren Prozessmodellen innerhalb fester Unternehmens- und Bereichsgrenzen zu trennen. Immer mehr Unternehmen verfügen heute über hoch flexible, Unternehmens- und Ländergrenzen überschreitende Entwicklungs- und Fertigungsnetzwerke, dynamische Modelle der Team- und Projektorganisation sowie überlappende statt streng kaskadische Entwicklungsprozesse. „JIT-Management", „Lean Production", „globale Wertschöpfungsketten", „Make or Buy", „Innovation Outsourcing", „Original Design Manufacturing (ODM)", alles Schlagworte, die zeigen, wie sich die Natur der Innovations- und Fertigungsarbeit in den vergangenen Jahren bereits verändert hat (vgl. hierzu beispielhaft ENGARDIO u. EINHORN 2005, HALEVI 1998, HALEVI 2004, GASSNER 2007, NASSCOM 2006, NUSSBAUM 2005, THEYS 2003, WILDEMANN 1997). Die Konsequenz daraus: Designer müssen ihre eigenen Arbeits- und Denkweisen selbst flexibilisieren, um sich zu diesen Veränderungen anschlussfähig zu zeigen. Sie müssen neue Formen der Zusammenarbeit mit ihren Kunden entwickeln (zum Beispiel in Form eines „Resident Design Engineering"), selbst globaler agieren, aber auch wissen, wie sie mit der zunehmenden Trennung zentraler wertschöpfender Leistungen (zum Beispiel im Konzeptions- und Entwurfsbereich) von austauschbareren und daher einem stärkeren Preiswettbewerb unterliegenden Tätigkeiten (etwa im CAD-Bereich) umgehen wollen. Dabei bietet ihnen die oben beschriebene Öffnung und Flexibilisierung von Innovations- und Fertigungsprozessen deutliche Vorteile: In dem Maße, wie sich Unternehmen nämlich nach außen öffnen und Leistungen zukaufen, vergrößert sich auch der Handlungsspielraum der Designer. Sie werden leichter als Entwicklungspartner akzeptiert. Im Zweifel gelingt es ihnen sogar, im Sinne einer ODM-Strategie nicht nur Gestaltungsleistungen, sondern darüber hinaus auch komplette Produktentwicklungs- oder sogar Fertigungsprojekte im Auftrage ihrer Kunden durchzusteuern (vgl. RICHTER 2007).

2.4.6 Integration in Strategiesysteme von Unternehmen

Eine weitere wichtige Herausforderung ist schließlich in einer konsequenteren strategischen Untermauerung der Designarbeit zu sehen (vgl. HERRMANN 2005). Viel zu häufig stehen bei Designentwicklungen immer noch ausschließlich Geschmacksfragen oder aber technisch-konstruktive Überlegungen im Vordergrund. Ein expliziter Abgleich mit der Unternehmens- und Sortimentsstrategie, dem Markenprofil, dem Kundennutzen, der globalen Vertriebsstrategie etc. findet in der Praxis immer noch viel zu selten statt. Dies ist nicht zuletzt deshalb problematisch, da gerade technisch geprägte Unternehmen häufig mit dem Problem der „Überinnovation" zu kämpfen haben. Das technisch Machbare dominiert das strategisch Sinnvolle. Ein strategisches Design kann dieses Problem mindern helfen, etwa dadurch, dass es komplexe Innovationsportfolios und Sortimentsarchitekturen durch klare Produktsprachen zu strukturieren weiß. Dies gelingt jedoch nur dann, wenn man das Design selbst strategisch untermauert und die Designstrategie dabei keineswegs nur auf Gestaltungsfragen (Form-, Material-, Ergonomie-, Funktionsstrategie) reduziert. Erfolgreiche Designstrategien beinhalten vielmehr auch eine wirksame Verknüpfung mit anderen Strategieebenen im Unternehmen (vgl. ANTIKAINEN 2004, BRUCE u. BESSANT 2002, BORJA DE MOZOTA 2003, HERRMANN u. MOELLER 2006d). Man darf nicht verwundert sein, wenn ein derart avanciertes Design-Strategieverständnis im industriellen Kontext auf gewisse Widerstände trifft. Insbesondere bei kleineren und mittelgroßen Herstellern von Industriegütern trifft man in der Praxis immer wieder auf eine gewisse Zurückhaltung bei der Umsetzung eines fundierten strategischen Managements (vgl. LEITNER 1998). Ein anschauliches Beispiel für eine derartige Vernachlässigung strategischer Herangehensweisen findet man u.a. im Bereich marktorientierter Segmentierungen. Obwohl seit Jahrzehnten Segmentierungen ein Standardinstrument der strategischen Unternehmensführung darstellen, tun sich viele Industriegüterunternehmen immer noch schwer, dieses Instrument in der Praxis wirksam für sich zu nutzen (vgl. AMMANN u. SCHÄRER 2007). Dass man – analog zur Plattformstrategie in der Automobil- und Flugzeugindustrie – gleiche Technologien mit vergleichbaren Anforderungsprofilen in unterschiedliche Produkte mit unterschiedlichen Preis-/Ausstattungsklassen und vor allem Variationen im Design (!) an verschiedene Kundengruppen absetzen kann, ohne dabei dem Risiko einer übertriebenen Variantenbildung zu verfallen, dies ist im Bereich der Investitionsgüterindustrie ein immer noch unzureichend genutztes Mittel (vgl. HEIDTMANN 2005). Wenn dieses Mittel doch genutzt wird, dann ist die Umsetzung in der Praxis häufig mit zahlreichen Problemen behaftet (vgl. KÖNIG u. VÖLKER 2001). Das Beispiel der im industriellen Bereich häufig defizitären Sortimentslogiken belegt anschaulich: Nur wenn die Designstrategie gezielt mit der Unternehmens-, Technologie-, Marken-, Vertriebs-, Produkt- und Sortimentsstrategie verknüpft wird, können dabei erfolgreiche Innovationen entstehen.

Mit solchen Forderungen soll dabei keineswegs einer Überbetonung des Strategieelements das Wort geredet werden. Was unsere umfangreichen Untersuchungen zum Zusammenspiel von Industriedesign und Innovationsmanagement ebenfalls gezeigt haben, ist, dass es zur strategischen Untermauerung der eigenen Designbemühungen keineswegs einer überbordenden Instrumentalisierung bedarf. Das richtige Vorgehen ist – vor allem für kleinere und mittelgroße Unternehmen – eher in einer „Systematisierung light" zu sehen, sprich in einer Reduzierung auf einige wenige, dafür umso sorgfältiger erarbeitete und in die Organisation hinein getragene Strategiebausteine (vgl. HERRMANN u. RÜSEN 2008). Mithilfe welcher Instrumente man diese Strategiebausteine an der Schnittstelle von Unternehmens-, Technologie-, Markt-, Produkt-, Sortiments- und Designstrategie erarbeiten kann, dazu sei an dieser Stelle auf das letzte Kapitel dieses Buches verwiesen, in dem einige dieser Instrumente für den Praktiker beispielhaft dargestellt werden.

2.5 Neufassung des industriellen Designverständnisses

Fasst man die bisherigen Ausführungen zusammen, so wird deutlich: Für eine erfolgreiche Implementierung des Designs im industriellen Kontext ist es keineswegs ausreichend, dem Design einfach nur eine stärkere Rolle im Investitionsgüterbereich zuzuweisen. Vielmehr muss das Designverständnis selbst grundsätzlich neu gefasst werden: Weder eine rein ästhetische noch eine rein technisch orientierte Konzeption des Designs reichen aus, um das Design so zu nutzen, dass es bei der Produkt- und Unternehmensentwicklung die Erfolgspotenziale freisetzt, die es im Idealfall besitzt. Hierzu ist vielmehr die wirksame Verknüpfung von gestalterischen und technisch-konstruktiven Aspekten der Produktentwicklung mit vorgelagerten strategisch-konzeptionellen Tätigkeiten unerlässlich. Nur wenn man das Design zum integralen Bestandteil eines übergeordneten Innovationsmanagements macht und dabei forscherische,

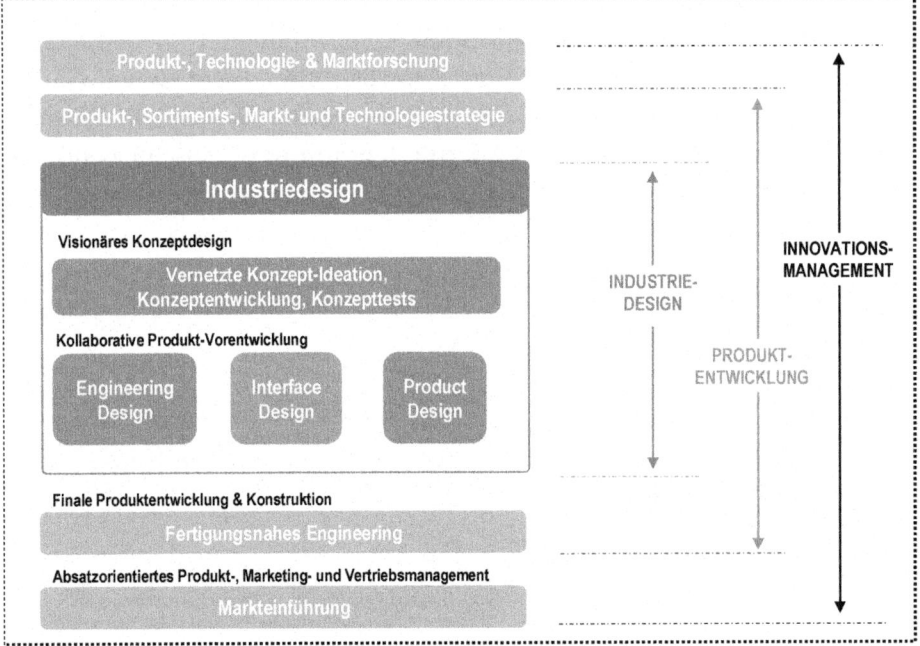

Abb. 2.7. Neufassung des industriellen Designverständnisses – Design als umfassender Ideations- und Konzeptionsprozess

strategische, konzeptionelle, technische, gestalterische sowie fertigungs- und absatzbezogene Aspekte wirkungsvoll miteinander verknüpft, entfaltet das Industriegüterdesign die Wachstumskräfte, die es tatsächlich besitzt. Im Kontext eines derartigen Innovationsverständnisses ist eine Neufassung des Designbegriffs unerlässlich: Unter dem industriellen Design ist demnach nicht nur die formelle Gestaltung von Produkten zu verstehen, sondern vielmehr ein all umfassender, der technisch-fertigungsnahen Produktentwicklung vorgelagerter strategisch-konzeptioneller Ideations- und Konzeptionsprozess, der im Unterschied zur rein „technischen Vorentwicklung" marktbezogene, gestalterische und technische Aspekte direkt miteinander verknüpft.

Ein industriell geprägtes Designverständnis, wie es hier dargestellt wird, umfasst dabei Tätigkeiten der gedanklichen Invention (Konzeptdesign) genauso wie die der technischen Konzeption (Engineering Design), der ästhetischen Formgebung (Produktdesign) und der Gestaltung von Schnittstellen und Benutzeroberflächen (Interface Design). Von zentraler Bedeutung ist dabei vor allem das konzeptionelle Design im Sinne einer strategisch ausgerichteten ideellen wie materiellen Entwurfsarbeit. Ziel dieser Entwurfsarbeit ist es nicht, fertige Produkte zu entwickeln, als vielmehr Produktideen zu skizzieren und auszutesten, um diese anschließend vergleichen, optimieren oder gegebenenfalls auch wieder verwerfen zu

Abb. 2.8. Erfolgspotenziale eines strategischen Konzeptdesigns

können. Je weniger es Unternehmen nämlich gelingt, sich am Markt durch klassische Alleinstellungsmerkmale zu behaupten, umso mehr gewinnt der Akt der eigentlichen Produktkonzeption, und zwar in marktlicher, funktioneller, technologischer und gestalterischer Hinsicht an Bedeutung. Kern einer solchen Konzeptionsarbeit ist es dabei, den jeweils richtigen Mix an Produkteigenschaften so in ein neues Produkt zu integrieren, dass dabei Erwartungen des Kunden wie auch strategische Zielsetzungen des Unternehmens am besten bedient werden können.

Wie wichtig eine fundamentale Konzeptionsarbeit für Hersteller von Industriegütern (wie auch für Unternehmen anderer Branchen) ist und wie selten sie in der Praxis immer noch stattfindet, hat 2002 eine im „International Journal of Innovation Management" veröffentlichte, groß angelegte Studie über Best Practices im Bereich der Produktentwicklung gezeigt. Demnach zählt die Konzeptionsarbeit nach wie vor zu den großen weißen Flecken im angewandten Innovationsmanagement der Unternehmen. Die Autoren stellen dazu fest: *„Der Produkterfolg hängt ganz wesentlich von der Entwicklung starker Produktkonzepte und einer unternehmerischen Fokussierung auf diese Konzepte durch eine entsprechende Projektselektion ab. [...] Es ist allgemein anerkannt, dass ein Großteil der Produktqualität, Kosten und Performance während des Konzeptdesigns entschieden wird, und dass das detaillierte Design darauf eher einen geringen Einfluss besitzt. [...] Best-Practice-Techniken im Bereich der Produktstrategie und des detaillierten Designs besitzen in der Praxis eine Anwendungsrate von 58 %, während Best-Practice-Techniken im Bereich der Konzeptentwicklung, der Konzeptbewertung und des Konzeptdesigns nur eine Anwendungsrate von 36 % erreichen. [...] Es ist deutlich zu sehen, dass viele Unternehmen einen offenen Umgang mit Produktkonzepten bisher nicht wirklich für sich nutzen."* (DOOLEY et al. 2002, S. 2, 10, 18, 19)

Die industrielle Praxis bestätigt diese Einschätzung: Immer wieder erlebt man, dass Unternehmen bei der Entwicklung neuer Produkte von den ersten Entwicklungsansätzen direkt in die finale technische Konstruktion und Gestaltung springen, ohne verschiedene Produktalternativen erst einmal in Ruhe zu durchdenken und ihre Praxistauglichkeit in Form konkreter Produktkonzepte gezielt auszuprobieren. Ganz abgesehen davon, dass so häufig vorschnell

Kosten (zum Beispiel in Form fertiger Werkzeuge) entstehen, die im Falle eines Scheiterns der fertig entwickelten Produktidee nicht mehr rückgängig zu machen sind, ist eine automatische Konsequenz einer derartig verkürzten Entwicklungsarbeit, dass das notwendige Ausloten unterschiedlicher Lösungsalternativen (oder Opportunitäten, wie die Betriebswirtschaftslehre sagt) häufig wegfällt. Gerade unter dynamischen Marktbedingungen wird jedoch ein opportunitätsorientiertes Innovationsmanagement immer wichtiger (vgl. VERONA u. RAVASI 2003).

2.6   Eine Frage der Wettbewerbsfähigkeit

Die bisherige Argumentation hat eines deutlich gezeigt: Das Design von Industriegütern ist eine hochkomplexe Angelegenheit, die über die Gestaltung simpler Konsumgüter deutlich hinausgeht. Ursächlich hierfür ist nicht zuletzt die Tatsache, dass ein modernes Maschinendesign unterschiedlichen Bezugsgruppen gerecht werden muss: *„Der Maschinenhersteller will seine Produkte vom Wettbewerb abheben, nach innen und außen Modernität und Qualität kommunizieren, marktgerechte Lösungen anbieten, seine Fertigungsmöglichkeiten optimal einsetzen und Einsparungspotenziale nutzen. Der Käufer erwartet, sich dadurch ebenfalls vom Wettbewerb abzuheben, auch nach innen und außen Modernität und Qualität zu kommunizieren und die Effizienz zu steigern. Der Bediener fordert vom Design ermüdungsfreie Bedienung, ein Optimum an Bedienkomfort und Sicherheit, auch bei Wartung, Umrüstung, Instandsetzung"*, so jüngst die Zeitschrift MASCHINENMARKT in einem Artikel zum Thema „Schönes Produktdesign allein reicht nicht" (vgl. KUTTKAT 2007). Eine weitere wichtige, wenn nicht die wichtigste Zielgruppe, die bei solchen Überlegungen leider häufig übersehen wird, stellen das Management und die Eigentümer von Unternehmen dar. Ihre Bereitschaft, in das Design zu investieren und dieses gezielt für die eigene Produkt- und Unternehmensentwicklung zu nutzen, hängt unmittelbar davon ab, inwieweit ihnen glaubhaft vermittelt werden kann, dass das Design tatsächlich hilft, die eigene Wettbewerbsfähigkeit und Ertragskraft zu erhöhen. Zwar gibt es inzwischen eine Vielzahl von Studien, die den wichtigen Einfluss belegen, die das Design für den Unternehmenserfolg besitzt

(DESIGN COUNCIL 2004, HERTENSTEIN et al. 1001, HIETAMÄKI et al. 2005, KRETZSCHMAR 2003, PIIRAINEN 2001, SMITH 1994, SVID 2004, VERGANTI 2007), die Erfahrung zeigt jedoch, dass sich Praktiker lieber an konkreten Unternehmensbeispielen als an abstrakten theoretischen Untersuchungen orientieren. Vor diesem Hintergrund sind im folgenden Teil des Buches eine Vielzahl von Good- und Best-Practice-Beispielen zusammengestellt worden, die zeigen, wie Industriegüterunternehmen das Design gezielt zur Steigerung ihrer Innovationskraft und Absatzerfolge nutzen. Es wäre zu wünschen, dass die Industrieunternehmen in Deutschland, die das Design bisher eher stiefmütterlich behandeln, die dort vorgestellten Beispiele zum Anlass nehmen, das eigene Engagement in Sachen Design doch noch einmal zu überdenken.

2.7 Ein neuer institutioneller Umgang mit dem Design

Nicht nur die Industrie muss ihr Designverständnis verändern. Auch staatliche Institutionen und die Industrieverbände sind gefordert, den eigenen Umgang mit dem Thema „Design" zu überdenken. Zwar haben in den vergangenen Jahren staatliche und verbandsbezogene Initiativen im Bereich der Designförderung deutlich zugenommen (vgl. DIHT 1999, MWVLW 2006, STMWIVT 2005, VDID o. Jg. a-d, IDZ 2006, 2007a u. 2007b). Allerdings sind die dabei zugrunde liegenden Designvorstellungen meist ähnlich eng gefasst wie das oben beschriebene traditionelle Designverständnis der Industrie. Auf eine zeitgemäße Designkonzeption, die auf ein ganzheitliches Innovationsverständnis ausgerichtet und für eine erfolgreiche Industriepolitik unerlässlich ist, trifft man dabei leider nur selten. Andere Regionen, wie zum Beispiel Skandinavien, sind hier schon deutlich weiter. Beispielhaft sei hier etwa auf die staatliche Technologieagentur TEKES in Finnland verwiesen, die in den letzten Jahren nicht nur viel Geld in die Designförderung des eigenen Landes gesteckt, sondern dabei auch einen wesentlichen Beitrag zur Entwicklung eines zeitgemäßen industriellen Designverständnisses in Europa geleistet hat (vgl. TEKES 2005). Umso wichtiger ist, dass sich auch in Deutschland Vertreter aus Politik, Wirtschaft und Verbänden verstärkt einer industriellen Designpolitik zuwenden, um so die

Tabelle 2.1. Empirischer Zusammenhang von Designkompetenz und Wettbewerbsfähigkeit (Quelle: HYTÖNEN u. HEIKKINEN 2003)

Land	Position im Internationalen Wettbewerbsranking	Position im internationalen Designvergleich
Finnland	1	1
USA	2	2
Niederlande	3	7
Deutschland	4	3
Schweiz	5	6
Schweden	6	8
Großbritannien	7	10
Dänemark	8	9
Australien	9	21
Singapur	10	22
Kanada	11	15
Frankreich	12	4
Österreich	13	12
Belgien	14	16
Japan	15	5
Island	16	14
Israel	17	13
Hongkong	18	24
Norwegen	19	18
Neuseeland	20	20

Wettbewerbsfähigkeit deutscher Unternehmen nachhaltig zu stärken. Wer nach Belegen sucht, die den Erfolg einer industriell orientierten Designförderung nachweisen, sei auf eine grundlegende
Studie aus Neuseeland verwiesen. Diese hat gezeigt, dass die Länder, die im internationalen Designvergleich vorne liegen, auch Spit-
zenplätze in globalen Wettbewerbsrankings aufweisen (vgl. Hytönen u. Heikkinen 2003). Grund genug, den eigenen Umgang mit
dem Design noch einmal ernsthaft zu überdenken.

3 Fallstudien

Best-Practice-Beispiele für erfolgreiches Design aus dem Industriegüterbereich

Christoph Herrmann, Günter Moeller

„Die Mehrzahl der Unternehmen aus dem Bereich Maschinen- und Anlagenbau [...] besitzen eine mittlere Größe und in diesem Bereich gibt es nur relativ wenige Beispiele, die aufzeigen, wie erfolgreich das Design das Geschäft fördert und entwickelt. Ohne gute Beispiele für gutes Design bleiben diese Unternehmen für das Thema Design ein blinder Fleck. Das erschwert die Verbreitung des Wissens um die expliziten Vorteile des Designs und verhindert deutlich, dass Unternehmen erfolgreich von den Vorteilen überzeugt werden, die das Design für ihre Entwicklung mit sich bringt. Mehr noch, der Mangel an Wissen über das Design kann sogar Investitionen in das Design verhindern."

> Prof. Dr. Ilpo Koskinen & Juha Järvinen, UIAH University, Helsinki

Die im Folgenden aufgeführten Fallstudien zeigen beispielhaft auf, wie Industriegüterunternehmen ein strategisches Design erfolgreich für sich nutzen können. Ziel der dabei präsentierten Good- und Best-Practice-Beispiele aus den Bereichen Investitionsgüter sowie technische Gebrauchsgüter ist es, einen aktiven Beitrag zur Aufhellung des im einleitenden Zitat beschriebenen „blinden Flecks" zu leisten und so mehr Industriegüterunternehmen anzuregen, Design konsequenter als bisher für den eigenen Unternehmenserfolg einzusetzen.

Dabei werden die folgenden Unternehmen und ihr Engagement im Designbereich vorgestellt:

- ACO PASSAVENT, Entwässerungstechnik
- ANGELL-DEMMEL, Automobilzulieferer

- BOSCH, Thermotechnik
- DORMA, Gebäudetechnik
- D-LABS, Softwareindustrie
- EDAG, Engineering & Designdienstleistungen
- FESTO, Pneumatische Antriebssysteme
- GILDEMEISTER, Werkzeugmaschinen
- HÄFELE, Beschlagtechnik
- HEIDELBERG, Druckmaschinenindustrie
- KÄRCHER, Reinigungstechnik
- KUKA, Industrieroboter
- MAN, Nutzfahrzeuge
- PCS Systemtechnik, Zeiterfassungs- und Zugangskontrollsysteme
- SFC Smart Fuel Cell, Brennstoffzellentechnik
- SICK Maihag, Messtechnik
- STARMED, Intensivmedizin-Technik
- SÜSS MicroTec, Produktions- & Testequipment für die Halbleiterindustrie
- WITTENSTEIN Mechatronik

3.1 Fallstudie ACO PASSAVANT GMBH, Stadtlengsfeld (Entwässerungstechnik)

3.1.1 Kurzporträt des Unternehmens

Die international tätige ACO Unternehmensgruppe ist einer der weltweit führenden Entwässerungs-, Abwasser- und Wasseraufbereitungsspezialisten. ACO-Produkte sind auf vielen öffentlichen Plätzen, Verkehrsknotenpunkten, Flaniermeilen und Gebäuden dieser Welt zu Hause. Mit einer hohen Kompetenz in der Gebäude- und Flächenentwässerung, der Wasseraufbereitung, dem integrierten Brand- und Rückstauschutz leisten ACO-Produktsysteme in vielen Bereichen unseres alltäglichen Lebens einen wichtigen Beitrag zum Umweltschutz, zur Schaffung und Erhaltung von Infrastrukturen und zur Sicherheit in Industrie, Gewerbe und privaten Haushalten.

1946 von Josef Severin Ahlmann in Rendsburg gegründet, entwickelte sich die Gruppe vom regionalen Betonwerk zu einem weltweit führenden Entwässerungsspezialisten. Produziert wurden zunächst Betonteile für den Tiefbau, Terrazzoelemente für den Sanitärbereich und Betonfenster für den Hoch- und Landwirtschaftsbau. Mit dem Wirtschaftsaufschwung im Nachkriegsdeutschland wächst ACO schnell und erweitert in den 60er-Jahren seine Palette um Fertiggaragen und Entwässerungsrinnen aus geklebten Faserzementplatten. In den 70er-Jahren entsteht aus einer neuen Werkstoffkompetenz eine Weltmarke: ACO DRAIN. Mit innovativen Entwässerungssystemen aus Polymerbeton verschafft sich ACO einen technischen Vorsprung und wird Marktführer in der Linienentwässerung. Mit weitsichtigen Akquisitionen namhafter Unternehmen in der Gebäudeentwässerung und Abwassertechnologie erweiterte die ACO Unternehmensgruppe in den vergangenen Jahren erfolgreich ihre führende Marktposition. Heute ist die ACO Gruppe in über 40 Ländern und auf vier Kontinenten mit selbstständigen Gesellschaften unter der Dachmarke ACO präsent. In zwölf Ländern, u.a. in Deutschland, den USA und Australien, betreibt ACO eigene Produktionsstätten. Im Geschäftsjahr 2007 realisierte die ACO Gruppe mit über 3.800 Mitarbeitern einen Umsatz von 602 Mio. Euro.

3.1.2 Innovative und ganzheitliche Lösungskompetenz – die Basis des Erfolgs der ACO-Gruppe

Der Name „ACO" steht weltweit für Qualität, Erfahrung und Innovationsstärke in der Entwicklung, Produktion und im Vertrieb hochwertiger und ganzheitlicher Entwässerungssysteme im Hoch- und Tiefbau. Aus dem ursprünglichen ACO-Kerngeschäft wurde in den vergangenen Jahrzehnten ein breites und in sich schlüssiges Produktprogramm mit Systemcharakter entwickelt, mit dem ACO seine Mission ganzheitlich erfüllt: schützen, gestalten und entwässern.

Abb. 3.1. Prägnante Technik und Details sowie ein klares Produkt- und Designprofil sind zentrale Erfolgsfaktoren für Entwässerungslösungen im öffentlichen Raum ebenso wie in Gebäuden. Nationale und internationale Auszeichnungen – wie zum Beispiel der Bundespreis Produktdesign 1998, Fidelio Award 2002 (Schweiz), Designpreis Schleswig-Holstein 2003/2004 – stehen stellvertretend für eine erfolgreiche Symbiose aus Funktionalität und Ästhetik (Quelle: ACO Passavant GmbH)

Um das breite und tiefe Produktwissen und Leistungsversprechen kompetent und transparent im globalen Wettbewerb zu vermarkten, aber auch um den unterschiedlichen Bereichen in der Bauindustrie optimal gerecht zu werden, hat sich die Unternehmensgruppe seit einigen Jahren unter den Spartennamen *ACO Tiefbau*, *ACO Hochbau* und *ACO Haustechnik* national am Markt aufgestellt.

ACO Tiefbau

ACO Tiefbau gehört zu den führenden Anbietern, wenn es um innovative Lösungen für die Infrastruktur rund um die Entwässerung geht. Angeboten wird das gesamte Spektrum von der Linien- und Punktentwässerung bis hin zum Kanalguss. Die Produkte von ACO Tiefbau schaffen und erhalten Verkehrs- und sonstige Infrastrukturen im öffentlichen und industriellen Raum.

ACO Hochbau

Geht es um Entwässerungslösungen für den gewerblichen und privaten Baubereich, sind die Produkte und Lösungen der *ACO Hochbau* gefragt. Neben den Entwässerungslösungen setzt sich ACO Hochbau darüber hinaus auch mit Fragen der Nachhaltigkeit auseinander: Zum einen geht es um Lösungen zum Thema „Energiesparen" (u.a. ACO Kellersysteme), zum anderen um Lösungen für den Hochwasserschutz.

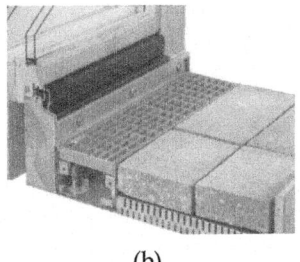

(a)   (b)   (c)

Abb. 3.2. Produktidentität durch eine unverwechselbare Synthese aus Funktionalität und Qualität. Beispiele: (a) + (b) ACO Fassaden- und Terrassenrinnen und Einbausysteme; (c) ACO Allround Lichtschacht – innovative Lösungen für Montage und hohe Stabilität (Quelle: ACO Passavant GmbH)

ACO Haustechnik

Innerhalb der ACO Gruppe ist die *ACO Haustechnik* der Spezialist für das Entwässern und Abscheiden in privaten und gewerblichen Gebäuden. Unter dem Motto *„Entwässern, Abscheiden, Pumpen – Ihr Partner mit System"* werden langlebige und innovative Systemlösungen für die Entwässerung in Gebäuden in Verbindung mit der passenden Abscheide- und Pumpentechnik für alle Einsatzbereiche entwickelt, produziert und vermarktet – vom Einfamilienhaus bis zum Industriebetrieb.

Innovationsstärke, Funktionalität und nachhaltige Qualität waren von Beginn an für das Familienunternehmen ACO die zentralen Umsatz- und Wachstumstreiber. Und auch zukünftig sieht sich die ACO Gruppe weiterhin als Innovationsmotor im Markt der Entwässerungs- und Abwasserindustrie. Die spartenübergreifende Kompetenz in der Entwässerungstechnik sowie qualifizierte und hoch motivierte Mitarbeiter verschaffen ACO ein hohes Innovationspotenzial, mit dem neue Produkte und Produktverbesserungen effektiv und effizient realisiert werden.

Der Antrieb zur Innovation kommt aber auch aus den Märkten bzw. von den Anwendern selbst. Auf der Basis eines intensiven Dialogs mit Geschäftspartnern (Installateure, Planer, Architekten) sowie einer systematischen Marktbeobachtung und Auswertung übergeordneter Trendperspektiven in der Bauindustrie werden bestehende Produkte und Systeme kontinuierlich verbessert und darüber hinaus innovative Lösungsansätze zur Erschließung neuer Marktseg-

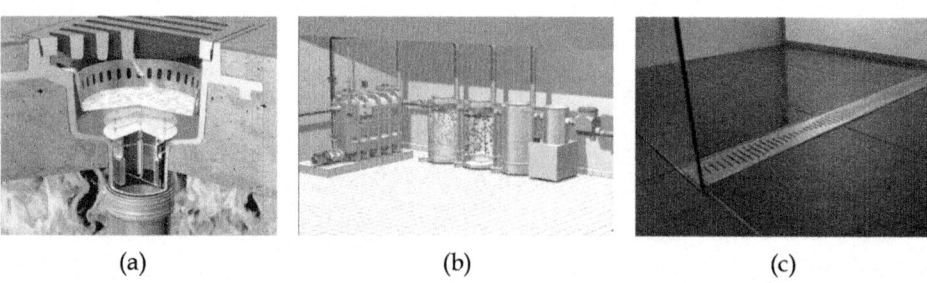

(a)　　　　　　　　(b)　　　　　　　　(c)

Abb. 3.3. Produktinnovationen und eine hohe System- und Lösungskompetenz kennzeichnen das Leistungsprofi der ACO Haustechnik. Beispiele: (a) Vorbeugender Brandschutz für Ablauf- und Rohrsysteme; (b) ACO BIOJET – ein modulares Komplettsystem zur Nachbehandlung von fetthaltigem Abwasser; (c) ACO Showerdrain – die bodengleiche Duschentwässerung und Duschrinne als barrierefreies und ästhetisches Gestaltungselement (Quelle: ACO Passavant GmbH)

mente erarbeitet. So wurden u.a. in den letzten Jahren Produktlösungen entwickelt, die den Marktherausforderungen der Zukunft Rechnung tragen, etwa neue Energiebestimmungen, Richtlinien zur Abwasserbehandlung, Verordnungen zum barrierefreien Bauen oder zu den Klimaveränderungen in weiten Teilen der Welt.

3.1.3　ACO Haustechnik: Vom Technologie- und Systemspezialisten in der Gebäudeentwässerung zu einer starken Marke

Zahlreiche Technologien und Produktsysteme von ACO wirken oft im Verborgenen und sind – insbesondere nach dem Einbau – kaum noch zu erkennen. Diese Situation ist für viele technologieorientierte Unternehmen in der Investitionsgüterindustrie typisch. Um sich in derartigen Märkten dennoch als vertrauensvoller Partner und Hersteller durchzusetzen, ist die Entwicklung einer starken Marke unerlässlich. ACO hat frühzeitig erkannt, wie wichtig eine starke Identität im eigenen Marktumfeld der Bauindustrie ist. Ausbruch aus der Anonymität und aus der Austauschbarkeit (Substituierbarkeit) waren und sind die übergeordneten Ziele der Markenarbeit. Als Systempartner, Zulieferer und/oder Komponentenhersteller der Bauindustrie hat sich diese Qualität in den letzten Jahren überaus bezahlt gemacht. *„Das Kapital unserer Marke lässt sich wohl kaum präzise in Geld ausdrücken. Aber seinen Wert für unsere Marktbearbeitung spüren wir täglich; denn wir genießen mit unseren Produkten, Systemen, Service-*

leistungen und Mitarbeitern ein großes Vertrauen bei Planern und Architekten", so Michael Hennigs, Geschäftsführer Marketing und Produktentwicklung des Geschäftsbereichs ACO Haustechnik. ACO kann somit im besten Sinne als eine erfolgreiche Investitionsgütermarke im B2B-Markt gesehen werden, die in den Köpfen der Entscheider für Innovation, Qualität und großen Kundennutzen steht und für eine hohe Wirschaftlichkeit und uneingeschränkte Sicherheit im Gebäude sorgt.

Doch dieses Vertrauen in die Marke muss täglich verteidigt werden, denn der internationale Wettbewerb nimmt stetig zu. Um den hohen Qualitätsstandard zu halten, reichen nationale und internationale Richtlinien alleine nicht aus. *„Die im Prinzip begrüßenswerte Internationalisierung von Qualitätsstandards führt in einigen wichtigen Bereichen zu Kompromissen, die wir im Hause ACO nicht akzeptieren wollen. Mit unseren eigenen Qualitätsstandards schaffen wir verlässliche Maßstäbe jenseits von ISO- und EN-Normen"*, ergänzt Ralf Sand, Geschäftsführer Vertrieb und Produktion der ACO Haustechnik. So geht der Qualitätsbegriff im Hause ACO auch weit über die reine Produktqualität hinaus. Eine hohe Dynamik im Wettbewerb und eine zunehmende Internationalisierung stellen große Anforderungen an das Produkt- und Innovationsmanagement. Eine zunehmende technologische Gleichstellung, ein wachsender Preiswettbewerb, aber auch ein zunehmender Wettbewerb durch Handelsmarken stellen Markenhersteller insgesamt vor große Herausforderungen in der Entwicklung neuer Technologien und Produktinnovationen. *„Um die Spielregeln in unserem Markt aktiv zu gestalten, arbeiten wir an der kontinuierlichen Optimierung unseres Wertschöpfungsprozesses. Hierbei kommt unserem Produkt- und Innovationsprozess eine wichtige Erfolgsgröße zu. Nur wenn es uns gelingt, das bessere Produkt früher als unser Wettbewerb im Markt zu platzieren, können wir unsere Kompetenz- und Innovationsführerschaft erfolgreich verteidigen und unsere Kunden mit herausragenden Produkt-, Service- und Vermarktungslösungen begeistern"*, so Ralf Sand weiter.

ACO strebt in allen relevanten Wertschöpfungsfeldern eine exzellente Qualität an – von der Technologie, über das Produkt bis hin zur kontinuierlichen Verbesserung der Kundenbetreuung und Kundenbeziehung. Zusammengefasst basiert die Stärke der Marke ACO auf drei zentralen Säulen: einem klaren Fokus auf innovative und ganzheitliche Lösungen in der Entwässerung von Gebäuden für alle Einsatzbereiche; einer konsequenten Internationalisierung und Marktentwicklung sowie einer kontinuierlichen Verbesserung der gesamten Wertschöpfungskette. Wie wichtig eine klare Positionsbestimmung gerade in der Entwicklung und Durchdringung neuer Wachstumsmärkte ist, wird an der Entwicklung der Produktkategorie Dusch-/Badentwässerung im Sanitärmarkt deutlich.

3.1.4   Der Wachstumsmarkt: „Bodenebene Duschentwässerung"

Das Bad gewinnt im Alltag seit Jahren an Bedeutung und hat in der Wichtigkeit gegenüber anderen Wohnräumen deutlich zugenommen. Wo man sich früher nur säuberte, entstehen heute individuelle Wohlfühl- und Wellnessbäder. Das zunehmende Verweilen und das breite Spektrum an Möglichkeiten machen aus der ehemaligen Sanitär- oder Nasszelle einen Raum zum Entspannen, Wohlfühlen und Erholen. Hochwertiges Design, Komfort sowie eine hohe Funktionalität und Sicherheit sind schon heute wichtige Erfolgsgrößen in der Planung, Gestaltung und Umsetzung von Badprodukten – im privaten Wohnumfeld ebenso wie im Wirtschaftsbau (Hotels, Freizeit-/Sportanlagen, Kliniken und/oder Altenwohnanlagen).

Auf der anderen Seite nehmen ältere Bevölkerungsgruppen stark zu. Die Generation „60 plus" wird, wegen ihres wachsenden Bevölkerungsanteils, ihres hohen Konsumniveaus und dem Wunsch nach einer barrierefreien Umwelt, zur treibenden Kraft von Renovierungen und Modernisierungen in den kommenden Jahren.

Diese Entwicklungsperspektiven haben in jüngster Zeit ein neues Marktsegment mit interessanten Wachstumspotenzialen geschaffen: die bodengleiche, komfortable und barrierefreie Dusche („Walk in Dusche") mit darauf abgestimmten Entwässerungssystemen. Das aktuelle Marktgeschehen verdeutlicht diese Aussage: Eine zunehmende Zahl von Anbietern versucht, in diesem wachsenden Segment mit unterschiedlichen Lösungs- und Gestaltungsansätzen Fuß zu fassen. Vor allem Wannen- und Duschkabinenhersteller oder Spezialisten für die Sanitärentwässerung stehen mit ersten Produktangeboten in den Startlöchern.

3.1.5 Mit einem klaren Leitbild zum Erfolg

Der Herkunft entsprechend, ist die Marke ACO seit Jahrzehnten als Systempartner und Zulieferer der Bauindustrie vor allem technikorientierten Zielgruppen, wie zum Beispiel technischen Planern, Bauingenieuren und spezialisierten Großinstallateuren oder Baustoffhändlern, bekannt. Einer großen Gruppe von Architekten und Innenarchitekten, Bad- und Fliesenfachhändlern, Bauherren und Entscheidern privater Haushalte ist ACO häufig noch kein Begriff. Dies ist verständlich, verkörpern doch die meisten Produkte vor allem „unsichtbare" technische Systemlösungen rund um die Gebäudeentwässerung. Architektonische Fragen zur Raum-, Bad- oder Duschplatzgestaltung wurden bisher von ACO weder berührt noch thematisiert.

Dem Anspruch der Dachmarke ACO folgend, sich von Beginn an in dem wachsenden Marktsegment „Bodengleiche Duschentwässerung" als innovativer Partner mit hoher Entwässerungs- und Gestaltungskompetenz zu profilieren, musste sich das Management gänzlich neuen Herausforderungen stellen. Neben der Entwicklung innovativer Entwässerungs- und Designlösungen mussten insbesondere gehobene Bad- und Sanitärfachhändler, Architekten/Innenarchitekten und nicht zuletzt Entscheider im Wirtschaftsbau (u.a. Hotels, Freizeit-, Sport- und Wellnessanlagen) überzeugt und gewonnen werden.

Um all diesen Herausforderungen Rechnung zu tragen, hat sich das Management systematisch und ganzheitlich den vielfältigen Aufgaben gestellt. Auf der Basis fundierter Markt- und Trendanalysen, einem klar definierten Leitbild für die kommenden Jahre und hiervon abgeleiteten ambitionierten Zielen wurden alle strategischen Eckpunkte einer erfolgreichen Markt- bzw. Geschäftsentwicklung festgelegt:

- Klare strategische Positionierung (Markenleitbild) für den Geschäftsbereich Badsysteme

- Kurz- bis mittelfristige Produkt-, Design und Sortimentsstrategie

- Integrierte, stufenübergreifende Vermarktungs- und Marketingstrategie (Vertrieb, Services, Preisstrategie etc.)

Anspruch und Ziel von ACO ist es, innovative Entwässerungslösungen im Bad mit hohem Komfort und überzeugender gestalterischer Qualität zu entwickeln und zu vermarkten. Im Bereich der bodengleichen Duschentwässerung überzeugt ACO durch sichere, architektonisch anspruchsvolle und zugleich wirtschaftliche Lösungen.

3.1.6 Entwässerungs- und Designkompetenz – der Kern der Marke ACO im Sanitärmarkt

Bisher nahm das Kompetenzfeld Industrial Design in der Entwicklung von Entwässerungs- und Abwasserlösungen nur eine „Randfunktion" ein und war überwiegend technologisch geprägt. Mit dem Anspruch, sich auch im Sanitär-/Badsegment als führende Marke zu positionieren, kommt dem Faktor Produktdesign eine weitaus größere Rolle zu. Auch wenn der Gestaltungsraum innerhalb der Duschplatzentwässerung relativ gering bleibt, bedeutet diese Begrenzung keineswegs eine Einschränkung der Gestaltungsarbeit auf rein formale oder materialseitige Fragestellungen. Ein wesentlicher Treiber erfolgreicher Produkte im Sanitärbereich liegt in einer engen Verzahnung von Technologien, Funktionen und Ästhetik.

Je einfacher, schneller und sicherer eine Installation auf der Baustelle durchzuführen ist, desto größer ist die Akzeptanz neuer Pro-

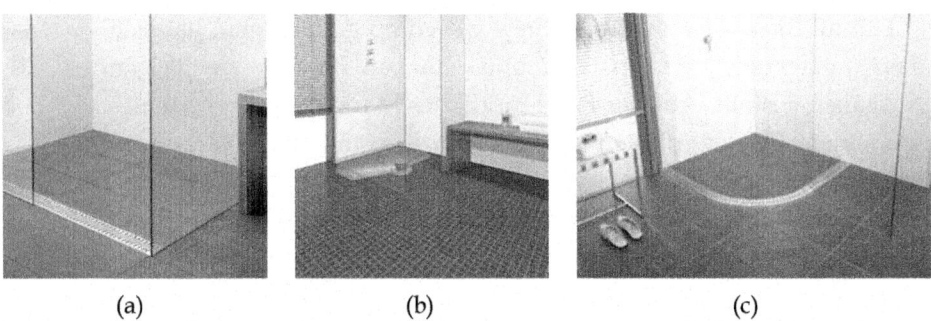

(a)   (b)   (c)

Abb. 3.4. Das ACO Duschentwässerungssystem verbindet gleichermaßen Ablaufkörper und Gestaltungselement. Es verbindet Komfort, Funktionalität und Wohlfühlen im Bad. Durch unterschiedliche Rinnengestaltungen lassen sich vielfältige Raumlösungen realisieren – vom Wohnbad bis hin zum „Schlauch" in Altbauten: (a) ACO Showerdrain – die Duschrinne als Gestaltungssystem; (b) ACO Showerboard – das Kompaktsystem für den Einbau von Bodenabläufen; (c) ACO Showerdrain Curveline – die runde Duschrinne für anspruchsvolle Badlösungen – 2009 mit dem IF Product Design Award ausgezeichnet (Quelle: ACO Passavant GmbH)

dukte beim Installateur bzw. Fliesenleger. Vor diesem Hintergrund und mit dem Blick auf weitere überzeugende Bad- und Entwässerungssysteme ist eine enge Verzahnung von Technologieentwicklung, Industrial Design und Konstruktion unverzichtbar. Innovations-, Produkt- und Designaufgaben sind Tätigkeiten, die vernetzt entlang dem Entwicklungsprozess – von der Ideenfindung bis hin zur Produktion – gelebt werden müssen.

Das Industrial Design nimmt bei ACO eine derartige Funktion ein. Es ist heute integraler Bestandteil des Innovationsprozesses und wird maßgeblich vom leitenden Management (Produkt, Marketing, Vertrieb) gesteuert. Auch wenn die konkreten Designaufgaben zum Teil durch externe Designprofis erbracht werden, sind sie von Anfang an in den Ideen-, Konzept- und Produktentwicklungsprozess eingebunden, um die vielfältigen Erfahrungen aller Projektbeteiligten zu berücksichtigen. Voraussetzung hierfür ist ein kreativer und offener Austausch zwischen den internen und externen Experten. Gegenseitiges Mitdenken und Experimentieren sind hierbei ein Muss. Denn Innovationen haben neben einer systematischen Projektarbeit immer auch etwas mit Kreativität und Finden zu tun. Viele neue Produkte und Lösungen der ACO Haustechnik sind das Ergebnis kreativer Schöpfungsakte interdisziplinärer Projektteams. Hinzu kommt eine frühe Integration wichtiger Entscheider und Absatzmittler (sogenannte Lead User) in den Innovations- und Entwicklungsprozess. Mit diesem Schritt stellt ACO sicher, dass auch die vielschichtigen Kundenanforderungen sehr früh in die Konzeptentwicklung einbezogen werden und der spätere Produkterfolg sichergestellt wird.

3.1.7 Produkt- und Designinnovationen schaffen Markenidentität

Im Wettbewerb um Aufmerksamkeit, Identifikation und Loyalität ist der Rückgriff auf eine starke Marke ein unschätzbarer Wert. Sie genießt Vertrauen und vor allem Aufmerksamkeit. Um sich auch im Sanitärmarkt als starke Marke zu profilieren, hat ACO im neuen Geschäftsbereich Badsysteme eine Produkt- und Designinnovation für bodengleiche Duschen entwickelt: die erste beleuchtete Duschrinne. Die klare Formensprache der *ACO Showerdrain Lightline* wird mit innovativer Technik in Szene gesetzt – die Rinne ist mit einer

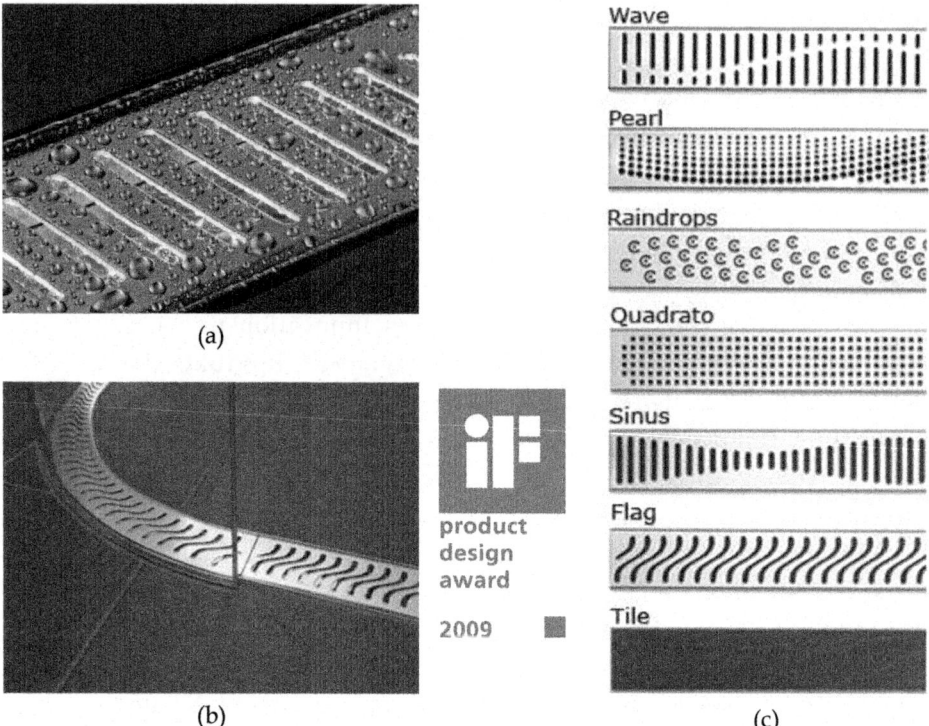

(a)

(b)

product
design
award

2009

(c)

Abb. 3.5. Die ACO Duschplatzentwässerung verbindet gleichermaßen Ablaufkörper, Entwässerungssystem und Gestaltungselement: (a) ACO Showerdrain Lightline – die erste beleuchtete Duschrinne; (b) ACO Showerdrain Curveline – die runde Duschrinne, ausgezeichnet mit dem IF Product Design Award 2009; (c) ACO Designroste für Duschrinnen (Showerdrain) und Punktabläufe (Showerpoint). Bodenebene Duschlösungen verbinden Komfort, Barrierefreiheit, Funktionalität und eine individuelle Wohlfühlatmosphäre im Bad miteinander (Quelle: ACO Passavant GmbH)

aquasensitiven LED-Beleuchtung ausgestattet. Der Clou liegt im Zusammenspiel von hochwertig elektropoliertem Edelstahl des Rostes, dem Element Wasser und dem farbigen Licht der LEDs. Mit der Rinne ist es ACO gelungen, Eigenschaften wie einfache Installation und Reinigung mit zeitlos elegantem Design und einem neuartigen gestalterischen Akzent zu verbinden.

Für die Entwicklung von Markenidentität und Aufmerksamkeit in einem dynamischen Wettbewerb kommen derartigen Produkt- und Designinnovationen wichtige Erfolgspotenziale zu. Vielfältige Pressemitteilungen und Auszeichnungen unterstützen die Marken-

und Marktkommunikation sowie den Aufbau eines positiven Markenimages.

Auch für die kommenden Kollektionen und Produktentwicklungen setzt sich ACO einmal mehr mit Innovationen, insbesondere mit Materialinnovationen, auseinander. „*Der nächste Trend in der Badindustrie wird maßgeblich durch neue Materialien geprägt werden; hochwertige und warme Materialien in dezenten Farbnuancen, die dem Anspruch an Schönheit, Ästhetik und Komfort gerecht werden*", so Michael Hennigs weiter.

3.1.8 Produktqualität alleine reicht nicht aus

Eine exzellente Innovations-, Produkt- und Designstrategie ist die Basis für Erfolg im Markt. Sie reicht aber heute alleine nicht mehr aus, sich als starker Partner in den Märkten zu behaupten. Was hinzukommen muss, ist ein ebenso exzellentes wie ganzheitliches Marketing und Servicemanagement. Die bisherige Kundenfokusstrategie stößt insbesondere in Investitionsgütermärkten mit mehrstufigen Absatzmittlern und Entscheidungsträgern an Grenzen. Mit Produktverbesserungen, dem Angebot von zusätzlichen Serviceleistungen, einer zuverlässigeren Lieferpolitik und nicht zuletzt durch vielfältige Preiszugeständnisse wurde lange versucht, sich im Wettbewerb zu differenzieren und sich Vorteile beim direkten Kunden zu verschaffen. Der mehrstufige Absatz in der Sanitärindustrie erfordert schon länger den Blick auf alle relevanten Marktpartner: Weiterverarbeiter, Planer, Installateure, Fliesenleger, Bad-, Sanitär- und Fliesenfachhändler bis hin zu Bauherren und Architekten.

Ein zufriedener Kunde ist das Ergebnis eines kundenorientierten Verhaltens über die gesamte Wertschöpfungskette hinweg, vom Produkt- und Serviceangebot bis hin zu den Vertriebs- und Kommunikationsmaßnahmen im Markt. Das Marktsegment „Bodengleiche Duschentwässerung" stellt für alle Marktteilnehmer einen neuen und zugleich noch unbekannten Produktbereich dar. Erste Marktreaktionen zeigen vielfältige Unsicherheiten im Umgang mit dem Produkt, aber auch mit der Vermarktung entlang der gesamten Absatzkette auf. ACO reagiert auf diese Herausforderungen mit integrierten Marketing- und Vermarktungsmaßnahmen. Zusammen mit starken Fachhandelspartnern im Sanitärmarkt werden Kompetenzausstellungen und Beratungen, insbesondere Info- und Themenveranstaltungen für Bauherren, Architekten, Installateure und weitere Absatzmittler, durchgeführt. Ziel der ersten Stufe der Markt- und Marketingentwicklung ist es, die vorhandenen Unsicherheiten und Barrieren abzubauen, zugunsten einer offenen und positiven Grundeinstellung. Letztlich ist der Kunde umso zufriedener, desto besser es ihm mithilfe des ACO-Vertriebs- und -Marketingmanagements gelingt, die Produkte erfolgreich an seine Kunden zu veräußern und seine eigene Marktposition dauerhaft zu stärken. In diesem Zusammenhang ist es unerlässlich, sich mit der Kundenzufriedenheit, den Bedürfnissen und Hindernissen auseinanderzusetzen.

Für ACO ist Exzellenz im Marketing ebenso wie in der Entwicklung überzeugender Produkte wichtig. Eine große Kundennähe sowie eine individuelle und partnerschaftliche Zusammenarbeit entlang der Wertschöpfungsstufen stärkt nicht nur die Kundenloyalität, sondern zeigt ACO unmissverständlich auf, wo die Marke insgesamt im Wettbewerbsvergleich steht und welche Bedürfnisse und Erwartungen Kunden an das ACO-Leistungsversprechen zukünftig haben. Ein derartig ganzheitliches Produkt-, Vertriebs- und Marketingmanagement trägt darüber hinaus dazu bei, dass das Unternehmens- und Markenversprechen bzw. der Unternehmensslogan der gesamten ACO Gruppe täglich erlebbar wird: *Auf eine starke Partnerschaft ist Verlass.*

3.2   Fallstudie ANGELL-DEMMEL GmbH, Lindau (Automobilzulieferer)

3.2.1   Kurzporträt des Unternehmens

Die ANGELL-DEMMEL GmbH ist ein Autozulieferer, der auf Zierteile wie Konsolenabdeckungen usw. spezialisiert ist. Das Unternehmen, welches 1998 als Joint Venture von Angell Manufacturing und der Demmel-Gruppe gegründet wurde, um Dekorleisten für den automobilen Innenraum zu produzieren, hat sich innerhalb kürzester Zeit zum Marktführer für Echtmetallapplikationen im Automobilbereich entwickelt.

Abb. 3.6. Das Unternehmen ANGELL-DEMMEL – Spezialist für gestaltete Oberflächen (Quelle: ANGELL-DEMMEL Europe GmbH)

Inzwischen erwirtschaftet das Unternehmen mit ca. 500 Mitarbeitern einen Umsatz von über 65 Mio. Euro. Neben den Breichen Automotive Interieur (Türen, Instrumente, Mittelkonsolen, Echtmetallschalter etc.) und Automotive Exterior (Radabdeckungen, Embleme, Einstiegsleisten etc.) beliefert das Unternehmen mit seinen Zierteilen und Dekorelementen heute auch die Hersteller von Produkten der Unterhaltungselektronik (Computer, Digitalkameras etc.), weißer Ware (Klein- und Großgeräte) sowie aus dem Bereich Home und Lifestyle.

3.2.2 Design als zentrales Element der Unternehmensstrategie

Als Benchmark für ein strategisches Designmanagement im Investitionsgüterkontext ist das Unternehmen ANGELL-DEMMEL gleich in zweierlei Hinsicht interessant: Zum einen unterscheidet sich das Unternehmen von anderen Investitionsgüterunternehmen dadurch, dass das Design nicht einfach ein Zusatzelement im Innovations- bzw. Marketingmix des Unternehmens darstellt, sondern ein ganz wesentliches Element der Unternehmensstrategie ist. Indem sich das Unternehmen nämlich von Beginn seiner Existenz an vornehmlich auf die Entwicklung und Produktion von hochwertig gestalteten Zierteilen fokussiert hat, ist es dem Unternehmen gelungen, eine Nische zu besetzen und sich schlagkräftig von anderen Zulieferern zu differenzieren. Darüber hinaus ist ANGELL-DEMMEL insofern als

Mechanische Prozesse

wie selektive, bauteilorientierte
oder flächige Bürstungen

Chemische Prozesse   **Drucktechnische Prozesse**

 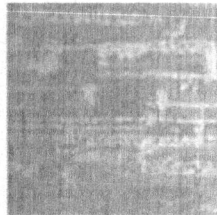  

wie eine Chrom-VI-freie Vorbehandlung,   *wie Siebdruck- und Offsetdruck-Lösungen*
Ätztechnologien, Eloxal   *mit den dazugehörigen Einbrennöfen*

Abb. 3.7. Bearbeitungsverfahren bei der Herstellung „gestalteter" Oberflächen (Quelle: ANGELL-DEMMEL Europe GmbH)

Benchmark für ein strategisches Designmanagement im Investitionsgüterkontext anzusehen, da es gerade die Fokussierung auf „designte" Zulieferteile gewesen ist, die das enorme Wachstum des Unternehmens seit seiner Gründung 1998 hervorgerufen hat.

Heute ist ANGELL-DEMMEL Marktführer bei der Herstellung von Zierelementen mit speziellen dekorativen Effekten (Farb- und Glanzgrade, haptische Strukturen, metallische Effekte etc.) und funktionalen Eigenschaften (Stoß-, Schlag-, Kratz-, Abriebfestigkeit, Anti-Fingerprint, Witterungs- und Lichtbeständigkeit etc.). Bei der Verarbeitung von Oberflächen nutzt das Unternehmen dabei verschiedenste Verfahren: Dies sind mechanische Prozesse (wie selektive, bauteilorientierte oder flächige Bürstungen, Prägungen) genauso wie chemische Prozesse (Chrom-VI-freie Vorbehandlungen, Ätztechnologien, Eloxierungen) oder drucktechnische Prozesse (Siebdruckmaschinen- und Offsetdrucklösungen mit den dazugehörigen Einbrennöfen).

ANGELL-DEMMEL beschränkt sich dabei keineswegs nur auf die Produktion gestalteter Dekorelemente und Metallapplikationen. Das Unternehmen versteht sich vielmehr als umfassender Partner seiner Zulieferkunden von dem Design über die Entwicklung und die Prototypenentwicklung bis hin zur finalen Herstellung.

Voraussetzung für ein derart breites Leistungsspektrum ist, dass das Unternehmen in den letzten zehn Jahren umfangreiche Kompetenzen in den Bereichen Gestaltung, Entwicklung und Prototyping aufgebaut hat. So verfügt das Unternehmen nicht nur über eine eigene Inhouse-Designabteilung, sondern betreibt umfangreiche Trendforschung, um so stets einen Überblick über aktuelle Markt- und Dekorentwicklungen zu besitzen. *„Durch Trendforschung und die Zusammenarbeit mit Designern weltweit sind wir in der Lage, Metallelemente mit Grafikdesign und unterschiedlichen Prozessen zu kombinieren, um den Produkten unserer Kunden einen einzigartigen Charakter zu verleihen"*, so Bradley Gravunder, Leiter Design von ANGELL-DEMMEL North America Inc.

Aufgrund dieser Leistungsbreite und -tiefe hat sich das Unternehmen ANGELL-DEMMEL in den vergangenen Jahren einen hervorragenden Ruf am Markt erarbeiten können. *„Das Interieurdesign unterstreicht die Hochwertigkeit der Fahrzeuge von Daimler. Authentische Materialien und produktspezifische Gestaltung sind uns besonders wichtig. ANGELL-DEMMEL ist dabei ein wichtiger und leistungsfähiger Partner im Design und in der Produktion"*, so Martin Bremer, der seit April 2000 das Kreativteam Pkw und Nutzfahrzeuge der Daimler AG leitet, auf der Website des Unternehmens.

Das Beispiel ANGELL-DEMMEL belegt anschaulich, dass das Design im Kontext der Investitionsgüter- und Zulieferindustrie keineswegs nur ein nettes „Add-on" sein muss. Im Gegenteil: Ergänzt man das eigene Leistungsprofil geschickt um entsprechende Entwicklungs- und Gestaltungskompetenzen, dann kann das Design unter Umständen sogar zum zentralen Differenzierungselement im eigenen Marktauftritt werden. In dem Maße, in dem nämlich die Hersteller von Endprodukten aus den Bereichen Automobil, Kommunikation, Unterhaltungselektronik, Haushaltswaren etc. zunehmend das Thema „Design" für sich als wichtigen Differenzierungsfaktor entdecken und als Möglichkeit, dem immer härter

Abb. 3.8. Design als integraler Bestandteil des Leistungsangebots von ANGELL-DEMMEL (Quelle: ANGELL-DEMMEL Europe GmbH)

werdenden Preiskampf zumindest ein Stück weit zu entkommen, umso mehr steigen auch die Erwartungen an die Designkompetenz der entsprechenden Zulieferer. Zieht man zudem in Betracht, dass im Zeitalter verschärfter „Make-or-Buy"-Entscheidungen das Outsourcing sowie Entwicklungs- und Fertigungspartnerschaften deutlich zugenommen haben, so bieten sich auf Grundlage einer ODM-Strategie (Original Design Manufacturing) hochinteressante Entwicklungspotenziale für Zulieferer, die sich in dieser Hinsicht ähnlich agil erweisen, wie ANGELL-DEMMEL dies in der Vergangenheit getan hat.

3.3 Fallstudie BOSCH Thermotechnik GmbH, Wetzlar (Thermotechnik)

3.3.1 Kurzporträt des Unternehmens

BOSCH Thermotechnik steht für den Geschäftsbereich Thermotechnik der BOSCH-Gruppe und ist mit ihren internationalen Tochtergesellschaften ein führender europäischer Hersteller von ressourcenschonenden Heizungsprodukten und Warmwasserlösungen. Die BOSCH Thermotechnik GmbH ist im Jahr 2008 aus der BBT Thermotechnik und damit aus dem Zusammenschluss der Heiztechnikaktivitäten von BOSCH Thermotechnik und Buderus hervorgegangen – zwei deutschen Traditionsunternehmen, die auf eine über 275-jährige Erfahrung im Bereich Wärme und Warmwasseraufbereitung zurückblicken können. Das Unternehmen verfügt über starke internationale und regionale Marken und ist weltweit ein führender Anbieter von Systemen für behagliches Raumklima und warmes Wasser. Mit einem Marktanteil von 21 % ist BOSCH Thermotechnik die Nummer eins in Europa. Das Unternehmen erzielte 2007 mit rund 13.100 Mitarbeitern einen Umsatz von 2,8 Mrd. Euro. Der Umsatzanteil außerhalb Deutschlands erreicht mittlerweile rund 70 %.

Der Markt für Thermotechnik umfasst Produkte und Systeme zur Raum- und Trinkwassererwärmung, einschließlich der Systeme zur Nutzung regenerativer Energien für private Haushalte, gewerbliche Objekte und öffentliche Gebäude. Der weltweite Thermotechnikmarkt konnte in den letzten Jahren an Dynamik gewinnen. Das Marktvolumen erreichte 2007 24,6 Mrd. Euro. Insgesamt hat sich das Wettbewerbsumfeld im Bereich der Thermotechnik verschärft. Insbesondere auf dem westeuropäischen Markt führte die zunehmend gehobene technische Ausstattung bei gleichzeitig verstärktem Druck auf die Preise zu einer verstärkten Marktkonsolidierung und Internationalisierung. Nahezu alle großen Hersteller haben sich in den vergangenen Jahren internationaler aufgestellt, um von künftigen Wachstumschancen auch außerhalb Westeuropas zu profitieren. Somit macht die voranschreitende Globalisierung auch vor dem Markt für Heizungs- und Warmwasserlösungen nicht halt. Der Konzentrationsprozess geht zugleich mit einem erheblichen Strukturwandel einher. Der Trend zu hoch effizienten Wärmeerzeugern mit einem steigenden Nutzungsanteil regenerativer Energien hält an. Hohe Energiepreise, Versorgungsunsicherheit und die deutlich gewachsene Sorge um die Folgen des Klimawandels markieren eine Trendwende im Bewusstsein der Öffentlichkeit, Politik und Wirtschaft. Als Folge dessen ist eine Vielzahl von neuen Marktakteuren, wie beispielsweise Hersteller von Elektrowärmepumpen oder Sonnenkollektoren, hinzugekommen. Brennwertgeräte und Systeme zur Nutzung regenerativer Energien sind dementsprechend wichtige Wachstumstreiber auf allen drei großen Kontinentalmärkten Europa, Asien und Amerika. Sie stellen für die kommenden Jahre wesentliche Zugpferde der Innovations-, Produkt- und Marktentwicklung dar.

Abb. 3.9. Markenportfolio der BOSCH Thermotechnik. International vertrieben werden die Marken BOSCH, Buderus und Junkers (mit Konzentration auf Europa). Regionale Marken sind Dakon (Tschechische Republik), e.l.m. Leblanc (Frankreich), FHP (Nordamerika), Geminox (Nischenanbieter im Segment Edelstahl-Heizkessel in Europa), IVT (Skandinavien), Nefit (Niederlande), Sieger (D, A, CH), Vulcano (Portugal), Worcester (UK) (Quelle: BOSCH Thermotechnik GmbH)

3.3.2 Starke Marken und innovative Produkte geben Orientierung

Der weltweite Markt für Thermotechnikprodukte ist sehr heterogen. Es gelten nahezu für jede Absatzregion spezielle Bedingungen hinsichtlich Nutzerverhalten, Marktstrukturen und Wettbewerb. Die jeweiligen Märkte werden nicht nur von den regionalen Klimaverhältnissen und Baustilen, sondern auch von der Infrastruktur, der Energieversorgung sowie von länderspezifischen Verordnungen und Standards beeinflusst. Der Thermotechnikmarkt zeichnet sich dementsprechend durch eine hohe Anzahl von Marktteilnehmern aus, sowohl auf Hersteller- als auch auf Händlerebene. So sind allein bei den klassischen Heiz- und Warmwasserlösungen in Europa über 350 Hersteller mit eigenen Marken aktiv. Von diesen Marken werden mehr als 250 national oder sogar nur regional vertrieben. Hinzu kommen etwa 130 Spezialanbieter und Marken für Systeme zur Nutzung von regenerativen Energien.

Innerhalb eines derartig heterogenen Marken- und Produktwettbewerbs kommt einer starken Marke bzw. einer schlüssigen Marken- und Produktidentität ein überaus wichtiger Differenzierungs- und Wertschöpfungsfaktor zu. Starke Marken geben dem Kunden in immer unübersichtlicheren Märkten Orientierung, Sicherheit und Vertrauen im Entscheidungsprozess. BOSCH Thermotechnik verfügt über starke internationale und regionale Marken und ein differenziertes Produktportfolio mit starken Positionen in allen wichtigen Markt- und Preissegmenten.

Ziel von BOSCH Thermotechnik ist es, in den Märkten mit so vielen Marken wie notwendig präsent zu sein, um gezielt unterschiedliche Kundengruppen und Bedürfnisse ansprechen zu können. Hierfür ist es erforderlich, die jeweiligen Marken so zu positionieren, dass sich die Marken in ihrem gesamten Marktauftritt differenzieren. Am Beispiel des deutschen Marktes lässt sich diese duale Markenstrategie sehr gut erläutern: Seiner Herkunft und Geschichte folgend, ist die Marke Buderus primär eine Fachhandelsmarke, die exklusiv über einen eigenen Großhandel vertrieben wird. Sie spricht daher sehr stark Fachkunden (Heizungsbauer, Installateure) an. Die Kommunikation der Marke Buderus findet somit auch stärker über rationale, technische Features statt, die mit dem Markenclaim „Wärme ist unser Element" plakativ zum Ausdruck gebracht wird. Die zweite große Marke im deutschen Markt ist Junkers. Junkers kommuniziert stärker endkundenorientiert und vertreibt seine Produkte über unabhängige Großhändler. Die Markenkommunikation bei Junkers ist zugleich emotionaler und primär auf den Kundennutzen ausgerichtet, der mit dem Claim „Wärme fürs Leben" umschrieben wird.

Darüber hinaus gibt es nationale (regionale) Marken, die historisch gewachsen sind und eine entsprechend hohe Kunden- bzw. Marktreputation besitzen, wie zum Beispiel die Marke Vulcano, die Marktführer in Portugal ist.

Insgesamt zeichnen sich die BOSCH Thermotechnik-Marken durch eine jahrzehntelange Tradition und einen hohen Bekanntheitsgrad in ihren jeweiligen Märkten aus. Sie haben über lange Jahre hinweg bei ihren Kunden ein Vertrauenspotenzial aufgebaut und dieses kontinuierlich mit innovativen Produkten und Dienstleistungen auf einem hohen Niveau aktualisiert. Sie verkörpern Werte, an die sich Kunden bei ihren Kaufentscheidungen halten können. *„Starke Marken und ein exzellentes Markenmanagement sind für uns unverzichtbar. Markenmanagement bedeutet für uns die konsequente Ausrichtung des Markenversprechens an den Kunden und ihren Bedürfnissen und Wünschen sowie das Streben, diese effektiver und effizienter zu befriedigen, als der Wettbewerb es kann. Ein Kontakt mit unseren Marken soll Freude machen. Nur wenn wir begeisterte Kunden haben, sind wir unseren Konkurrenten den entscheidenden Tick voraus. Nicht das, was uns gefällt, ist entscheidend, sondern der*

Kunde soll begeistert sein und mit uns, der BOSCH *Thermotechnik und unseren Marken, gerne zusammenarbeiten"*, so Herr Klaus Huttelmaier, Mitglied der Geschäftsführung der BOSCH Thermotechnik GmbH mit Zuständigkeit für den weltweiten Vertrieb.

Das Versprechen der BOSCH Thermotechnik basiert auf dem Kernversprechen der BOSCH-Gruppe „Technik fürs Leben" und lautet: die Schaffung eines guten Raumklimas im Sinne von Behaglichkeit. Die Menschen sollen sich durch angenehme Raumtemperaturen und die jederzeitige Verfügbarkeit von warmem Wasser wohlfühlen. Doch nicht erst seit den häufigen Meldungen über Umweltkatastrophen und steigende Rohstoffpreise bedeutet für BOSCH Thermotechnik der Begriff „Gutes Klima" auch Schutz der Umwelt. BOSCH Thermotechnik sieht im Umweltschutz eine gesellschaftliche Verantwortung, die in der Unternehmensvision zum Ausdruck gebracht wird. Umwelt- und Klimaschutz werden im Unternehmen BOSCH Thermotechnik ganzheitlich gesehen. Es gilt nicht nur, möglichst Produkte im Markt anzubieten, die in ihrem Betrieb umweltfreundlich sind, auch die Art und Weise der Produktion im eigenen Hause, angefangen vom Einkauf über die Herstellungs- und Entsorgungsverfahren bis zum Recycling, das heißt über den gesamten Produktlebenszyklus betrachtet, entscheidet über die Umweltfreundlichkeit der Produkte und wird zugleich zu einem wesentlichen Bestandteil der Markenidentität.

3.3.3 Industrial Design schafft Markenwert

Eine konsequente Innovations-, Marken und Produktpolitik bestimmt das Handeln und die Entwicklung des Unternehmens BOSCH Thermotechnik. Einer der wichtigsten Grundsätze lautet, mit Neu- und Weiterentwicklungen von Produkten dem Kunden einen echten Mehrwert an Leistungsfähigkeit, Komfort und Effizienz zu bieten.

Die unterschiedlichen regionalen und internationalen Kundengruppen stellen differenzierte Anforderungen an Produkte und Serviceleistungen. Während für Installateure und Heizungsbauer eine attraktive Marge sowie eine einfache Installation und Wartung im Vordergrund stehen, spielen bei Planern, Bauträgern, Architekten und Eigenheimbesitzern vor allem ein vollständiges Systemangebot und ein attraktives Produktdesign eine immer wichtigere Rolle bei der Auswahl des Produkts. Weltweit nimmt das Bedürfnis der Endverbraucher nach individuellem Komfort und behaglichem Raumklima zu. Darüber hinaus entwickelt sich in Europa die Heizung immer mehr zu einem Lifestyleprodukt. Leise, platzsparende und kompakte Heizungsgeräte in ansprechendem Design und mit ferngesteuerter Bedienung halten verstärkt Einzug in den direkten Wohnbereich. Für die BOSCH Thermotechnik ist Industrial Design ein wichtiger Erfolgsfaktor im Aufbau einer unverwechselbaren Marken- und Produktidentität.

3.3.4 Integriertes Marken- und Designmanagement bei BOSCH Thermotechnik

Eine erfolgreiche Marke benötigt überlegene Produkte. Denn Produkte verkörpern die Werte einer Marke am deutlichsten. Das Industrial Design gibt Marken und Produkten ein unverwechselbares Gesicht. Dementsprechend wird bei BOSCH Thermotechnik das Industrial Design als integraler Bestandteil des Marken- und Marketingmanagements gesehen. Dies war nicht immer so. In der Vergangenheit wurde das Design mehr oder weniger werkspezifisch definiert.

Im Zuge internationaler Wettbewerbsherausforderungen und vor dem Hintergrund eines gewachsenen Marken- und Produktportfolios wurde ab 2001 ein übergeordnetes *Industrial Design Management* aufgebaut. In enger Abstimmung mit dem Marken- und Marketingmanagement arbeitet das *Industrial Design Management* an der Entwicklung und Umsetzung markenspezifischer Designstrategien. Das *Industrial Design Management* wird als Querschnittsfunktion für alle zwölf Marken verstanden. Wie lässt sich aber nun konkret ein vielschichtiges Marken- und Produktportfolio führen? Was kann das Industrial Design dazu beitragen, dass sich die internationalen und nationalen Marken differenzieren und profilieren?

Die Führung der Marken sowie die Steuerung des Industrial Designs im Rahmen der Markenstrategie folgen der Erkenntnis, dass das Design das verbindende Element zwischen Produkt und Marke ist. Industrial Design hat die Aufgabe, das Markenversprechen in unverwechselbare Produkte zu überführen. Genau hier setzt *Industrial Design Management* im Unternehmen Bosch Thermotechnik an und kann anhand von zwei grundsätzlichen Entwicklungsschritten beschrieben werden:

Schritt 1: Strategische Designentwicklung

Die Basis für alle Designaktivitäten sind klare und unmissverständliche Markenpositionierungen. Solche strategischen Positionierungen beinhalten alle wichtigen Eckpunkte einer Marke: von der Vision und Mission über Werte bis hin zum konkreten Leistungsversprechen. Auf einer derartigen Markenplattform wird die Designpositionierung bzw. die Entwicklung übergeordneter markenspezifischer Designelemente für jede Marke erarbeitet. Bosch Thermotechnik spricht in diesem Zusammenhang auch von sogenannten Visual Brand Languages und meint damit die Festlegung spezifischer Gestaltungselemente für jede Marke im Portfolio. Die Entwicklung derartiger „Visual Brand Languages" ist vielschichtig; sie berücksichtigt, neben der jeweiligen Markenpositionierung, vor allem gesellschaftliche, wettbewerbsstrategische und ästhetische Trends (Wohntrends, Materialtrends, stilistische Trends etc.) in den jeweiligen Märkten. Ziel der Visual Brand Languages ist es, die jeweiligen Markenwerte und -attribute in langlebige und für die Marke typische Designkonstanten zu übersetzen.

Für die strategische Designentwicklung ist das *Industrial Design Management* verantwortlich.

Die strategische Designpositionierung bzw. Festlegung übergeordneter Designkonstanten findet somit losgelöst vom konkreten Produktentstehungsprozess statt. Die Designkonstanten werden später, im Rahmen konkreter Produktentwicklungsprojekte, als übergeordnete Designleitlinien herangezogen, um eine Durchgängigkeit und Wiedererkennung in einem markenspezifischen Produktportfolio zu garantieren. Derart weitreichende Entwicklungen, wie die Festlegung langlebiger Designkonstanten, werden durch Akzeptanztests mit End- und Fachkunden überprüft. Diese Tests werden international in Schlüsselmärkten von unabhängigen Marktforschungsinstituten durchgeführt. Die Ergebnisse fließen früh in die Weiterentwicklung und Festlegung der markenspezifischen Designelemente ein.

Schritt 2: Operative Designentwicklung

Auf der Basis der strategischen Designpositionierung baut die operative Designentwicklung auf, für die das Produktmanagement, in Abstimmung mit dem Industrial Design Management, verantwortlich ist. Im Rahmen konkreter Produktentwicklungsprojekte werden – in Zusammenarbeit mit externen Designbüros – festgelegte Pflichtenhefte pro Produkt abgearbeitet. Zugleich sorgen die übergeordneten Designelemente (Visual Brand Languages) dafür, dass bei einer Fülle von Produktentwicklungen eine hohe Wiedererkennung und Durchgängigkeit gewährleistet werden.

Ein wichtiger Schritt, um sicherzustellen, dass markenspezifische Designvorgaben auch produktgruppen- und werkübergreifend umgesetzt werden, war – neben der Dokumentation übergeordneter Designelemente in Design Manuals – vor allem die Entwicklung und Implementierung eines *Industrial-Design-Prozesses* und dessen Integration in den Produktentstehungsprozess. Ziel des Industrial-Design-Prozesses ist es, alle beteiligten Funktionsbereiche (Produktmanagement, Design, Entwicklung, Fertigung u.a.m) hinsichtlich designrelevanter Prozessschritte von Anfang an zu verzahnen. Im Rahmen eines integrierten und mehrstufigen Simultaneous-Engineering-Prozesses ist das Industrial Design von Beginn an in den Produktentstehungsprozess involviert und durchläuft, bis zur Werkzeugfreigabe, klar definierte Meilensteine. Hierbei kommen technische, konstruktive und wirtschaftliche Entscheidungskriterien zur Anwendung.

Industrial Design hat im Unternehmen BOSCH eine große Tradition. Der Gründer Robert BOSCH hat früh die Bedeutung des Designs für Handwerk, Industrie und Gesellschaft erkannt und war – seiner Überzeugung folgend – einer der ersten Förderer des Deutschen Werkbundes im Gründungsjahr 1907. Der Deutsche Werkbund zielte auf eine „Veredelung der gewerblichen Arbeit im Zusammenwirken von Kunst, Industrie und Handwerk". Zentrales Anliegen war die Suche nach einer neuen durch „Zweck", „Material" und „Konstruk-

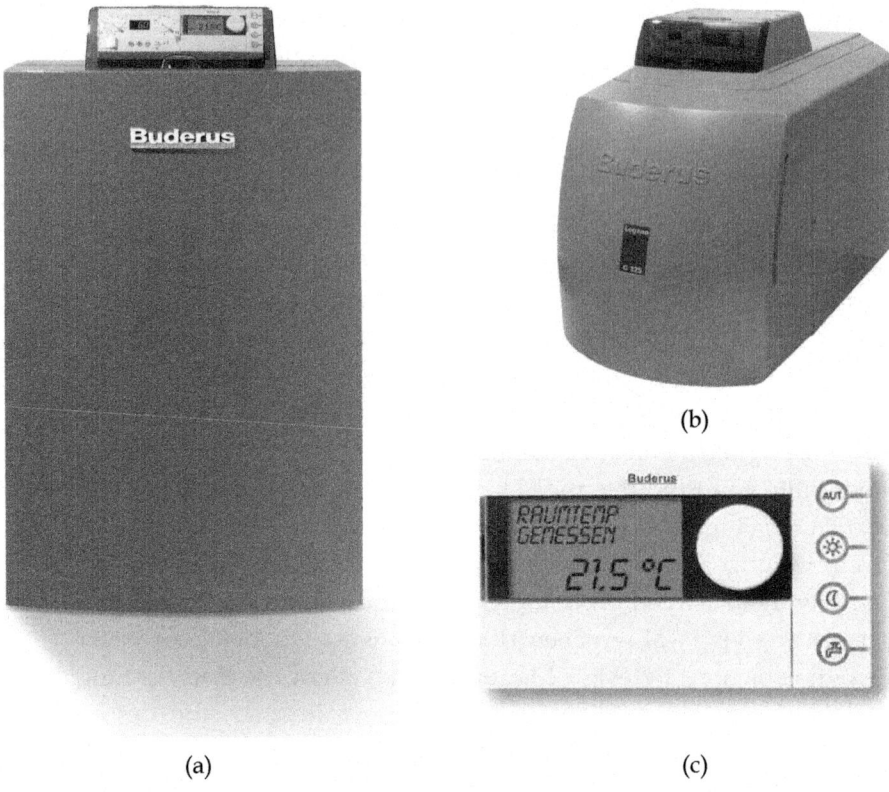

Abb. 3.10. Innovative und prämierte Heizungsgeräte der Marke Buderus: (a) Buderus Logano plus GB202; (b) Buderus Logano G125 (if design award 2005); (c) Buderus Logamatic RC series (if design award winner 2004; red dot design award winner 2004) (Quelle: BOSCH Thermotechnik GmbH)

tion" bedingten Formgebung, eben das, was heute als „Industrial Design" bezeichnet wird.

Ein fortschrittliches Designkonzept war somit auch für den Unternehmensbereich BOSCH Thermotechnik von Beginn an fester Bestandteil der Produktqualität und stellt zugleich ein konsequentes Fortschreiben der Gestaltungsgeschichte dar. Unter der Bezeichnung „Design for all" wurde die Designphilosophie sogar in den Unternehmensgrundsätzen der Marke BOSCH verankert. Gemeint ist damit letztlich vor allem Barrierefreiheit: Möglichst alle Menschen sollen BOSCH-Produkte gleichberechtigt nutzen können, unabhängig von Alter und intellektuellen Fähigkeiten, unabhängig von der Größe ihres Körpers oder ihrer Finger. Das bedeutet u.a., dass BOSCH möglichst viele Geräte mit einer allgemeinen Bedienlogik ausstattet und dem Gestaltungsbereich Interface Design große Aufmerksamkeit widmet.

Für BOSCH Thermotechnik und seine überwiegend technischen Gebrauchsgüter ist Design mehr als Styling und geht weit über die formale Gestaltung der Produkthülle hinaus. Industrial Design definiert und verkörpert die Schnittstelle zwischen Mensch und Technik. Gerade bei Industrie- und Gebrauchsgütern stehen die Ergonomie, die Bedienbarkeit und Wartungsfreundlichkeit von Geräten im Vordergrund des Gestaltungsprozesses. Das Produkt muss auf der einen Seite für den Endkunden leicht zu benutzen, auf der anderen Seite für den Fachkunden (Installateur, Heizungsbauer) leicht und sicher zu installieren und zu warten sein. Das Design der BOSCH Thermotechnik basiert auf einem integrierten Ansatz – der Symbiose von Funktion, Form und Langlebigkeit. Denn für ein hochwertiges Thermotechnikprodukt gilt: Es darf nicht modisch sein, sondern es muss sich in das Wohnumfeld, indem es benutzt wird, integrieren lassen; und dies über seine gesamte Lebensdauer von meist mehr als 15 Jahren.

Neben den sachlich-rationalen Produktwerten wie Qualität, leichte Bedienbarkeit, Sicherheit und Energieeffizienz werden emotionale und ästhetische Werte immer wichtiger. Der anspruchsvolle Kunde setzt bei Premiummarken wie Buderus oder Junkers eine hohe Innovations-, Qualitäts- und Ergonomiekompetenz voraus. Diese wichtigen Produktwerte bilden sicherlich auch zukünftig das Fundament erfolgreicher Markenarbeit; sie reichen jedoch zur Differenzierung und Profilierung alleine nicht mehr aus. Was hinzukommen muss, ist eine Produkt- und Designsprache, die die inneren Marken- und Produktwerte visualisiert – einzigartig und unverwechselbar.

„Dem Industrial Design kommt auch in unserer Branche eine nicht zu unterschätzende Erlebnisdimension zu. Design ist das zentrale Bindeglied zwischen Funktion und Emotion. Über Design kommuniziert ein Produkt nonverbal mit dem Benutzer und vermittelt seine inneren Werte und Qualitäten. Das Designkonzept bestimmt maßgeblich, ob ein Produkt als robust, zuverlässig oder vertrauenswürdig wahrgenommen wird. Aufgabe des Designers ist es daher auch, bewusst zu gestalten, was andere unbewusst wahrnehmen", so Udo Fritz, Industrial Design Manager im Hause BOSCH Thermotechnik.

Industrial Design hat insgesamt die Aufgabe, Werte sowie die Technologie- und Innovationsstärke einer Marke im Produkt zum Ausdruck zu bringen. Ebenfalls designrelevant – und in diesem Zusammenhang häufig wenig beachtet – ist das „Interiordesign" bzw. das „Innenleben" von Thermotechnikprodukten. Zum einen spielt hier die Ergonomiekompetenz, im Sinne von Einfachheit und Sicherheit bei der Installation und Wartung des Heizkessels, eine wichtige Rolle. Auf der anderen Seite darf die Qualitätswahrnehmung nicht unterschätzt werden. Das Interiordesign muss die Qualitätswerte zum Ausdruck bringen, für die die Marke steht. Beispielhaft: Leistungsstärke, Robustheit, Zuverlässigkeit, Langlebigkeit. Das nachfolgende Beispiel, der Gas-Brennwertkessel Logamax plus GB162 von Buderus, ist ein anschauliches Beispiel für ein qualitativ hochwertiges Interiordesign.

Über die Qualität der Produkte und Designlösungen entscheidet schlussendlich der Markt bzw. der Fach- und Endkunde. Daher werden im Rahmen größerer Entwicklungsprojekte in bestimmten Konzept- und Entwicklungsphasen auch Designakzeptanztests mit

Abb. 3.11. Gas-Brennwertkessel Logamax plus GB162 von Buderus; ein anschauliches Beispiel für ein qualitativ hochwertiges Interiordesign; if product design award 2008, nominiert für den Designpreis der Bundesrepublik Deutschland 2009 (Quelle: BOSCH Thermotechnik GmbH)

End- und Fachkunden durchgeführt. Die Ergebnisse tragen dazu bei, Kundenbedürfnisse bereits in frühen Entwicklungsphasen in das Produkt- und Designkonzept einfließen zu lassen.

Langfristige Prognosen und Trendperspektiven, wie zum Beispiel der Klimawandel, steigende Ölpreise etc. üben einen starken Einfluss auf die Thermotechnik bzw. auf die Entwicklung innovativer Heiz- und Warmwassersysteme im Gebäude aus. Sie führen darüber hinaus auf der Kundenseite mittelfristig zu neuen Anspruchshaltungen und Verhaltensweisen. Das Management der BOSCH Thermotechnik weiß um diese Dynamiken und setzt sich seit vielen Jahren konsequent mit der Weiterentwicklung innovativer Technologie- und Produktlösungen auseinander. *„Um die Energieeffizienz von Gebäuden in den kommenden Jahren insgesamt zu verbessern, sind Wechselwirkungen zwischen Architektur und Heizungstechnik zu berücksichtigen. Vernetzte Systeme, nicht einzelne Produkte, sind entscheidend für nachhaltigen Erfolg. Die Gerätetechnik tritt mehr und mehr in den Hintergrund; die Gestaltung der Systeminformationstechnik rückt zugleich in den Vordergrund und stellt neue Anforderungen an das Design. Komfortable, leicht verständliche und sichere Bedienungen und Anzeigen werden zu zentralen Erfolgsfaktoren in*

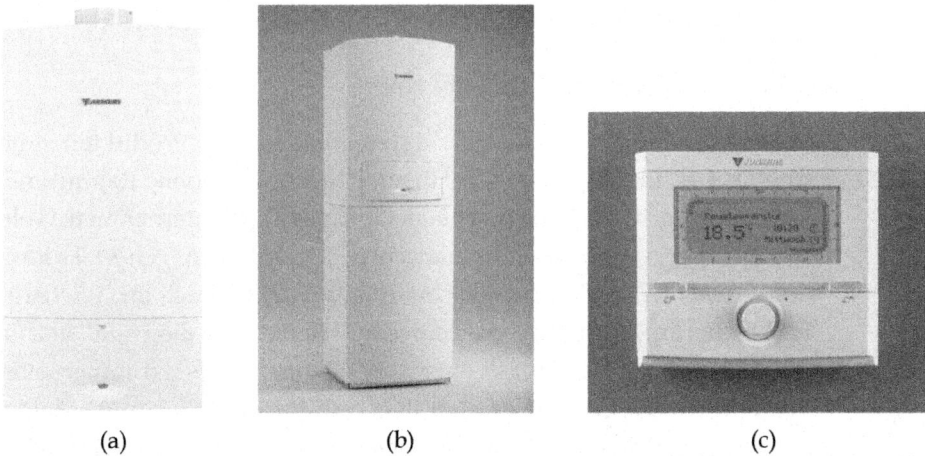

(a)   (b)   (c)

Abb. 3.12. (a) Gas-Brennwertkessel Junkers Cerapur; (b) Gas-Kompaktheizzentrale Junkers Cerapur Modul Solar (integrierte Einheit aus Gas-Brennwertkessel und Warmwasserspeicher, anschlussfertig für Solarthermieanlage); (c) Junkers Ceracontrol Heizungsregler (Weltneuheit, prognostiziert mit patentiertem Algorithmus den zukünftigen (!) Solarertrag und reduziert damit die Zuheizung mit Gas im Vorfeld, Auszeichnung: „Produkt des Jahres", 2008, Zeitschrift RAS) (Quelle: BOSCH Thermotechnik GmbH)

der Designentwicklung", erläutert Udo Fritz die zukünftigen Heraus-forderungen in der Produkt- und Designentwicklung. Der Brenn-wertkessel Cerapur und die Heizungsregelung Ceracontrol der Marke Junkers (siehe Abbildung 3.12) stehen stellvertretend für die Innovationsstärke, Ergonomiekompetenz und Designqualität der BOSCH Thermotechnik.

Das Beispiel BOSCH Thermotechnik verkörpert auf eine überaus konsequente Art und Weise die Relevanz des industriellen Designs in der Entwicklung technikorientierter Gebrauchsgüter. Auf der Basis einer konsequenten und kontinuierlichen Produkt- und De-signpolitik hat es die BOSCH Thermotechnik geschafft, mit einer kla-ren Produkt- und Designstrategie seinen regionalen und internatio-nalen Marken eine unverwechselbare und attraktive Markenidenti-tät zu geben. Das Management von BOSCH Thermotechnik ist davon überzeugt, dass Exzellenz in Innovationsmanagement, Produkt-/ -Designentwicklung, Marketing und Vertrieb die Wettbewerbsfä-higkeit entscheidend verbessern, die Kunden begeistern und die Marken der BOSCH Thermotechnik insgesamt zu dauerhaft profitab-lem Umsatzwachstum führen wird.

3.4   Fallstudie DORMA, Ennepetal (Gebäudetechnik)

3.4.1   Kurzporträt des Unternehmens

DORMA ist ein internationaler Systemanbieter von Produkten rund um die Tür. In den Bereichen Türschließtechnik, mobile Raumtrenn-systeme und in der Glasbeschlagtechnik ist das Unternehmen Welt-marktführer. Auch bei automatischen Türsystemen gehört DORMA zur Weltspitze. Zudem ist das Unternehmen erfolgreich im Geschäfts-feld Sicherungstechnik/Zeit- und Zutrittskontrolle tätig und hier in der Flucht- und Rettungswegtechnik Deutschlands Nummer eins. Wesentliche Produktionsstätten liegen in Europa, Singapur, Malay-sia, China sowie Nord- und Südamerika. Die Unternehmensgruppe erwirtschaftete im Geschäftsjahr 2007/08 einen Umsatz von 894 Mio. Euro. DORMA beschäftigt weltweit rund 7.000 Mitarbeiter. Die international operierende DORMA Gruppe mit 71 eigenen Gesell-schaften in 46 Ländern hat ihren Hauptsitz in Ennepetal.

DORMA feierte im Juli 2008 seinen 100. Geburtstag. 1908 hatten Rudolf Mankel und sein Schwager Wilhelm Dörken in Ennepetal die Dörken & Mankel KG gegründet. Erste Produkte waren Pendeltürbänder und gefräste Schrauben. Von Beginn an stellten beide höchste Qualitätsansprüche an ihre Produkte. Der schon damals geltende Grundsatz „Lieber für einen guten Preis das Beste liefern, statt die Abnehmer und den Verbraucher zu enttäuschen" sollte den künftigen Weg des Unternehmens stark beeinflussen. Bereits 1927 wurde beim Patentamt der Markenname DORMA, ein Exzerpt aus den Nachnamen der Firmengründer, eingetragen. Nach den Wirren des Zweiten Weltkriegs stieg das Unternehmen 1950 in die Produktion von Türschließern ein, einer Sparte, in der man sich heute als Weltmarktführer präsentiert. Bereits 1962 unternahm DORMA mit der Fertigung von Antrieben erste Schritte in der Automatik. 1970 wurde aus der Dörken & Mankel KG die DORMA GmbH & Co. KG und mit Karl-Rudolf Mankel stieg nun die dritte Familiengeneration in das Unternehmen ein. Die globale Ausrichtung des Unternehmens und die Erweiterung der Produktsegmente wurden in den letzten Jahrzehnten kontinuierlich vorangetrieben.

DORMA ist trotz eines rasanten Wachstums in den vergangenen Jahrzehnten ein Familienunternehmen geblieben. Zugleich befindet sich DORMA auf dem Weg von einem mittelständischen Unternehmen zu einem Großunternehmen mit globaler Ausrichtung. Um den weltweiten Marktanforderungen noch besser gerecht zu werden, hat DORMA sein Leistungsprofil sowie seine Organisation den Markterfordernissen angepasst. In ihrem Kern gründet sie auf der DORMA-Philosophie, auf die Kunden zuzugehen und sie weltweit in ihren Märkten anzusprechen. Die DORMA-Organisation besteht dementsprechend aus einer strategisch führenden Holding und fünf ergebnisverantwortlichen Divisionen: Türtechnik, Automatic, Glasbeschlagtechnik, Security, Time und Access (STA) und Raumtrennsysteme.

Division Türtechnik: In der Division Türtechnik sind die Bereiche Türschließtechnik, Beschlag- und Schlosstechnik zusammengefasst. Die Produkte werden weltweit über den Beschlaghandel abgesetzt und haben die Marke DORMA in der Welt entscheidend geprägt.

Abb. 3.13. Unter dem Dach DORMA Türtechnik versammeln sich die Bereiche Türschließtechnik, Beschlagtechnik, Schlosstechnik und Panik Hardware Systeme (Quelle: DORMA Holding GmbH + Co. KGaA)

Division Automatic: Die Division Automatic ist ein zentraler Wachstumsbereich der Marke DORMA. In den 70er-Jahren begann DORMA sich verstärkt im Automatikmarkt zu engagieren. DORMA verfügt über ein umfangreiches Programm von Drehflügel- und Schiebetüren über Karuselltüren bis hin zu automatisch beweglichen Glasschiebewänden. Mit diesem breiten und tiefen Sortiment ist DORMA einer der weltweit führenden Anbieter.

Division Glasbeschlagtechnik: Die Division Glasbeschlagtechnik ist auf die Entwicklung und Herstellung von Beschlägen für Glastüren sowie dekorative und strukturelle Glasanlagen fokussiert. Auch in diesem Produktsegment Glasbeschlagtechnik konnte DORMA in den vergangenen Jahren eine führende Stellung im Weltmarkt einnehmen.

Abb. 3.14. Mit dem vermutlich größten Sortiment von Automatiktüranlagen, Karuselltüranlagen, Automatikschiebewandsystemen, Automatikschiebetürantrieben sowie Drehflügelantrieben lassen sich nahezu alle Gestaltungswünsche realisieren (Quelle: DORMA Holding GmbH + Co. KGaA)

Abb. 3.15. Die Gestaltung von Lebensräumen mit Glas gewinnt in der modernen Architektur immer mehr an Bedeutung. Mit überzeugenden technischen Merkmalen, attraktivem Design und zuverlässiger Funktion erlaubt das DORMA-Glasbeschlagtechnik-Programm eine nahezu grenzenlose Umsetzung aller gestalterischen und funktionalen Umsetzungen (Quelle: DORMA Holding GmbH + Co. KGaA)

Division Sicherungstechnik: Die Division Sicherheitstechnik (STA) hat sich mit den Bereichen Sicherungstechnik, Zeit- und Zutrittskontrolle durch den Einsatz neuer Technologien und vermehrter Elektronik zu einem Innovationsmotor entwickelt. DORMA nimmt eine führende Marktstellung in dem Segment Fluchtwegsicherungstechnik sowie eine starke Position in der Zutrittskontrolle und Zeiterfassung ein.

Division Raumtrennsysteme: Die Division Raumtrennsysteme bündelt das DORMA-Know-how im Bereich raumteilender und gestaltender Elemente der Innenarchitektur. Das Produktportfolio erstreckt sich von großflächig mobilen Wänden für Säle und Hallen von Großbauten bis zu Raum-in-Raum-Systemen.

  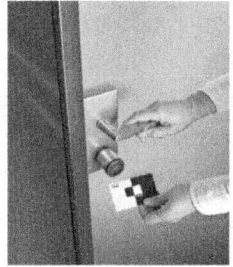 

Abb. 3.16. DORMA-Sicherungstechnik schließt den Missbrauch von Türen wirkungs- und stilvoll aus. Technik, Design und Oberflächenausführung sind so sorgsam aufeinander abgestimmt, dass sich effektive und differenzierende Lösungen realisieren lassen (Quelle: DORMA Holding GmbH + Co. KGaA)

Abb. 3.17. DORMA-Raumtrennsysteme zeichnen sich aus durch eine innovative Leichtbauweise für unerreicht niedrige Flächengewichte bei höchster Stabilität, basierend auf einem weltweit einzigartigen Hightechproduktionsverfahren und neuartigen Werkstoffen (Quelle: DORMA Holding GmbH + Co. KGaA)

3.4.2 Produktqualität, Innovation und Markenidentität bei DORMA

Von Beginn an stellte DORMA höchste Qualitätsansprüche an seine Produkte. Der bereits zuvor erwähnte Grundsatz „Lieber für einen guten Preis das Beste liefern, statt die Abnehmer und den Verbraucher zu enttäuschen" kann noch heute als Leitbild für die hohe Innovations- und Markenkultur im Hause DORMA gesehen werden. Der stetige und internationale Erfolg von DORMA basiert auf einer lebendigen und selbstkritischen Innovationskultur. Als Qualitätsführer der Branche ist das Unternehmen darauf bedacht, durch permanente Produktverbesserung und eine hohe Bereitschaft zur Veränderung „das Gute immer wieder durch das Bessere" zu ersetzen. *„Unser Motto ist, aus ‚gut' ‚exzellent' zu machen"*, so Helge Wego, Leiter Corporate Communications. Mit dieser Haltung zur ständigen Verbesserung des gesamten Produktportfolios konnte sich DORMA bei Architekten und Planern als internationaler Systemanbieter von Produkten rund um die Tür positionieren und als Marke unverwechselbar profilieren. Mit einem ganzheitlichen Ansatz, einem innovativen und breiten Produktportfolio und individuellen Services erweist sich das Unternehmen auch im 100. Jahr seines Bestehens als Vorreiter seiner Branche.

Neben der Innovationsstärke, System- und Lösungskompetenz zeichnet die Marke DORMA eine hohe Kundenorientierung und Kundenzufriedenheit aus. Der Kunde und die Erfüllung seiner Anforderungen stehen im Mittelpunkt des Marken- und Leistungsversprechens. DORMA hat sein gesamtes Produkt-, Service- und Dienstleistungsangebot auf die Bedürfnisse seiner unterschiedlichen Zielkunden ausgerichtet – egal; ob es sich um Bauherren, Architekten, Planer oder private Haushalte handelt. Kundennähe u.a. wird durch regionale Präsenz und durch die DORMA-Systempartnerschaft gelebt. Das Unternehmen unterstützt zum Beispiel Architekten bei der Verwirklichung ihrer Ideen mit technisch ausgefeilten und zugleich wirtschaftlichen Lösungen. Ein internationales Netz von Objektmanagern und Servicepartnern sorgt dafür, dass Planungen auch über mehrere Länder hinweg begleitet und länderspezifische Anforderungen sowie bauliche Bestimmungen frühzeitig geklärt werden können. Das innovative Konzept „DORMA Systempartner" garantiert hierbei auf Handwerkerseite die professionelle Ausführung vor Ort. Bislang konnten schon über 750 Betriebe in den Bereichen Holz, Metall, Glas, Sanitär und Elektro als Systempartner gewonnen werden. Ein derartig umfassendes und zugleich auf individuelle Kundenbedürfnisse abgestimmtes Leistungsprofil kann als wesentlicher Wettbewerbsvorteil der Marke DORMA gesehen werden.

„Eine starke Marke stellt für einen internationalen Systempartner der Bauindustrie wie DORMA einen unverzichtbaren Wert dar. Sie schafft Orientierung in einem zunehmend unübersichtlichen Produktwettbewerb und stiftet Sofortvertrauen, bei unseren Kunden und Geschäftspartnern ebenso, wie bei unseren Mitarbeitern in der Welt", so Helge Wego weiter.

3.4.3 Funktion, Konstruktion und Design: Eine untrennbare Kompetenz der Marke DORMA

Unser Alltag wird zu einem wesentlichen Teil durch die Architektur bestimmt, die uns Tag für Tag umgibt. Die Architektur schafft den notwendigen baulichen Rahmen, in dem wir uns bewegen. Sie kann Stimmungen und Psyche positiv wie negativ beeinflussen. Architektur hat also für jeden Menschen eine sehr konkrete Bedeutung und bestimmt das alltägliche Leben in einem hohen Ausmaß. Die Qualität des Lebensumfeldes bzw. der Architektur wird hierbei maßgeblich durch seine Funktionalität, Konstruktion und Ästhetik bestimmt. Als internationaler Hersteller von Produkten in den Bereichen Türschließtechnik, mobile Raumtrennsysteme, Glasbeschlagtechnik und Sicherheitstechnik ist die Marke DORMA mit ihren vielfältigen Lösungen einer der führenden Systempartner von Architekten, Planern und Bauherren. Funktion, Konstruktion und Design sind somit essenzielle Inhalte des Leistungsversprechens der Marke DORMA. *„Die weltweite Produktinnovationsführerschaft bei Systemlösungen und Komponenten, abgestimmt auf die Dynamik und die Anforderungen des Marktes, wäre ohne unsere designstrategische Ausrichtung und Kompetenz nicht denkbar"*, unterstreicht Wego.

Die über Jahre gewachsene enge Zusammenarbeit mit Architekten, Planern und Designern ermöglicht DORMA eine frühe Integration funktionaler und formaler Anforderungen und Trendperspektiven in die Entwicklung innovativer Produkt- und Designlösungen. Ziel von DORMA ist es, formal durchgängige Lösungen über alle fünf Geschäftsbereiche – Türtechnik, Automatic, Glasbeschlagtechnik, Sicherungstechnik/Zeit- und Zutrittskontrolle sowie Raumtrennsysteme – perfekt aufeinander abzustimmen und dem Architekten und Planer somit einen größtmöglichen gestalterischen Freiraum in der Projektplanung und -realisation zu ermöglichen.

„Traditionell genießt eine durchgängig hochwertige Designqualität bei DORMA einen hohen Stellenwert. Die produktübergreifende Designentwicklung im Hause DORMA ermöglicht unseren Kunden eine qualitativ hochwertige ästhetische Durchgängigkeit in der Gebäudeausstattung", stellt Helge Wego fest.

Aus der Sicht der Forschungsgruppe „Industrial Design & Innovationsmanagement" zeigt das Beispiel DORMA hervorragend auf, wie sich anspruchsvolle Gestaltung, moderne Technologie und individuelle Architektur zu einem harmonischen und funktionalen Ganzen verbinden lassen. Deutlich wird dieser ganzheitliche System- und Designanspruch zum Beispiel in den Produktsegmenten Sicherungstechnik, Zeit- und Zutrittskontrolle. Lange schien es, als müssten Sicherheitskomponenten wie Schlüsseltaster, Fluchtwegterminals, Zutrittskontrollsysteme und Nottaster groß und klobig sein und sich in Form und Farbe als optische Stolpersteine präsentieren und im diametralen Gegensatz zum allgemeinen Bemühen um ein durchgängiges Designkonzept stehen. Inzwischen gehören Sicherheitseinrichtungen zum allgemeinen Standard von Objekt- bzw. Wirtschaftsbauten, und Bauherren wie Architekten verlangen ein durchgängiges, in Material, Form und Farbe abgestimmtes

Abb. 3.18. Das System 55 integriert moderne Sicherungselemente optisch perfekt und funktionsgerecht in die moderne Elektroinstallation und lenkt im positiven Sinne Aufmerksamkeit auf die installierten Geräte. Verschiedene Rahmenmaterialien eröffnen einen breiten Gestaltungsspielraum von naturnahen Materialien wie Eibenholz und Terrakotta bis zu Hightechanmutungen in Edelstahl, Alu oder Glas. Frei stehende Komponententräger (1,6 m hohe Standsäule) zeichnen sich durch eine ergonomische Installationsfläche in Handhöhe und eine unverkennbare Signalwirkung durch integrierte Leuchtelemente im oberen Bereich der Säule aus (Quelle: DORMA Holding GmbH + Co. KGaA)

Lösungskonzept. DORMA hat auf diese Marktherausforderungen reagiert und sich dem Themenfeld „Sicherheit und Ästhetik in der Architektur" mit funktional und ästhetisch anspruchsvollen Entwicklungen gestellt. Das „System 55" aus dem DORMA-Produktprogramm steht stellvertretend für eine durchgängige Designkonzeption in der Systemtechnik „Tür".

Ein weiteres Beispiel für ein klares Designkonzept und hohe Funktionalität verkörpert das Gleitschienen-Türschließersystem TS 93. Das in dieser Produktgruppe realisierte „Contur Design" verfolgt eine klare, sachliche und einheitliche Linienführung und bringt die Anforderungen von anspruchsvoller Architektur und hoher Funktionalität gekonnt in Einklang. Für diese vorbildliche Eigenständigkeit erhielt DORMA den „red dot design award", einen begehrten und renommierten internationalen Designpreis.

Die Auszeichnung bestätigte das Unternehmen in seiner Entscheidung, künftig unterschiedliche Produktlinien einheitlich im DORMA-

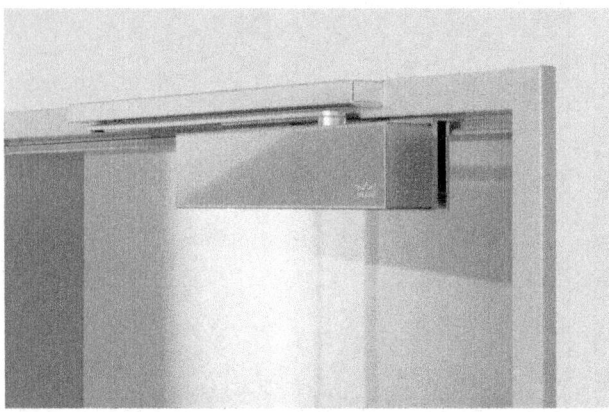

Abb. 3.19. Mit dem Türschließsystem TS 93 bietet DORMA neben einer exzellenten Technik zugleich ein durchgängig homogenes Designkonzept für eine Vielzahl architektonischer Anforderungen (Quelle: DORMA Holding GmbH + Co. KGaA)

Contur-Design zu gestalten. Architekten sind damit in der Lage, ein durchgängiges Erscheinungsbild im Sinne einer klaren Gesamtästhetik in ihren Objekten zu verwirklichen. Das Contur Design unterstreicht sowohl die Ästhetik klassischer Baustile als auch die gestalterische Konzeption moderner Gebäude.

Immer mehr Architekten verfolgen einen ganzheitlichen Gestaltungsansatz im Rahmen ihrer Architekturkonzepte, der über die reine Gebäudearchitektur hinausgeht. Die Liebe zum Detail geht dabei häufig bis zu Türdrückern, Fenster- und Türgriffen, die das eigenständige Design des jeweiligen Architekten tragen. In der Vergangenheit war dabei der traditionsreiche, zur DORMA-Gruppe gehörende Beschlaghersteller OGRO bereits häufig Partner von Architekten bei der praktischen Umsetzung eigener Designideen. Auf diesen Erfahrungen aufbauend, bietet OGRO mit seinem Programm „Create" Architekten die Möglichkeit, ihre individuellen Wünsche mit einem auf diesem Gebiet erfahrenen Partner innerhalb eines realistischen Zeitrahmens in die Praxis umzusetzen.

Seit 2007 spricht DORMA auch anspruchsvolle Privatkunden an und trägt damit der steigenden Nachfrage dieser Zielgruppe in puncto Produktqualität, Design und Komfort Rechnung. Das neue Angebot für Privatkunden reicht von der beschlagfreien Glastür bis zu edlen Duschkabinen. *„Mit neuen Technologien und hochwertigem*

Abb. 3.20. Beschlagsystem VISUR; „Visur" nennen Vermessungstechniker die unge-
hinderte Sichtverbindung zwischen zwei Messpunkten. Dieser technische Hintergrund kommt bei der Namensgebung für die Baureihe VISUR zum Ausdruck. Eine
innovative und patentierte Glastür, bei der keine Beschläge die freie Sicht behindern
(Quelle: DORMA Holding GmbH + Co. KGaA)

Design entstehen Produkte, mit denen wir Leistungen aus dem professionellen Baubereich auch für private Haushalte ermöglichen können", erklärt Dr. Michael Schädlich, Geschäftsführer der DORMA-Gruppe.
Die Tendenz hin zu qualitativ hochwertigen Lösungen in privaten
Haushalten ist unverkennbar. „DORMA hat das Know-how, die Produktqualität und die ausgewiesene Designkompetenz, um diese hohen Ansprüche zu erfüllen."

Der Start in den Privatmarkt erfolgte neben Ganzglasduschen mit
einer innovativen Produktneuheit: eine Glastür mit unsichtbar integrierten Beschlägen. Mit dem Beschlagsystem „VISUR" lassen sich
transparente und gleichzeitig schalldämmende Raumzugänge umsetzen, wie Abbildung 3.20 verdeutlicht.

Ungewöhnlich an dieser Gestaltung ist die Herangehensweise: Es
steht nicht das Beschlagdesign im Vordergrund, sondern die absolu-
te Transparenz ohne sichtbare Funktionskomponenten im klar um-
rissenen Bereich des Türblattes. Die häufig zitierten Postulate in der
Geschichte der Architektur und Gestaltung „form follows function"
sowie „less is more" werden mit dem Beschlagsystem VISUR auf die
Spitze getrieben.

Innovationen und Design sind für die Marke DORMA und das
hiermit eng verbundene Leistungsprofil das Fundament dauerhaf-
ten Erfolgs. Als Systempartner und Zulieferer der Bauindustrie
kommt der Funktionalität und Ästhetik eine unabdingbare Qualität
zu. Das gute Funktionieren eines Gebäudes ist nicht nur oberstes

Ziel eines Entwurfes, sondern zugleich auch Anspruch der DORMA-Lösungskompetenz. Dieser Anspruch betrifft sowohl die Funktionsabläufe, das technische Funktionieren der vielfältigen Produkte und Systeme als auch ästhetische Funktionen, die ein Gebäude zu erfüllen hat.

In einem technologisch nahezu gleichgestellten Wettbewerb ist es DORMA in den letzten Jahrzehnten gelungen, mit einer gezielten System-, Design- und Servicestrategie eine unverwechselbare Produkt- und Markenidentität aufzubauen. Darüber hinaus verdeutlicht dieses Fallbeispiel einmal mehr die bisherigen Ergebnisse der Forschungsgruppe „Industrial Design & Innovationsmanagement": Um sich zukünftig als Hersteller erfolgreich im Wettbewerb zu behaupten, muss auch in der Zuliefererindustrie die Produkt- und Designpolitik stärker in das Zentrum der Unternehmens- und Produktstrategie rücken. Es geht in dieser Forderung – und das verdeutlicht das Fallbeispiel DORMA eindrucksvoll – nicht allein um die sachliche Produktqualität, sondern um die Sichtbarmachung der eigenen Leistungs- und Markenwerte, die im Produkt- und Designkonzept unverwechselbar und mutig zum Ausdruck gebracht werden müssen. Ohne eine strategische Produkt- und Designplanung ist dies nicht möglich.

3.5   Fallstudie D-LABS GMBH, Potsdam (Softwareindustrie)

3.5.1   Kurzporträt des Unternehmens

Die D-LABS GmbH mit Sitz in Potsdam/Babelsberg ist ein Beratungsunternehmen, welches IT-Unternehmen bei der Optimierung ihrer Softwareprodukte unterstützt. Das Unternehmen wurde 2006 mit Unterstützung von Hasso-Plattner-Ventures gegründet und berät heute mit mehr als 15 Mitarbeitern weltweit IT-Unternehmen, aber auch die Serviceindustrie sowie öffentliche Institutionen bei der nutzerorientierten Produktkonzeption und -gestaltung.

Das Unternehmen geht auf eine gemeinsame Initiative von Hasso Plattner, dem ehemaligen Gründer und heutigen Aufsichtsratsvorsitzenden von SAP, und David Kelley, Gründer der amerikanischen Innovationsberatung ideo und Professor am Stanford Institute of Design, zurück. Die beiden hatten Ende der 90er-Jahre festgestellt, dass die technologischen Innovationsmöglichkeiten im Bereich der betrieblichen Software weitgehend ausgereizt waren. Sie erkannten, dass sich in einem reifen Markt, wie dem der Softwareindustrie, Marktvorteile neben der bloßen Senkung von Herstellkosten (durch Verlagerung von Entwicklungsleistungen ins Ausland) und eine entsprechende Verstärkung der Sales- und Marketingaktivitäten nur noch über Produktoptimierungen im Sinne einer besseren Anpassung der Produkte an konkrete Nutzerbedürfnisse erreichen lassen.

Vor diesem Hintergrund wurde vor einigen Jahren bei SAP das „Design Service Team" (DST) gegründet. Aufgabe des Design Service Teams ist es, dem Vorbild des „User Centred Designs" folgend auf der Grundlage umfassender Analysen benutzeroptimierte Softwarelösungen zu gestalten und über Prototypen frühzeitig austesten zu können, bevor diese in die eigentliche Entwicklung gelangen.

Während das DST vornehmlich die SAP-internen Entwicklungsteams bei der Gestaltung SAP-spezifischer Softwarelösungen unterstützt, wurde D-LABS 2006 als Ausgründung des renommierten Hasso Plattner Instituts (HPI) mit dem Ziel gegründet, in Frühphasen des Entwicklungsprozesses angesiedelte Gestaltungs-, Beratungs- und Trainingsleistungen auch externen Unternehmen anbieten zu können. Ähnlich wie im DST arbeiten auch bei D-LABS „User Researcher", Interaktionsdesigner und Prototypenentwickler eng zusammen, um Kunden möglichst frühzeitig das Ausprobieren alternativer Softwareprototypen zu ermöglichen. Anders als bei klassischen Softwareprojekten, wo Kunden nach Erstellung der sogenannten Lastenhefte das Endergebnis meist erst dann wieder zu Gesicht bekommen, wenn die Software in einer Gamma- bzw. Betaversion bereits weitgehend fertiggestellt ist, sodass dann meist nur noch geringfügige Änderungen möglich sind, können dem D-LABS-Ansatz folgend weitreichende Optimierungsentscheidungen bereits in frühen Phasen des Entwicklungsprozesses getroffen werden. Wichtige Elemente der Produktgestaltung werden dabei nach vorne verlagert. Entwicklungszeiten können so verkürzt, Herstellkosten gespart und der Product-Market-Fit der jeweiligen Softwarelösungen deutlich erhöht werden.

Aufbauend auf diesen Grundprinzipien bietet die D-LABS GmbH weltweit Beratungs- und Trainingsleistungen zur Unterstützung der Entwicklungsprozesse ihrer Kunden an. Ferner agiert sie als aktiver und praxisorientierter Kooperationspartner der neu gegründeten „School of Design Thinking" des Hasso Plattner Instituts, einem Ableger der ebenfalls von Hasso Plattner gegründeten d.school der Universität Stanford.

3.5.2   Das Design- und Entwicklungsverständnis von D-LABS

Die D-LABS GmbH folgt in ihrer Arbeit im Wesentlichen einem Designverständnis, nach dem das Design nicht nur für die Formgebung bzw. ästhetische Gestaltung eines Produkts steht, sondern vielmehr den ganzen Prozess einer integrativen Produktkonzeption und -entwicklung umfasst.

„Die Probleme, denen sich das Design in Deutschland gegenübersieht, sind nicht zuletzt das Ergebnis eines falschen Designverständnisses. Design wird hierzulande immer noch viel zu häufig mit Form und Farbe gleichgesetzt. Dabei beruht der ‚Designerfolg' vieler neuer Produkte wie zum Beispiel des iPods viel weniger auf ihrer äußerlichen Gestalt als auf der richtigen Ausrichtung der jeweiligen technisch-gestalterischen Möglichkeiten (feasability) an den Bedürfnissen der Nutzer (desirability) und den Zielen des Unternehmens (viability)", so Markus Czerner, Director Business Development der D-LABS GmbH. *„Sicher hat der Erfolg des iPods auch etwas damit zu tun, dass er gut aussieht. Viel wichtiger ist jedoch, dass er den Endnutzern viele objektive Vorteile bietet, so zum Beispiel die Möglichkeit, Musik und Filme günstig downloaden und direkt abspielen zu können, und das auf der Basis einer proprietären Software, nämlich ‚iTunes', die dem Unternehmen Apple die Umsetzung eines weltweit einmaligen und äußerst lukrativen Geschäftsmodells ermöglicht."*

Vor dem Hintergrund eines derart weitreichenden Designverständnisses hat die D-LABS GmbH den sogenannten Design-Led-Innovation-Prozess (DLI) entwickelt, bei dem Nutzerbedürfnisse („Human Needs"), technische Anforderungen („Technical Needs") sowie Unternehmensziele („Business Needs") aufeinander abgestimmt werden.

Projekte von D-LABS beginnen dabei in der Regel damit, dass diese die Unternehmensziele ihrer Kunden analysieren und syn-

Abb. 3.21. Der „Design Led Innovation"-Ansatz von D-LABS (Quelle: D-LABS GmbH)

thetisieren: *„Im Gegensatz zu herkömmlichen Entwicklungsprojekten übersetzen wir dabei nicht einfach klassische Unternehmens- und Produktziele in technische Pflichtenhefte. Was wir im gesamten DLI-Prozess vielmehr versuchen, ist, das Geschäftsmodell, welches unsere Kunden mit ihren Innovationsprojekten verfolgen, simultan zum Produktentwicklungsprozess weiterzuentwickeln und selbst zu optimieren. So haben wir etwa jüngst bei der Untersuchung der elektronischen Dienstleistungsterminals eines führenden Reiseunternehmens festgestellt, dass diese nicht nur über eine unbefriedigende Benutzerführung verfügen, sondern dass dort hochpreisige Premiumangebote gegenüber günstigeren Rabattangeboten deutlich nachrangig bedient werden. Hier bietet sich über eine Optimierung der Dienstleistungsschnittstellen (‚User Interfaces') nicht nur Chance, die Kundenzufriedenheit deutlich zu erhöhen, sondern auch Zahlungsbereitschaften besser abschöpfen zu können, sprich mehr Geld zu verdienen."*

Ein zentrales Element des „Design Led Innovation"-Prozesses von D-LABS besteht daher darin, die Nutzungsgewohnheiten und die damit verbundenen expliziten wie impliziten Bedürfnisse durch Beobachtung genau zu untersuchen. So hat die D-LABS GmbH bei der Untersuchung betrieblicher Software festgestellt, dass viele Nutzer parallel zu dieser häufig noch auf andere Hilfsinstrumente wie zum Beispiel die Rechenmaschine oder Excel-Sheets zurückgriffen. Die dort genutzten Funktionen werden inzwischen von den

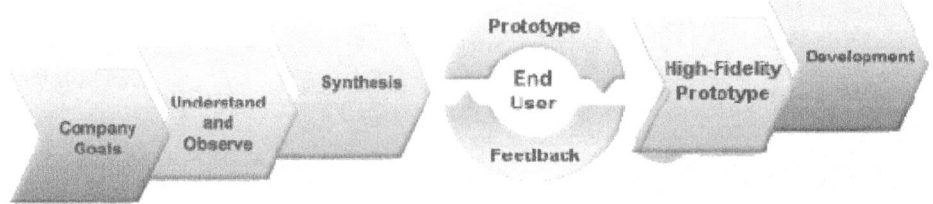

Abb. 3.22. Stufen im Entwicklungsprozess von D-LABS (Quelle: D-LABS GmbH)

meisten Anbietern betrieblicher Software in ihre Programme integriert. Offensichtlich wurden diese dort in der Vergangenheit nur so schlecht verfügbar gemacht, dass viele Benutzer für schnelle Saldierungen und ähnliche Grundtätigkeiten lieber auf ihre veralteten, dafür aber gewohnten Hilfsinstrumente zurückgriffen.

Die Beobachtung und Analyse von Nutzergewohnheiten und -bedürfnissen ist dabei jedoch nur ein Aspekt. Genauso wichtig ist die frühzeitige Entwicklung möglichst realitätsnaher Prototypen (zum Beispiel über Flash-Programmierungen). Ziel eines solchen „Early Prototypings" ist dabei weniger die detailgenaue technische Abbildung zukünftiger Produktlösungen als vielmehr die Möglichkeit, verschiedene Produktvarianten und -alternativen in realen Interaktionssituationen mit den zukünftigen Nutzern realitätsnah austesten zu können.

Neben der Tatsache, dass so Fehler früher erkannt, Herstellkosten gesenkt, Entwicklungszeiten verkürzt und die Wahrscheinlichkeit einer hohen Marktfähigkeit der entwickelten Produkte erhöht wird, bringt ein solches Verfahren auch ganz operative Vorteile im Entwicklungsprozess selbst mit sich. In den internationalen Entwicklungsnetzwerken, auf welche die IT-Industrie heute zurückgreift, sind die Produktentwickler häufig nicht mehr in der Lage, die jeweiligen Kontexte, in denen die Software später genutzt wird, nachzuvollziehen. Umso wichtiger ist es, dass diese über entsprechende Prototypen und designorientierte Briefings in die Lage versetzt werden, Softwareprodukte zu entwickeln, die den Bedürfnissen der Endkunden auch wirklich entsprechen.

3.5.3 D-Labs: Benchmark für kleine und mittlere Investitionsgüterhersteller?

Auch wenn Software nach betriebswirtschaftlicher Definition ein Investitionsgut darstellt, so sind die Anforderungen an IT-Produkte doch so speziell, dass sich die Frage stellt, inwieweit D-Labs als IT-bezogenes Beratungsunternehmen überhaupt als Benchmark für kleinere bzw. mittlere Hersteller klassischer Investitionsgüter (Maschinen, Anlagen, Elektrotechnik etc.) taugt?

Diese Frage lässt sich gleich dreifach positiv beantworten. Zum einen vertritt D-Labs ein Designverständnis, das für die Investitionsgüterindustrie insgesamt Relevanz besitzt. Auch bei klassischen Investitionsgütern haben Gestaltungsleistungen nur am Rande mit Formgebung zu tun. Im Sinne eines ganzheitlichen „Design Engineerings" geht es dabei vielmehr um die optimale Abstimmung von Technologien, Materialien, Ergonomien, um die Berücksichtigung pyramidaler Zuliefer- und Komponentenstrukturen, um die richtige Abstimmung der jeweiligen Hard-, Soft- und Useware, um eine Optimierung industrieller Fertigungs-, Implementierungs- und Nutzungsprozesse und letztendlich immer auch um die Sicherstellung eines gewinnträchtigen Geschäftsmodells für das jeweilige Unternehmen. Der stärkere Rückgriff auf ein „Design Thinking" im Sinne eines „konzeptionellen Entwerfens", welches die Technik-, Produkt-, Markt-, Abnehmer-, Nutzer- und Anbieterperspektive auf kreative (und dabei durchaus auch ästhetisch ansprechende) Weise miteinander verbindet, bringt dabei nicht nur im Software-, sondern auch im Investitionsgüterkontext wichtige Vorteile mit sich.

Über ein investitionsgütergemäßes Designverständnis hinaus ist die D-Labs GmbH jedoch auch ein Beispiel dafür, wie man sich in einer bisher vornehmlich technisch orientierten Branche durch das Angebot spezifischer Entwicklungs- und Designleistungen wirksam vom Wettbewerb differenzieren kann. Benchmark-Charakter für die Hersteller industrieller Hardwareprodukte besitzt die D-Labs GmbH letztendlich auch durch ihre radikale Nutzerorientierung und das frühe Prototyping: *„Gelegentlich lesen wir in den Medien, dass der eine oder andere Investitionsgüterhersteller bei der Prototypenentwicklung Endnutzergruppen zukünftig stärker mit in den Entwicklungsprozess einbeziehen will. Wir müssen dann immer etwas schmunzeln, weil das wie* *eine Revolution gefeiert wird, aber für uns im Softwarebereich längst schon eine Selbstverständlichkeit geworden ist."* (Markus Czerner)

Zwischen industriellen Software- und Hardwareprodukten bestehen also durchaus Ähnlichkeiten. Auch im klassischen Bereich industrieller Produkte werden Innovationen immer seltener „nur" in internen F&E-Labors geboren. Vielmehr sind sie, selbst im industriellen Mittelstand, häufig das Resultat der Arbeit internationaler Entwicklungsteams, die neben internen Abteilungen auch externe Dienstleister aus der ganzen Welt umfassen. Die Anforderungen an eine stimmige Konzeptionsarbeit am Anfang der Produktentwicklung sind damit deutlich gestiegen. Hinzu kommt, dass die Entwicklungs- und Herstellkosten und damit auch die Kapitalbindung bei Hardware-Investitionsgütern häufig signifikant höher sind als im Softwarebereich und dass die Endprodukte längere Produktlebenszyklen (mit beschränkten Updatemöglichkeiten) aufweisen, wodurch sich die Notwendigkeit stimmiger Konzeptions- und Gestaltungsprozesse zu Beginn der Produktentwicklung noch mehr erhöht.

3.6   Fallstudie EDAG GmbH & Co. KGaA, Fulda (Engineering & Designdienstleistungen)

3.6.1   Kurzporträt des Unternehmens

Die EDAG GmbH & Co. KGaA mit Hauptsitz in Fulda ist ein führender Anbieter von Engineeringdienstleistungen für Fahrzeuge und Produktionsanlagen bis zum Anlagenbau und der Kleinserienfertigung im Bereich der Automobil- und Flugzeugindustrie. Als weltweit größter unabhängiger Partner der Mobilitätsindustrie entwickelt EDAG maßgeschneiderte und fertigungsoptimierte Lösungen. Dazu gehören die Entwicklung kompletter Module, Fahrzeuge, Derivate und Produktionsanlagen sowie der Modell-, Prototypen- und Sonderfahrzeugbau und die Fertigung von Kleinserien (siehe Abbildung 3.23).

Mit insgesamt 5.880 Mitarbeitern an 52 Standorten auf fünf Kontinenten erwirtschaftet das Unternehmen in den vier Geschäftsbereichen Product Development, Manufacturing Equipment, Production sowie Aerospace einen Umsatz von über 611 Mio. Euro. Bereits

| Product Development | Manufacturing Equipment | Production | Aerospace | HR Services |

Abb. 3.23. Integrierte Engineeringdienstleistungen (Quelle: EDAG GmbH & Co. KGaA)

vor 40 Jahren wurde die Grundlage für das spätere Markenzeichen der EDAG – das vernetzte Engineering von Produkt und Produktion in der Entwicklung – gelegt: Unter den ersten acht Mitarbeitern des am 1. Februar 1969 gegründeten „Konstruktionsbüro Horst Eckard" befanden sich neben Karosseriekonstrukteuren auch Betriebsmittelspezialisten. Auch die ersten Aufträge, die das junge Unternehmen für den Kunden Ford bearbeitete, kamen gleichermaßen aus den Bereichen Karosserie und Betriebsmittel.

Hundertprozentiger Gesellschafter der EDAG ist die in Familienhand befindliche ATON GmbH Vermögensverwaltungsgesellschaft. Diese mittelständisch geprägte Eigentümerstruktur ermöglicht der EDAG, das eigene Geschäft unabhängig von kurzfristigen Schwankungen des Kapitalmarkts und auf der Grundlage eines langfristig orientierten unternehmerischen Investments zu gestalten.

3.6.2 Bedeutung der Marke

Wenn es um Engineering- und Fertigungsleistungen im Bereich Automobil- und Flugzeugbau geht, zählt die EDAG zu den führenden Dienstleistern weltweit. Das Markenvertrauen, über das die EDAG heute verfügt, ist dabei vor allem das Ergebnis einer sehr engen Zusammenarbeit mit den Auftraggebern, den führenden Automobilherstellern der Welt. So ist es ein festes Grundprinzip der EDAG, sich immer dort niederzulassen, wo auch der Kunde sitzt. Diese räumliche Nähe, vor allem aber auch die enge Kooperation in Frühphasen der Produktentwicklung, hat EDAG zu einem wichtigen Partner der Automobilindustrie werden lassen.

Die eher implizite denn explizite Markenbildung ist dabei nicht nur das Ergebnis einer großen räumlichen und technischen Nähe der EDAG-Teams zu ihren Auftraggebern. Meist wird die EDAG nämlich von ihren Kunden zu einer absoluten Geheimhaltung im Hinblick auf die jeweils bestehenden Entwicklungs- und Produktionsmandate verpflichtet. Nur selten und dann meist nachgelagert darf die EDAG über ihre Aufträge reden, so zum Beispiel im Falle der 2005 erfolgten Komplettentwicklung der Mercedes B-Klasse.

Dennoch oder gerade deshalb hat es die EDAG in den letzten vier Jahrzehnten vermocht, bei ihren Kunden einen deutlichen Vertrauensanker zu setzen. *„Ohne Zweifel nehmen wir im ‚relevant set' der Automobilindustrie eine, wenn nicht die führende Position ein, wenn es um Engineering- und/oder Produktionsdienstleistungen geht"*, erläutert Christoph Horvath, Leiter Unternehmenskommunikation der EDAG GmbH & Co. KGaA. Auch über den Automobilbereich hinaus hat es das Unternehmen geschafft, sich eine deutliche Reputation aufzubauen. So wurde die EDAG 2007 zu den 100 innovativsten Unternehmen im deutschen Mittelstand gewählt.

3.6.3 Bedeutung des Designs für das Unternehmen

Von Beginn der Unternehmensentwicklung an hat das Design bei der EDAG eine wichtige Rolle gespielt. Dies kommt nicht zuletzt in der Umbenennung des ursprünglichen Firmennamens „Konstruktionsbüro Horst Eckard" in „Eckard Design GbR" im Jahre 1974 zum Ausdruck. Allerdings hatte das Design bei der EDAG damals noch wenig mit expliziter Produktgestaltung zu tun. Design im Sinne des amerikanischen Design Engineerings stand zu jener Zeit vor allem für eher ingenieursseitige Tätigkeiten wie Entwurf, Konstruktion, Simulation und Prototyping. Auch heute noch ist darin ein wesentlicher Bestandteil designorientierter Dienstleistungen der EDAG zu sehen.

Im Laufe der weiteren Entwicklung hat sich das Unternehmen jedoch mehr und mehr gegenüber konkreten Projekten im Bereich der expliziten Produktgestaltung geöffnet. Heute verfügt das Unternehmen über ein eigenes Designbüro, das mit 13 Mitarbeitern die Entwicklungsteams im Hause bei Gestaltungsfragen unterstützt und darüber hinaus eigene Kundenprojekte akquiriert und betreut. *„Letztendlich sind es drei verschiedene Formen von Kundenprojekten, bei*

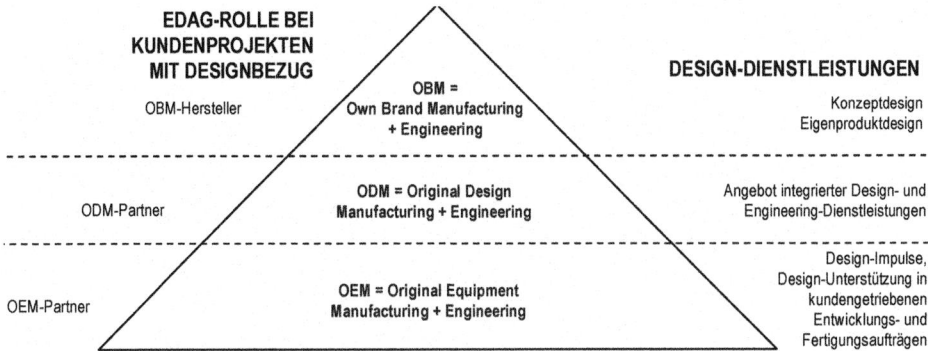

Abb. 3.24. Designdienstleistungen der EDAG in Abhängigkeit vom jeweiligen Auftrags-/Projekttyp (Quelle: EDAG GmbH & Co. KGaA)

denen wir Designleistungen erbringen", so Johannes Barckmann, Leiter des Designbereichs der EDAG GmbH & Co. KGaA (siehe Abbildung 3.24).

„*Auf der untersten Ebene unserer Angebotspyramide stehen dabei klassische OEM-Projekte, bei denen das Design wesentlich von unseren Auftraggebern bestimmt wird. Hier geben wir nur Designimpulse oder unterstützen unsere Entwicklungsteams bei der optimalen Abwicklung der Aufträge. Auf der darüber liegenden Ebene sind wir nicht mehr nur OEM-, sondern expliziter ODM-Partner. Neben unserer traditionellen Rolle als Entwicklungs- und Fertigungspartner fungieren wir hier explizit auch als Designdienst-*

Abb. 3.25. Der Sturgeon des chinesischen Autoherstellers Changan – eine EDAG-Designentwicklung (Quelle: EDAG GmbH & Co. KGaA)

Abb. 3.26. Das EDAG-Concept-Car Cinema 7D – ein wichtiges Kommunikationsinstrument der EDAG (Quelle: EDAG GmbH & Co. KGaA)

leister. Dies ist in zunehmendem Maße bei unseren asiatischen Kunden der Fall, die für ihre Produkte nicht nur westliches Know-how im Engineering-Bereich wollen, sondern auch eine an deutschen Automobilwerten angelehnte Designsprache suchen. Ein Beispiel hierfür stellt der ‚Sturgeon' dar, den wir für den chinesischen Automobilhersteller Changan entwickelt haben."

Auf der dritten Ebene stehen schließlich die Concept-Cars der EDAG wie zum Beispiel der Biwak, das Luxury Utility Vehicle (LUV) oder der EDAG Cinema 7D (siehe Abbildung 3.26) oder das „light-car". Bei diesen Designkonzepten handelt es sich zwar um Concept-Cars und Designstudien, die nicht eins zu eins so am Markt umgesetzt wurden. *„Sie unterstreichen jedoch die Zukunftskompetenz der EDAG und geben unseren Kunden wichtige Designimpulse. Darüber hinaus stellen sie für uns ein wichtiges Kommunikationsinstrument dar, da wir über unsere Leistungen im OEM- bzw. ODM-Bereich in der Regel nicht sprechen dürfen"*, Johannes Barckmann.

3.6.4   Einstellung, Strukturen, Prozesse, Instrumente

„Grundsätzlich gibt es in unseren zwei Kernmärkten, der Automobil- und Flugzeugentwicklung, eine hohe Offenheit gegenüber dem Thema ‚Industriedesign'. Jeder weiß, dass der Erfolg eines neuen Automobils wesentlich von dessen Design abhängt. Auch die enge Verzahnung von Engineering- und Designleistungen, wie wir sie anbieten, ist dort eine Selbstverständlichkeit. Allerdings stellen wir auch fest, dass in anderen Branchen die Bedeutung des industriellen Designs viel erklärungsbedürftiger ist. Hier müssen wir häufig erst Aufklärungsarbeit leisten, bevor wir mit potenziellen neuen Kunden ins Geschäft kommen. Bei den Kunden, die von sich aus vom Nutzen integrierter Design- und Entwicklungsleistungen überzeugt

sind oder bei denen wir eine entsprechende Aufklärungsarbeit erfolgreich geleistet haben, arbeiten wir dann mit sehr klar strukturierten Prozessen. Dabei greifen wir auf verschiedene standardisierte Tools zurück, die wir in unserer jahrelangen Arbeit für die Automobilindustrie entwickelt haben. Dazu zählen Roadmaps genauso wie detaillierte Produkt-Design-Briefings. Diesen legen wir nicht nur detaillierte technische Vorgaben zugrunde, sondern genauso gestalterische und konzeptionelle Leitbilder, die auf umfassenden Socio-Scans, Bedürfnisanalysen, Trendstudien, Imageboards sowie ästhetischen Profilen beruhen."

Was den industriellen Mittelstand anbetrifft, so sieht Johannes Barckmann im Hinblick auf eine derartige systematische Herangehensweise an das Design noch einen klaren Entwicklungsbedarf. *„Beim Design hat der Mittelstand noch deutliche Defizite, wenn es um eine Professionalisierung, Systematisierung und Objektivierung geht. Die Produktgestaltung ist hier noch viel zu häufig eine Bauchentscheidung."* Um den Mittelstand zu einer Objektivierung des eigenen Umgangs mit dem Thema „Design" zu bringen, ist aus seiner Sicht zunächst eine Beweisführung dahin gehend notwendig, dass der Mittelstand den eigenen Produkterfolg durch zukunftsweisende Designlösungen deutlich steigern kann. *„Nur auf der Grundlage einer solchen Beweisführung wird man den Mittelstand für das Thema ‚Design' begeistern können"*, Johannes Barckmann.

3.6.5 Herausforderungen für die Zukunft

Neben dem Ausbau des eigenen Leistungsportfolios in den Kernmärkten Automobil- und Flugzeugbau sieht die EDAG auch in anderen Industrien wichtige Potenziale für das Angebot integrierter Engineering- und Designdienstleistungen. *„Auch im Maschinen- und Anlagenbau gewinnt das Thema ‚Outsourcing' an Bedeutung; auch hier wird die Vernetzung von Entwicklungs-, Gestaltungs- und Fertigungsaufgaben immer wichtiger."* Vor diesem Hintergrund ist für Barckmann auch eine stärkere Einbringung von Designaspekten in das Geschäftsfeld Manufacturing Equipment der EDAG vorstellbar. *„Auch wenn hier die Handlungsspielräume aufgrund technischer und budgetärer Vorgaben meist sehr eng sind, ist nicht von der Hand zu weisen, dass das industrielle Design auch in diesem Bereich wichtige Entwicklungs- und Gestaltungsimpulse geben kann und sollte. ‚Ergonomie', ‚Sicherheit am Arbeitsplatz', ‚Schnittstelle Mensch-Maschine', ‚Service-/ Wartungsoptimierungen' etc. sind*

Themen, mit denen sich das konstruktions- und fertigungsnahe industrielle Design schon seit Jahren beschäftigt. Diese Erfahrungen nicht zu nutzen, kann sich heute kaum ein Unternehmen mehr leisten".

3.7   Fallstudie FESTO AG & CO. KG, Esslingen (Pneumatische Antriebssysteme)

3.7.1   Kurzporträt

Die FESTO AG (Marke: FESTO) ist weltweit führender Anbieter von pneumatischer und elektrischer Automatisierungstechnik und Weltmarktführer in der industriellen Aus- und Weiterbildung. Über 30.000 Produkte, kundenspezifische Lösungen, einbaufertige Automatisierungssysteme und umfangreiche Serviceangebote machen FESTO weltweit zu einem überzeugenden Partner – ob in der Fabrikautomatisierung, der Prozessautomation oder bei Beratungs-, Trainings- und Qualifizierungsmaßnahmen. Das unabhängige Familienunternehmen wurde 1925 gegründet und erwirtschaftete 2007 mit rund 12.800 Mitarbeitern in 176 Ländern einen Konzernumsatz von 1,65 Mrd. Euro. Die Marke FESTO steht weltweit für Kompetenz in der Fabrikautomation. Fügen, Drehen, Greifen, Positionieren, Verbinden, Halten, Testen und Kontrollieren von diskreten Gütern: Für diese Automatisierungsaufgaben ist das Portfolio aus Produkten und Services von FESTO geschaffen.

Seit geraumer Zeit engagiert sich FESTO auch erfolgreich in der Prozessautomation. Das Unternehmen offeriert zentrale und dezentrale Automatisierungskonzepte für die Erzeugung, Behandlung, den Transport und die Entsorgung von Gasen, Fluiden, pastösen Stoffen oder Schüttgütern. Ein intelligentes Monitoring und übergreifende Diagnosekonzepte reduzieren Produktionsausfälle und Stillstandszeiten auf ein Minimum. Die Kompetenz, das Wissen und das Engagement seiner Mitarbeiter haben FESTO zu einem erfolgreichen Global Player gemacht. Innovative Technologien und Lösungen, die Qualifikation und Motivation jedes einzelnen Mitarbeiters sowie weitsichtige Aus- und Weiterbildungskonzepte sind Ausdruck dieser Haltung.

3.7.2 Benchmark für eine gelungene Innovations- und Designpolitik

Um Innovationen und wettbewerbsfähige Lösungen in einem dynamischen und globalen Marktumfeld permanent voranzutreiben, sind ein tiefes Kundenwissen und eine ausgeprägte Innovationskultur unabdingbare Erfolgsfaktoren. Mit einem klar definierten „Neuheitenentstehungsprozess" (Innovationsprozess) sichert FESTO seinen Vorsprung im globalen Wettbewerb: vom Wissensmanagement und der Grundlagenforschung an Zukunftstechnologien, wie beispielsweise im Bionic Learning Network, bis zum Erproben und Realisieren neuer Fertigungstechnologien und Produktlösungen.

Übergeordnetes Ziel von FESTO ist es, auf der Grundlage definierter Unternehmens- und Markenwerte, *Neues* zu schaffen und Kundenbedürfnisse besser und wirtschaftlicher als der Wettbewerb zu erfüllen. Deshalb steht die enge Systempartnerschaft mit seinen Kunden im Fokus, die letztlich zum Wettbewerbsvorteil für alle beteiligten Seiten führt. In diesem interdisziplinären Neuheitenentstehungsprozess kommt auch dem Themenfeld „Design" eine wichtige Bedeutung zu. FESTO verfolgt von Beginn an beim Design einen ganzheitlichen Ansatz. Dieser basiert auf dem Anspruch, dass ein integriertes Designmanagement der verbesserten Funktionalität, der Produktprofilierung und -differenzierung gegenüber den Wettbewerbern ebenso dient wie der Stärkung der Markenidentität im globalen Wettbewerb. Seine konsequente Haltung und langjährige Auseinandersetzung mit dem Thema „Design und Markenbildung" haben FESTO zu einem Vorzeigeunternehmen für ein exzellentes Design- und Markenmanagement in der Investitionsgüterindustrie werden lassen.

Wie wichtig ein professionelles Designmanagement als Steuerungsaufgabe für den Aufbau, die Weiterentwicklung und Pflege einer konzernweiten Marken- und Produktidentität ist, konnte die Forschungsgruppe „Industrial Design & Innovationsmanagement" im Verlauf des Forschungsprojekts deutlich nachweisen. Die Entwicklung einer konsistenten Produkt- und Designstrategie ist kein Selbstläufer, sondern das Ergebnis professionell geplanter und aufeinander abgestimmter Aktivitäten. FESTO hat diese Zusammenhänge früh für sich als wesentlichen Beitrag zur Entwicklung einer globalen und unverwechselbaren Unternehmens-, Marken- und Produktidentität erkannt. Nach der Festlegung übergeordneter und verbindlicher Corporate-Design-Inhalte (Logo, Farben, Schriftarten,

Abb. 3.27. FESTO hat 2008 folgende Designpreise erhalten: 4 x iF Product Design Award; 4 x iF Product Design Award China; 9 x red dot design award; 7 Nominierungen für den Designpreis der Bundesrepublik Deutschland; 1 Designpreis Baden-Württemberg Focus Green Award; 1 Busse Longlife Design Award (Quelle: FESTO AG & Co. KG)

Layout und Bildkonzept) wurden klare Product Design Guidelines (konstruktive, ergonomische und formale Prinzipien, Farb-, Material- und Oberflächenkonzepte etc.) erarbeitet und hinsichtlich des Kommunikationsdesigns Aussagen (Printmedien, elektronische Medien, Messe-/Eventkonzepte etc.) getroffen.

Das Corporate Design ist das Fundament der FESTO-Designkompetenz und -Designstrategie, es bildet den Rahmen für das Produktdesign. Als innovativer Anbieter pneumatischer und elektrischer Automatisierungstechnik macht FESTO den Begriff „Design" maßgeblich an der englischen Definition von Design fest, nämlich als Einheit von Konstruktion und Formgebung. Eine Definition, die im industriellen Mittelstand von großer Relevanz ist und die notwendige Verzahnung von Konzeptentwicklung, Vorentwicklung, Industrial Design und Konstruktion pointiert zum Ausdruck bringt. Hinter der Mehrzahl von Produktinnovationen gerade in Industriegütermärkten stecken umfangreiche vernetzte Prozesse und Aktivitäten, die von der Ideenphase über die Konzeptentwicklung bis hin zur Konstruktion und Produktion abgestimmt und gesteuert werden müssen.

Im Hause FESTO wird Produktdesign verstanden als Schnittstelle zwischen Corporate Design und dem Produkt- und Technologiemanagement. Mit dieser übergeordneten Design- und Prozesskoordination gelingt es FESTO nicht nur, eine durchgängige, aufmerk-

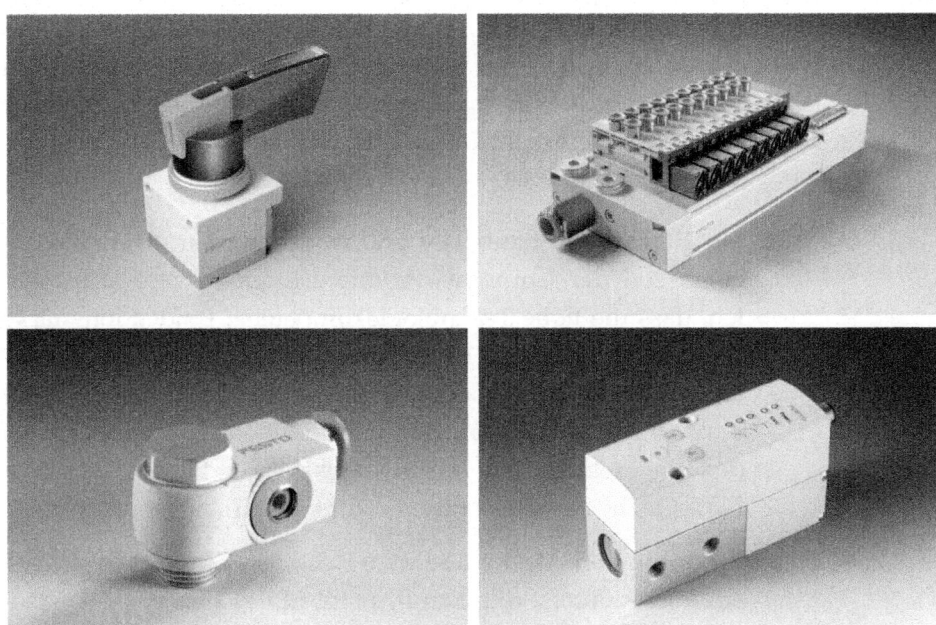

Abb. 3.28. Aktuelle Produkt- und Designlösungen (Quelle: FESTO AG & Co. KG)

samkeitsstarke und prägnante Corporate-Product-Design-Strategie zu realisieren, sondern zugleich auch die vielfältigen Designaufgaben im Innovations- und Produktentwicklungsprozess zu verankern und mit den Disziplinen Entwicklung, Konstruktion, Fertigung und Marketing von Beginn an zu verzahnen. Design nimmt somit einen integralen Bestandteil des Neuheitenentstehungsprozesses ein.

Dies gilt auch bei Voruntersuchungen und anderen frühen Ideen- und Konzeptphasen im Rahmen des Innovationsprozesses. Das Management im Unternehmen möchte so gewährleisten, dass **alle** Neuheiten durch die Designabteilung laufen. Gleichzeitig wird durch diese enge Verzahnung sichergestellt, dass von Beginn an interdisziplinäre Teams an der Konzept- und Produktentwicklung arbeiten und somit der Erkenntnis gerecht werden, dass Innovationen immer häufiger an den Schnittstellen unterschiedlicher Disziplinen entstehen. Der Entwicklungsprozess des Produktdesigns ist im Neuproduktentstehungsprozess genau geregelt. In einem Produkt-/Design-Briefing werden Ziele, Aufgaben, Vorgaben, Umfang, Aufwand und Verantwortlichkeiten für jedes Projekt festgelegt. Die Entwürfe werden an CAD-Workstations in enger Abstimmung mit der Konstruktion und anhand klar definierter Konzept- und Entwurfsphasen erarbeitet. Am Ende des Entstehungsprozesses wird die Designfreigabe für die sich nun anschließende fertigungsnahe Produktrealisierung erteilt. Insgesamt verfolgen die Designverantwortlichen im Hause FESTO zwei wesentliche Ziele:

a) **Qualität veranschaulichen und wahrnehmbar machen:** Zum einen soll der Corporate-Product-Design-Prozess sicherstellen, dass die hohe Technologiekompetenz, Innovationsstärke und innere technische Produktqualität mit der äußeren Qualität des Produktes übereinstimmt. Diese sichtbare Qualität wird durch hohe Qualitätsstandards in der Produktion, bei den eingesetzten Materialien – entscheidend aber durch eine hohe Qualität der Gestaltung – zum Ausdruck gebracht.

b) **Produkt- und Markenidentität schaffen:** Zum anderen soll ein konsistenter Produktauftritt im Markt den Wiedererkennungswert, sprich die Marken- und Produktidentität, stärken. Denn auch bei Investitionsgütern steht die sichtbare Produkt- und Designqualität am Anfang aller Eindrücke.

3.7.3 Von der Markenidentität zur Produktidentität

Design verkörpert eine Haltung – und diese drückt sich im gesamten Unternehmens- und Markenauftritt aus. Ein zentraler Bestandteil der Innovations- und Markenkultur bei FESTO ist die kontinuierliche Forschung hinsichtlich der Zukunftsfragen und -technologien. Wie können zum Beispiel automatisierte Bewegungsabläufe mithilfe der Bionik noch effizienter und produktiver gestaltet werden? Auf diese und andere Zukunftsfragen sucht FESTO mittels des Bionic Learning Network innovative Antworten. Zum Einsatz kommen bei diesen Forschungsprojekten neueste Technologien und Systemlösungen von FESTO im Kontext mechatronischer Antriebssysteme. Der fluidische Muskel von FESTO, längst fester Bestandteil in der Fertigung, zeigt sich als Universalgenie in immer neuen und verblüffenden Anwendungen. Für die komplexen Antriebsformen dienen Phänomene in Luft und Wasser, vor allem aber der Mensch selbst als Quelle der Inspiration.

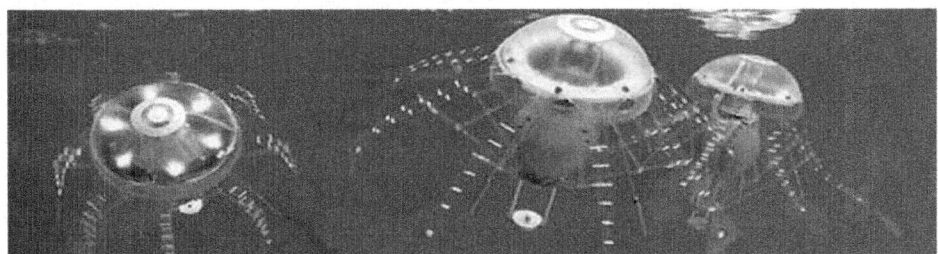

Abb. 3.29. Was hier auf den ersten Blick wie ein beeindruckendes Schauspiel der Natur wirkt, ist in Wahrheit Hightech: Die „Aquajellys" sehen aus wie Leuchtquallen, sind aber Roboter bzw. autonome Systeme, die ihrer Programmierung folgend Aufgaben ohne menschliche Eingriffe erledigen (Quelle: FESTO AG & Co. KG)

Ein großes Medienecho begleitete in den vergangenen Jahren die Projekte des Bionic Learning Network. Es ist zugleich Bestandteil des Engagements von FESTO im Bereich der technischen Aus- und Weiterbildung. In Kooperation mit Studenten, namhaften Hochschulen, Instituten und Entwicklungsfirmen fördert FESTO dabei auch Ideen und Initiativen, die über das Kerngeschäft der Automatisierung und Didactic hinausreichen und vielleicht übermorgen interessante Anwendungsgebiete sein könnten.

Diese Projekte veranschaulichen die Innovationskultur im Hause FESTO und verkörpern eindrucksvoll das übergeordnete Selbstverständnis des Unternehmens FESTO: die Verwirklichung eines sich selbst organisierenden, selbst steuernden und – den Markterfordernissen entsprechend – selbst erneuernden Unternehmens.

FESTO hat in den letzten Jahrzehnten eine einzigartige Marken- und Produktidentität geschaffen, die technologische Kompetenz und Innovationskraft mit hoher Designqualität verbindet. Im Rahmen der Auseinandersetzung mit Zukunftstechnologien und neuartigen Anwendungen wird die Produkt- und Designentwicklung auch zukünftig eine tragende Säule der Markenidentität von FESTO darstellen.

3.8 Fallstudie GILDEMEISTER Aktiengesellschaft, Bielefeld (Werkzeugmaschinen)

3.8.1 Kurzporträt des Unternehmens

GILDEMEISTER ist der weltweit führende Hersteller von spanenden Werkzeugmaschinen. Unter den Marken GILDEMEISTER, DECKEL

MAHO, GRAZIANO, FAMOT lösen Werkzeugmaschinen aus dem GILDEMEISTER-Konzern unterschiedlichste Bearbeitungsaufgaben: Sie fertigen Präzisionsteile für die Automobilindustrie und bearbeiten Handygehäuse in der Telekommunikationsbranche. Sie produzieren Formteile für Skibindungen, bearbeiten Triebwerksteile für die Aerospace-Industrie und fertigen künstliche Hüftgelenke für die Medizintechnik mit höchster Genauigkeit oder lasern Mikrokavitäten für die Elektronikindustrie.

GILDEMEISTER erwirtschaftete im Geschäftsjahr 2007 mit 5.998 Mitarbeitern einen Umsatz von 1,562 Mrd. Euro – ein Rekordwert in der 137-jährigen Firmengeschichte. Das Unternehmen verfügt dabei über das dichteste Vertriebs- und Servicenetz der Branche. 70 konzerneigene Vertriebs- und Servicegesellschaften stehen heute den Kunden in 35 Ländern der Erde zur Verfügung. „Technologies for tomorrow", unter diesem Motto steht bei GILDEMEISTER das Jahr 2008. Diesem Motto folgend will das Unternehmen seine Rolle als „technologischer Trendsetter" durch eine „unvermindert starke Innovationsorientierung" weiter ausbauen (Quelle: Geschäftsbericht 2007). Neue Produktlösungen aus den drei Kernkompetenzfeldern „Drehen", „Fräsen" und „Lasern" werden dabei durch weitere Automatisierungs-, Software- und Servicelösungen für Werkzeugmaschinen ergänzt.

3.8.2   Benchmark für eine gelungene Designpolitik

Im März 2008 stellte die Fachzeitschrift für Automation, A&D, in einem Leitartikel fest: *„Maschinen müssen funktionieren. Gut auszusehen brauchen sie nicht. Diese Meinung ist in Teilen der deutschen Wirtschaft – und damit auch bei den Maschinenbauern – immer noch weit verbreitet. Dass es auch anders geht, beweist GILDEMEISTER mit dem Design seiner neuen Maschinengeneration."*

Tatsächlich eignet sich das Beispiel GILDEMEISTER gleich in mehrerer Hinsicht als Benchmark für eine gelungene Designpolitik im Investitionsgüterkontext: Zum einen hat das Unternehmen mit der Entwicklung einer neuen Generation von Werkzeugmaschinen bewiesen, dass selbst hochtechnische Maschinen gut aussehen können. Wesentliche Gestaltungsmerkmale der neuen Produktsprache sind dabei klare abgerundete Formen sowie edle Oberflächen in mattem

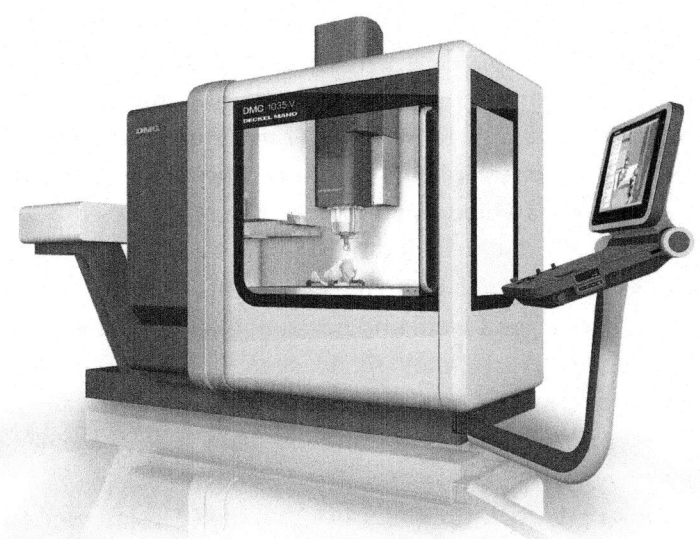

Abb. 3.30. „New Design" von GILDEMEISTER am Beispiel des Universal-Bearbeitungszentrums DMC 1035 V (Quelle: GILDEMEISTER AG)

Weiß und hochglänzendem Schwarz. Sie bestehen aus einem speziell gehärteten Kunststoff, der für die Luft- und Raumfahrt entwickelt wurde, und einer widerstandsfähigen und hochwertigen Velourchrom-Beschichtung. Statt der traditionellen Signalleuchte visualisiert zukünftig eine sogenannte LIGHTline den Betriebszustand der Maschinen mit unterschiedlichen Farben.

Wichtig an diesem von dem österreichischen Designbüro Dominik Schindler Creations in enger Zusammenarbeit mit dem Engineering von GILDEMEISTER entwickelten „New Design" aus markentechnischer Sicht ist, dass es sich dabei nicht einfach nur um ein zeitlich befristetes Facelifting einzelner Maschinen handelt, sondern um ein komplett neues Gesicht, das für die kommenden Jahre prägend sein wird und dem Unternehmen einen einheitlichen und schlagkräftigen Auftritt am Markt erlauben soll. Günter Bachmann, der bei GILDEMEISTER das Vorstandsressort Technologie und Produktion leitet, stellt entsprechend fest: *„Das neue Design der Maschinen wirkt dank seiner überzeugenden Synthese von Funktionalität, Ergonomie und Formensprache als Orientierungspunkt für zukünftige Designentwicklungen"* (A&D, März 2008).

Das Beispiel GILDEMEISTER ist auch insofern eine Benchmark, da es deutlich macht, dass ein markenspezifisches Design trotz aller Notwendigkeit zur Vereinheitlichung bestimmter Grundparameter immer auch genügend Spielraum für Differenzierungen und Spezialisierungen lassen sollte. Trotz der einheitlichen Gestaltung sämtlicher neuer Maschinen sind bei GILDEMEISTER die einzelnen Technologiebereiche daher auch durch eigene Charakterzüge gekennzeichnet. So sind beispielsweise die Geräte aus dem Bereich Drehtechnologie überwiegend weiß und horizontal ausgerichtet. Maschinen aus dem Bereich Frästechnologie dagegen wirken aufgrund der speziellen Farbverteilung und einer gezielten Materialwahl jetzt betont kubisch; Laser- und Ultrasonic-Maschinen folgen einer vertikalen optischen Achse.

Dabei gilt auch für GILDEMEISTER, dass Design weit mehr ist als die äußerliche Gestaltung eines Produkts. *„Es umfasst sämtliche Dimensionen eines Produkts – ergonomische ebenso wie funktionale und ökonomische Aspekte. Schließlich ist Design heute auch im Investitionsgüterbereich ein wichtiger Wettbewerbsfaktor und transportiert das Image eines Unternehmens"*, so der zuständige Designer Dominik Schindler. Als Konsequenz aus diesem umfassenden Designverständnis hat Dominik Schindler in enger Kooperation mit GILDEMEISTER ein Design entwickelt, das sich durch für diese Branche ungewöhnliche Formgebungen, hohe Funktionalität, innovative Materialien und ergonomische Verbesserungen auszeichnet. Dabei stand von Anfang an vor allem der Kundennutzen im Mittelpunkt. Das Ergebnis: Riesige Sicherheitsscheiben – gegenüber den Vorgängerprodukten wurden sie um bis zu 80 % vergrößert – schaffen Überblick und machen den Arbeitsprozess transparent. Die 19"-Monitore und Bedienpanels der neuen Control-Range DMG ERGOline® erinnern eher an moderne Flatscreen-Monitore als an Maschinensteuerungen. Da sie in alle Richtungen dreh- und schwenkbar sind, lassen sie sich ergonomisch auf den Bedarf des Bedieners einstellen. Der althergebrachte Schlüsselkasten für die Wahl der Maschinenbetriebsarten wurde durch ein sogenanntes SMARTkey-System ersetzt. Dieses bietet eine personalisierte Bedienerautorisierung und eine individualisierte Steuerungsvorbereitung. Weitere Details wie optionale Sitzmöglichkeit für den Bediener oder Zeichnungshalter runden das Design ab.

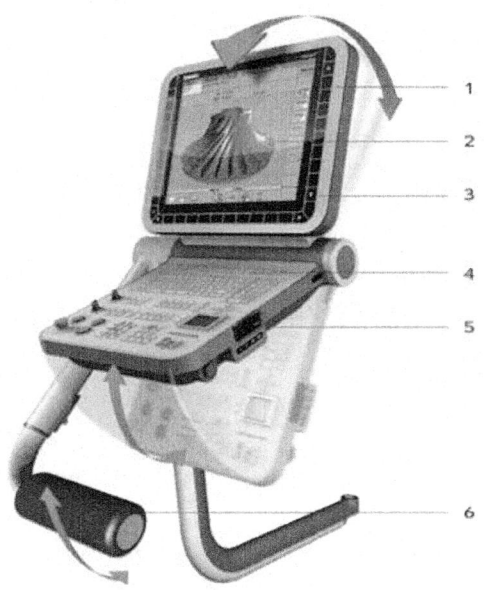

1 **Bildschirmneigung:** Stufenlos einstellbar von 5–30°

2 **Bildschirmoberfläche:** Leicht zu reinigende, ebene Bildschirmoberfläche

3 **DMG SOFTkeys®:** Frei belegbare Direkt-tasten für häufig anzuwählende Bildschirm-inhalte oder Bediensequenzen

4 **Tastaturneigung:** Stufenlos einstellbar von 15–70°

5 **DMG SMARTkey® mit Transponder:** Personalisierte Autorisierung des Bedieners mit entsprechenden Zugriffsrechten auf die Steuerung und die Maschine. Erweiterte Funktionalität durch Transponder-Technologie: individuelle Zuweisung von Bediendaten, Betriebsarten-Wahlschalter, modernes Sicherheitssystem gegen unberechtigtes Benutzen.

6 **Sitz:** Integrierte Sitzmöglichkeit für den Bediener (Option)

Abb. 3.31. Die neuen Control-Panels der Produktlinie DMG ERGOline® – Beispiel für die perfekte Synthese aus Form und Funktion (Quelle: GILDEMEISTER AG)

So ermöglicht die neue Generation der Maschinen ein zentriertes, fehlerfreies Arbeiten sowie eine stärkere Identifikation der Beschäf-tigten mit ihrer Tätigkeit.

Aus Sicht der existierenden und potenziellen neuen Kunden von GILDEMEISTER bringt das New Design somit eine Vielzahl von Vor-teilen mit sich. Neben ergonomischen und optischen Verbesserun-gen sind dazu nicht zuletzt auch wichtige betriebswirtschaftliche Vorteile zu zählen: So erleichtert das neue Design die Wartung, ver-kürzt Umrüst- und Servicezeiten, verhindert Unfälle und hilft so, aktiv Kosten im Fertigungsprozess zu sparen.

Diese Vorteile sind in ihrer Gesamtheit ausschlaggebend dafür, dass ein Investitionsgüterunternehmen wie GILDEMEISTER seine Markt- und Markenposition mittels einer gelungenen Designpolitik nachhaltig stärken kann. Das Produkt und sein Design werden da-bei zum zentralen Botschafter des Unternehmens und sorgen auf diese Weise weit glaubwürdiger als jede Anzeige dafür, dass das Unternehmen genauso wahrgenommen wird, wie es die Marken-führung intendiert.

Abb. 3.32. Kommunikationserfolg dank New Design – das Produkt und seine Gestaltung als wichtige Botschafter des Unternehmens (Quelle: GILDEMEISTER AG)

Das Beispiel GILDEMEISTER belegt auf diese Weise anschaulich, was die Markentheorie schon seit Langem aufzeigt: Ohne eine objektive, am Produkt beweisbare Wertebasis ist auch die beste Markenkommunikation auf Dauer erfolglos. Stimmt jedoch das Produkt und werden die objektiven Produktwerte durch das Design glaubhaft erlebbar, dann hat dies auch einen unmittelbaren Einfluss auf die Wahrnehmung der Marke, und die Kommunikation wird fast zum Selbstläufer.

3.9   Fallstudie HÄFELE GmbH & Co. KG, Nagold (Beschlagtechnik)

3.9.1   Kurzporträt des Unternehmens

Das Unternehmen HÄFELE mit Sitz in Nagold ist einer der führenden internationalen Anbieter für Möbelbeschläge, Baubeschläge sowie für elektronische Zutritts- und Schließsysteme. Das Unternehmen entwickelt und produziert dabei nicht nur Beschläge, sondern hat sich als Partner der Möbelindustrie, des Holz verarbeitenden Handwerks, von Architekten und Planern, Bauherren und Investoren und des Fachhandels von Anfang an auf die Beschaffung und den Vertrieb von bedarfsgerechten Beschlagslösungen konzentriert. *„Die Kunden sollen ihren Beschlägebedarf so bequem wie möglich,* *so umfassend wie möglich, so günstig wie möglich, in der gewünschten Qualität und in verbrauchsgerechten Mengen decken können"* lässt die Unternehmenswebsite www.haefele.com verlauten.

Aufbauend auf dieser Geschäftsphilosophie ist es HÄFELE in den letzten acht Jahrzehnten seit Firmengründung gelungen, eine Vielzahl an für diese Branche neuen Vertriebsformen und innovativen Dienstleistungen zu entwickeln. Hierzu zählt der „DER GROSSE HÄFELE", der ein Gesamtsortiment von über 50.000 Produkten auf mehr als 4.500 Katalogseiten in mehreren, inhaltlich untergliederten Katalogen umfassend und detailliert darstellt und durch Spezialkataloge, wie zum Beispiel den COMPACT, mit Artikeln des täglichen Bedarfs ergänzt wird. Mit dem Internetservice EASY LINK können Kunden rund um die Uhr online recherchieren, Preise abfragen und bestellen. Mit den online verfügbaren TEC SERVICES erhalten die Kunden technische Hilfe beim Planen und Konstruieren. Weitere Unterstützung liefert HÄFELE seinen Kunden über Planungsleitfäden zur Beratung von Endkunden zu modernen Einrichtungsthemen, wie zum Beispiel Küche und Stauraum. Besonders hervorzuheben ist jedoch das Showroom-Konzept von HÄFELE, mit dem das Unternehmen weltweit für Furore gesorgt hat (siehe hierzu ausführlicher die Erläuterungen unter Punkt 3.9.3 dieser Fallstudie).

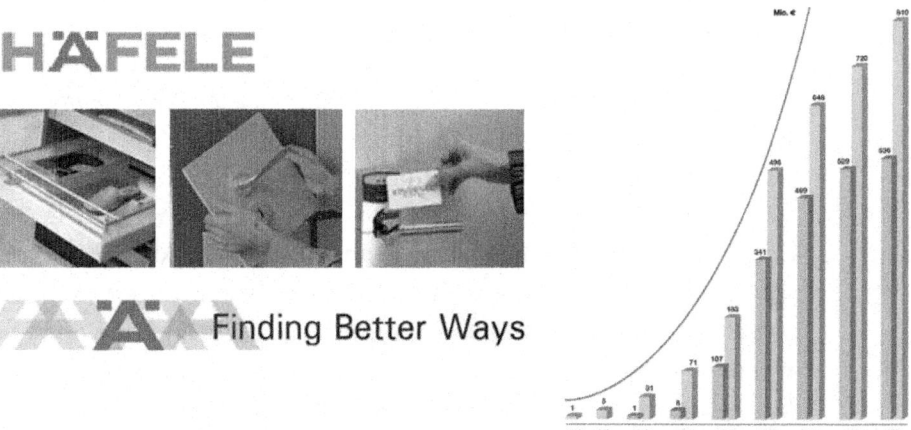

Abb. 3.33. Wachstum aus eigener Kraft – die Entwicklung des Unternehmens HÄFELE von 1950 bis heute (Quelle: HÄFELE GmbH & Co KG)

Mit über 4.000 Mitarbeitern und 42 Vertriebsniederlassungen in aller Welt erwirtschaftet das Unternehmen heute einen Umsatz von über 810 Mio. Euro (2007, Vorjahr 720 Mio. Euro). Auch wenn das Unternehmen somit größentechnisch eindeutig nicht mehr zu den klassischen KMUs gehört, weist das Unternehmen in seiner Führungsstruktur doch mittelständische Züge auf. So wird die HÄFELE-Unternehmensgruppe inzwischen von Familienmitgliedern der dritten Generation geleitet. Die Rechtsform GmbH & Co. KG ist ein weiteres typisches Merkmal für eine deutsche Gesellschaft in Familienbesitz.

3.9.2   Marke und Innovation bei HÄFELE

Seinen Kunden für die immer weiter steigenden Ansprüche und Bedürfnisse die entsprechende Beschlagtechnik zur Verfügung zu stellen und neue Sortimente zu gestalten, dieses Kernversprechen steht im Mittelpunkt der Markenphilosophie von HÄFELE. Dabei ist das Unternehmen bestrebt, ständig neue Wege zu beschreiten, um seinen Kunden ein optimiertes Angebot bieten zu können. Der Slogan „Finding better ways" (auf Deutsch „Auf neuen Wegen") illustriert seit 2005 das Selbstverständnis der Marke. Im Fokus der Innovationspolitik von HÄFELE steht dabei, wie individuelle Wünsche hinsichtlich der Funktionalität von Gebäuden, Räumen, Einrichtungen und Möbel erfüllt werden können. *„Dieses Thema geht nicht nur HÄFELE an, sondern die ganze Branche. Die Beschlagtechnik hat sich in den letzten Jahren immer mehr zum Innovationsmotor der gesamten Möbelbranche entwickelt"*, so die Unternehmensleiterin Sibylle Thierer auf der INTERZUM 2007.

Diesem Verständnis entsprechend hat das Unternehmen in den letzten Jahrzehnten eine Vielzahl von neuen Produktinnovationen, wie zum Beispiel das elektronische Schließsystem „DIALOCK", entwickelt und auf den Markt gebracht. Doch nicht nur bei der Entwicklung eigener Produktinnovationen, sondern auch bei der bedarfsgerechten Zusammenstellung innovativer Sortiments- und Angebotslösungen für verschiedenste Kundengruppen (Hersteller, Architekten, Schreiner, Objekteinrichter etc.) verfolgt HÄFELE innovative Wege. So zeigt das Unternehmen seit geraumer Zeit unter dem Gütesiegel „Häfele Functionality" Ideen für beschlagtechnische Innovationen in den Bereichen Möbel, Stauraumsysteme, Beleuchtungslösungen etc., die sowohl Herstellern als auch dem Handwerk einen deutlichen Mehrwert bieten, indem sie den Endkunden in den Fokus stellen.

3.9.3 Design meets Functionality: Funktionalität als wichtiges Verkaufsargument

Das Thema „Design" ist für das Unternehmen Häfele gleich in verschiedener Hinsicht relevant. Zum einen lassen sich in den Branchen, in denen Häfele präsent ist (wie zum Beispiel der Möbelindustrie), Innovationen ohne adäquate Designlösungen kaum denken. Mehr noch: Häufig ist es erst der Beschlag, der die Realisierung neuer ästhetischer Lösungen und damit auch Funktionalitäten ermöglicht. *„Ohne Beschläge wären die schönsten Möbel nicht mehr als ein Haufen Bretter. Was wir unseren Geschäftspartnern und ihren Kunden bieten, nennen wir deshalb Häfele Functionality. Sie ist die Voraussetzung für komfortable und variabel gestaltete Möbel"*, so Sibylle Thierer auf der Interzum 2007. Altersgerechtes Wohnen, Küchen, die sich jeder Wohnsituation anpassen, flexible Hotelzimmer, moderne Schlaf-/Wohn-/Badezimmer, all die damit verbundenen innovativen Wohn-, Bau- und Möbellösungen lassen sich erst durch innovative Beschlagtechnik realisieren.

Aufbauend auf dieser Erkenntnis arbeitet das Unternehmen bei der Entwicklung neuer Funktionalitätsvisionen wie auch bei der Zusammenstellung und Präsentation neuer Produktsortimente seit Jahren eng mit Designern zusammen. Auf Messen, insbesondere jedoch auch in seinen weltweiten Schauräumen, präsentiert das Unternehmen die Funktionalität seiner Produktlösungen dabei nicht nur an speziellen Funktionsmodulen, sondern darüber hinaus immer auch am kompletten Möbel. So wird deutlich, dass die technischen Lösungen, die Häfele anbietet, letztendlich vor allem eines sind: Enabler für hochfunktionelle wie gleichermaßen hochästhetische Bau- und Wohnlösungen, die schließlich genau das sind, was die Endkunden wollen und was somit den zwischengeschalteten Institutionen (Hersteller, Bauträger, Objektentwickler,

Architekten, Handwerker etc.) eine entsprechende Wertschöpfung sichert.

Was das Fallbeispiel HÄFELE aus Sicht der Forschungsgruppe als Benchmark für eine gelungene „Markenbildung durch Industrial Design" besonders bemerkenswert macht, ist jedoch vor allem das Showroom-Konzept von HÄFELE und die Bedeutung, die dem Thema „Design" in diesem Kontext zukommt. HÄFELE hat früh erkannt, dass sich die Qualität, Funktionalität, aber auch Variabilität der vom Unternehmen angebotenen Produkte durch den Katalog und das Internet nur schwer transportieren lassen. Um das eigene Produktsortiment „anfassbar" zu machen, vor allem aber um verschiedensten Kundengruppen die Vorteile der Produkte im konkreten Anwendungskontext zeigen zu können und somit ihre Wertigkeit zu unterstreichen, hat HÄFELE an vielen Standorten weltweit Schauräume und Designzentren eingerichtet. Neben der reinen Produktpräsentation werden in diesen Zentren Produktschulungen sowie umfangreiche Beratungs- und Serviceleistungen für gewerbliche Kunden angeboten. Für den industriellen Bereich eher ungewöhnlich nutzt HÄFELE somit das Instrument der designtechnischen Produktpräsentation gezielt zur Steigerung des eigenen Verkaufserfolgs. Zwar werden über die Designzentren in der Regel keine konkreten Bestellgeschäfte abgewickelt. Sie haben sich aber als ein wesentliches verkaufsunterstützendes Instrument für HÄFELE erwiesen.

Weltweit verfügt das Unternehmen inzwischen über eine Vielzahl solcher Schauräume bzw. „Design Center". Der Erfolg dieser Designzentren wird nicht nur durch verschiedene Preise unterstrichen, die HÄFELE inzwischen für sein Showroom-Konzept gewonnen hat (beispielsweise wurde HÄFELEs innovativer Showroom am Madison Square Park in New York vom amerikanischen Institute of Store Planners (ISP) als „Manufacturer's Showroom of the Year" ausgezeichnet). Die Bedeutung, die das Showroom-Konzept für HÄFELE besitzt, lässt sich vor allem auch an „Emerging Markets" wie zum Beispiel China, Indien oder auch Vietnam erkennen, in denen HÄFELE dieses Instrument von Anfang an konsequent eingesetzt hat.

Abb. 3. 34. Die Designzentren von HÄFELE – Design als wichtiges Verkaufsargument in neuen Märkten (Quelle: HÄFELE GmbH & Co KG)

Mitglieder der Forschungsgruppe „Industrial Design & Innovationsmanagement" haben dies im November 2007 im Rahmen einer vom Bundesministerium für Bildung und Forschung (BMBF) geförderten Sondierungs- und Anbahnungsreise feststellen können, bei der sie u.a. das Designzentrum von HÄFELE in Mumbai (Indien) besucht haben. Die beiden HÄFELE-Manager, Dorai Rajan (Leiter Kitchen Division) und Vibhuti Patki (Marketing Manager), haben bei dieser Gelegenheit mehrfach die Wichtigkeit des Designzentrums für den Erfolg von HÄFELE in Indien hervorgehoben. Ihrer Aussage nach hat sich das Einkaufsverhalten im indischen Baugewerbe und der Möbelindustrie in den letzten zehn Jahren deutlich verschoben. Demnach achten indische Entscheidungsträger in diesem Bereich mehr und mehr auf Qualität. Dennoch sei es wichtig, die Player in diesem Markt (Objektentwickler, Planer, Architekten, Hersteller, Händler, Handwerker) für die Bedeutung eines entsprechenden Produkt-, Funktionalitäts- und Markenbewusstseins zu sensibilisieren. Hierbei komme den Designzentren von HÄFELE eine entscheidende Rolle zu. *„Deutsche Qualität lässt sich in unserem Markt am besten verkaufen, wenn man konkret am Produkt zeigen kann, welche Vorteile sie bietet"*, so Dorai Rajan im Rahmen des Besuches. *„Gerade in Abgrenzung zu*

Billigimporten aus China ist es wichtig, die eigene Kompetenzführerschaft im Bereich Funktionalität und Innovativität zu unterstreichen", ergänzt Vibhuti Patki. Dafür müsse man jedoch vor Ort visuell „Präsenz" zeigen, was sich am konkreten Verkaufspunkt nur schwer realisieren lässt. Neben den vier bereits existierenden Designzentren Bangalore, Mumbai, Hyderabad und Neu Delhi plant HÄFELE daher aktuell die Eröffnung von zwei weiteren Designzentren in Indien bis Ende 2009.

Das Beispiel HÄFELE unterstreicht, was sich im Rahmen dieses Forschungsprojekts bereits häufiger gezeigt hat: Um die Qualität der eigenen Leistungen deutlich zu machen, stellt das Design und die Präsentation dieses Designs gegenüber den Kunden ein wichtiges Hilfsinstrument dar, gerade dann, wenn man sich dabei gegenüber einer immer stärker werdenden globalen Konkurrenz behaupten muss. Anders formuliert: *„German engineering needs design competence to successfully strengthen and defend its leading position on world markets."*

3.10 Fallstudie HEIDELBERGER DRUCKMASCHINEN AG, Heidelberg (Druckmaschinenindustrie)

3.10.1 Kurzporträt des Unternehmens

Die HEIDELBERGER DRUCKMASCHINEN AG (Marke: HEIDELBERG) ist mit über 40 % Marktanteil im Bogenoffsetdruck der international führende Lösungsanbieter für gewerbliche und industrielle Anwender in der Printmedienindustrie. Mit Hauptsitz in Heidelberg, Deutschland, konzentriert sich der Konzern auf die gesamte Wertschöpfungskette der gängigen Formatklassen im Bereich Bogenoffsetdruck (Sheetfed) und Flexodruck. Neben Bogenoffsetdruckmaschinen umfasst dies die Druckvorstufe, Druckweiterverarbeitung sowie die dazugehörenden Workflowkomponenten.

HEIDELBERG stützt sein Geschäft auf die Märkte der wichtigsten OECD-Industrieregionen und verstärkt sein Engagement zusätzlich in Wachstumsmärkten wie Asien und Osteuropa. Mit Entwicklungs- und Produktionsstandorten in sechs Ländern sowie rund 250 Vertriebsniederlassungen bietet HEIDELBERG über 200.000 Kunden weltweit Produkte und Dienstleistungen an. Das Unternehmen generiert seinen Umsatz zu 85 % durch eigene Vertriebsgesellschaften und erzielt weit über 85 % seines Umsatzes im Ausland. Im Geschäftsjahr

2007/2008 erreichte HEIDELBERG einen Umsatz von 3,670 Mrd. Euro bezogen auf die Sparten Press, Postpress und Financial Services sowie einen Jahresüberschuss von 268 Mio. Euro. 2007 beschäftigte die HEIDELBERG-Gruppe weltweit 19.596 Mitarbeiter.

Die Anfänge der HEIDELBERGER DRUCKMASCHINEN AG sind insbesondere mit einem Namen verbunden: Andreas Hamm. Der gelernte Glockengießer gründet 1850 im pfälzischen Frankenthal eine Fabrik, die neben Glocken auch Guss- und Schmiedeteile, Mühlwerke und Dampfmaschinen herstellt. Zusammen mit dem Maschinenbauer Andreas Albert beschließt Hamm wenige Jahre später, Schnellpressen und „sonstige in Buchdruckereien verwendbare Maschinen" ins Programm zu nehmen. Ende des 19. Jahrhunderts siedelt die Firma nach Heidelberg um und firmiert in den folgenden Jahren unter dem Namen Schnellpressenfabrik AG Heidelberg. Schon früh hatte das Unternehmen von Andreas Hamm und Andreas Albert einen hervorragenden Namen in der Branche. Die Frankenthaler Zeitung schwärmte 1864: „Dieses Geschäft hat sich einen Ruf erworben, der sich weit über Deutschland hinaus erstreckt."

1914 macht die Schnellpressenfabrik auf der internationalen Ausstellung für Buchgewerbe und Graphik (Bugra) auf sich aufmerksam. Das Unternehmen präsentiert dort die Tiegeldruckmaschine, die erstmals die kostengünstige Massenproduktion einer Vielzahl von Kleinformaten möglich macht. 1926 beginnt HEIDELBERG als erster deutscher Hersteller mit der Serienproduktion einer Maschine: „Original Heidelberger Tiegel". Die Tiegelmaschine wird zum erfolgreichsten HEIDELBERG-Produkt ihrer Zeit und galt als Revolution in Sachen Wirtschaftlichkeit für die Druckbranche. Sie ließ die herkömmlichen Maschinen weit hinter sich, bei denen die Bogen noch von Hand an- und abgelegt werden mussten. Der neue, ab 1926 in Serienproduktion gehende Heidelberger Tiegel schaffte bereits 3.000 Bogen – und löste einen weltweiten Boom für HEIDELBERG aus.

Ein weiterer wichtiger Meilenstein in der Geschichte der HEIDELBERGER DRUCKMASCHINEN AG kann mit der Eröffnung des Standorts Wiesloch-Walldorf im Jahre 1957 datiert werden. Im damaligen Stammwerk in Heidelberg war es zu eng geworden, um Druckmaschinen in größeren Dimensionen zu fertigen. Heute ist das Werk Wiesloch-Walldorf mit rund 6.500 Mitarbeitern und einem Areal von 860.000 Quadratmetern die größte und modernste Druckma-

Abb. 3.35. Der berühmte Heidelberger Tiegel von 1926 (Quelle: HEIDELBERGER DRUCKMASCHINEN AG)

schinenfabrik der Welt. In Wiesloch-Walldorf werden sämtliche Heidelberger Bogenoffsetdruckmaschinen für die Drucker der Welt montiert. Seit Produktionsstart wurden in Wiesloch-Walldorf mehr als 400.000 Druckwerke gebaut.

Die HEIDELBERGER DRUCKMASCHINEN AG zeichnet sich heute durch drei klar definierte Unternehmenssparten aus:

1. Bogenoffset

Entwicklung und Verkauf von Bogenoffsetmaschinen sind das Stammgeschäft der HEIDELBERGER DRUCKMASCHINEN AG. In diesem Segment der Printmedienindustrie ist der Konzern Weltmarktführer. Das Unternehmen bietet im Bereich Bogenoffset zwei Produktfamilien an: SM und XL. Die Speedmaster-Familie ist speziell auf die Bedürfnisse kleiner und mittlerer Druckereien ausgerichtet, die im mehrfarbigen Offsetdruck wachsen wollen. Sie bietet hohe Automatisierung und Produktivität insbesondere für industriell arbeitende Betriebe. Des Weiteren können die Maschinen nach ihren Anforderungen und für vielfältige Spezialanwendungen ausgestattet werden.

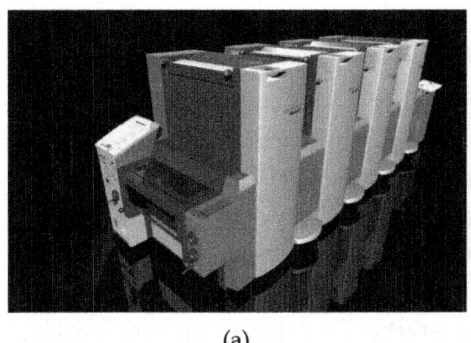 

(a)   (b)

Abb. 3.36. (a) SM 52: Neues Design, verbesserte Ergonomie, erhöhter Bedienkomfort bei sicherem Maschinenlauf; kurze Rüstzeiten, Zusatzmodule für erhöhte Produktivität und Vielseitigkeit; (b) XL 75: Anerkennung zum Bundespreis für Design 2005; Ziel des Designkonzepts: mehr Dynamik und Prägnanz durch integrierte Funktionselemente und konisch zulaufende Seitenelemente (Quelle: HEIDELBERGER DRUCKMASCHINEN AG)

2. Postpress

Die Qualität im Postpress-Bereich entscheidet maßgeblich über die Wertigkeit des Endprodukts, denn erst in der Weiterverarbeitung nimmt das Druckprodukt endgültige Gestalt und Qualität an. Vom Schneiden, Falzen, Stanzen, Binden bis hin zum Versand: Die HEIDELBERGER DRUCKMASCHINEN AG versteht sich als ganzheitlicher Partner rund um das Druckgeschäft.

3. Financial Services

Im Zuge ihrer internationalen Ausrichtung in Wachstumsmärkte erweist sich die jüngste Sparte „Absatzfinanzierung" immer öfter als Wettbewerbsvorteil: Wachstumsstarke Schwellenländer verfügen häufig nicht oder nur bedingt über eine ausreichende Mittelstandsfinanzierung; in etlichen Industrienationen haben neue Rahmenbedingungen – wie etwa Basel II – in den zurückliegenden Jahren zu einer restriktiveren Finanzierungspolitik der Banken geführt.

3.10.2 Innovationen für das 21. Jahrhundert

Die Marke HEIDELBERG steht von Beginn an für ständige Innovation im Offsetdruck. Integration, Automatisierung und Globalisierung sind die großen Herausforderungen des 21. Jahrhunderts. HEIDEL-

BERG ist Lösungspartner und Komplettanbieter zugleich. In den Industrieländern ist die Dynamik innerhalb der Printmedienindustrie hoch: Die Anforderungen der Endkunden steigen, Auflagen sinken, Lieferzeiten werden kürzer, eine stärkere Individualisierung der Produkte und höhere Servicebereitschaft werden gefordert. So entwickelte HEIDELBERG in den letzten Jahren eine Vielzahl von Produktinnovationen, die Druckereien einen deutlichen Produktivitätssprung ermöglichen. International hat sich das Unternehmen damit eine unangefochtene Position erarbeitet. Hierbei stehen die Kundenanforderungen und Wünsche im Mittelpunkt der Innovationsstrategie. „Weltweit wollen wir der bevorzugte Partner für Bogenoffsetdruckereien verschiedenster Größe und strategischer Ausrichtung sein und diesen aus einer Hand alles bieten, was sie benötigen, um am Markt nachhaltig erfolgreich zu sein. Hierbei bieten wir unseren Kunden sowohl Produktions- als auch Investitionssicherheit auf höchstem Niveau und unterstützen so ihren Geschäftserfolg", so Dr. Jürgen Rautert, Vertriebsvorstand der HEIDELBERGER DRUCKMASCHINEN AG. Die in Abb. 3.37 aufgeführten Beispiele stehen stellvertretend für eine Vielzahl von Produktinnovationen in den vergangenen Jahren.

Getragen wird die Innovationsstärke und Erfolgsgeschichte von HEIDELBERG durch eine über Jahrzehnte aufgebaute internationale Unternehmenskultur. „Früher hat man viel vom Heidelberger Geist gesprochen – das war ein spezielles lokales Zusammengehörigkeitsgefühl. Heute gibt es eine übergreifende Unternehmenskultur. Denn heute ist

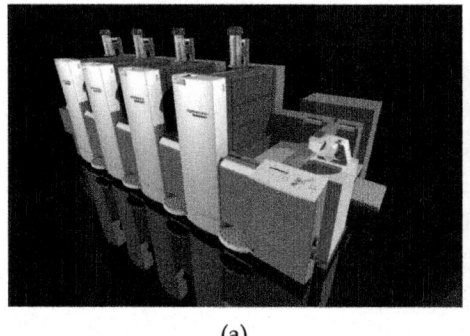
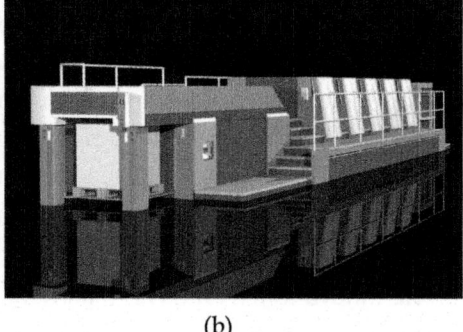

(a)   (b)

Abb. 3.37. (a) Die neue Farbwerkstechnologie der Speedmaster 52 Anicolor; (b) Die Speedmaster XL 105; zur Drupa 2008 entwickelte HEIDELBERG diese Maschine zur Speedmaster XL 75 weiter (Quelle: HEIDELBERGER DRUCKMASCHINEN AG)

HEIDELBERG ein internationales Unternehmen. Wir sind auf der ganzen Welt vertreten und teilen eine gemeinsame Grundeinstellung: die Druckbranche mit einzigartigem Know-how und hervorragender Technologie kontinuierlich voranzutreiben", so Bernhard Schreier, Vorstandsvorsitzender der HEIDELBERGER DRUCKMASCHINEN AG.

3.10.3 Klarheit in Form und Funktion – Erfolgsfaktor Design der Marke HEIDELBERG

HEIDELBERG hat sich von einem reinen Maschinenlieferanten zum Lösungsanbieter gewandelt und manifestiert dies seit dem Jahr 2000 mit einem neuen, innovativen Corporate-Produktdesign. *„Das Produktdesign muss Technologie und Qualität unserer Maschinen sichtbar machen"*, erklärt Dr. Jürgen Rautert, Vertriebsvorstand der HEIDELBERGER DRUCKMASCHINEN AG. *„Unsere Kunden sind Medienunternehmen, die sich täglich selbst mit Design auseinandersetzen und die an ein Investitionsgut hohe Ansprüche stellen. Schließlich kommen deren Kunden zur Druckabnahme an die Maschine. Dabei unterstützt eine hochwertige Anmutung der Produktionsmittel auch das Qualitätsimage unserer Kunden"*, so Rautert weiter.

HEIDELBERG versteht sich als Lösungsanbieter für die gesamte Printmedienindustrie. Darauf ist auch die Industrial-Design-Strategie abgestimmt. *„Unsere Aufgabe ist es, die Technologie, die in einer Maschine steckt, nach außen zu vermitteln"*, sagt Eckhard Köbler, Leiter Industrial Design bei HEIDELBERG. Seine Abteilung betreut mit neun

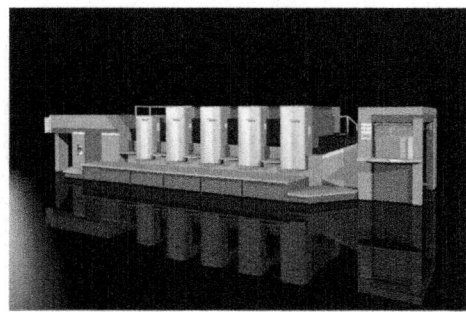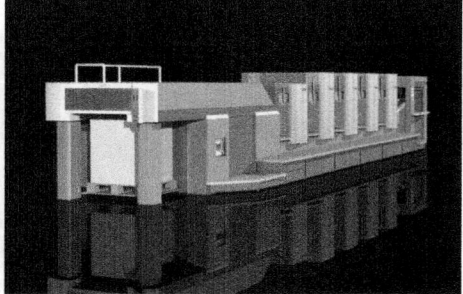

Abb. 3.38. Die Speedmaster CD 102 1 und Speedmaster 102 2 verkörpern das neue, in den folgenden Jahren sehr erfolgreiche Designkonzept der HEIDELBERGER DRUCKMASCHINEN AG (Quelle: HEIDELBERGER DRUCKMASCHINEN AG)

Mitarbeitern die Produkte von der Idee bis zur Serienfertigung – dies über den kompletten Workflow von Prepress über Press bis hin zu Postpress. Dazu gehört eine einheitliche Bedienerführung, die bei allen Maschinen über ein Touchscreen Display erfolgt. Der Bediener wird einmal eingewiesen und kann sich an allen Maschinen zurechtfinden; ganz nach dem Motto „Learn once – use many".

Die Wirkung des Corporate-Produktdesign ist modern und innovativ und unterstützt die Marken- und Produktwerte HEIDELBERG's wie Qualität, Präzision, Stabilität und Vertrauen. Wesentliches Merkmal des Designs ist die Farb- und Formgebung. Klare, geometrische Formen als Designkonstante sorgen für eine hohe Wiedererkennbarkeit. Für das Logo an den Maschinen wird durchgängig das HEIDELBERG-Blau verwendet. Mit dem Farbton Metallicsilber wird der Schwerpunkt auf die Kernfunktion gesetzt, beispielsweise bei der Druckmaschine das Druckwerk, bei den Falzmaschinen das Falzmodul und bei der Stanzmaschine die Stanzeinheit. Rundungen auf den Schutzen und an den Bedienpanels sind Stilelemente, die Emotionalität erzeugen sollen. *„Das Design einer Maschine soll den Besitzerstolz des Käufers ansprechen und auch den Wiederverkaufswert steigern"*, erklärt Köbler. Mit klaren Formen und hellen Farben wird auch die Arbeitsmotivation erhöht. Beispielsweise arbeitet ein Drucker eine Schicht lang am Ausleger einer Druckmaschine. Diese ist hell und freundlich gestaltet, da hier der fertige Bogen entsteht und damit ein Teil der Wertschöpfungskette.

HEIDELBERG hat eine eigene Industrial-Designabteilung und legt Wert darauf, dass das Erscheinungsbild der Produkte zu allen an-

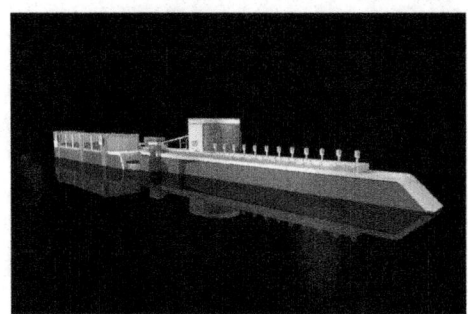 

(a)   (b)

Abb. 3.39. a) EB 4000; b) EB 4000 – ET 4000 (Quelle: HEIDELBERGER DRUCKMASCHINEN AG)

deren Elementen der Corporate Product Identity passt. Im gesamten Designprozess – von der ersten Skizze über die Fertigung eines Modells im Maßstab 1:1 bis hin zur Serienreife der Maschinen – arbeiten die Bereiche Marketing, Entwicklung und Design eng zusammen. Denn das HEIDELBERG-Management ist davon überzeugt, dass auch im Investitionsgüterbereich der Faktor Design wesentlich zur endgültigen Kaufentscheidung beiträgt. *„Wir sehen das Design als wichtigen Bestandteil in unserem Gesamtkonzept: also eingebunden in Corporate Identity, Corporate Design und natürlich Corporate Behaviour"*, betont Adriana Nuneva, Leiterin Global Marketing bei HEIDELBERG.

Für ihre vorbildliche, konstante und erfolgreiche Entwicklungsarbeit haben die Heidelberger Produktdesigner und -entwickler seit 1990 mehr als vierzig nationale und internationale Designauszeichnungen erhalten. Die nachfolgenden ausgewählten Produktbeispiele stehen stellvertretend für die hohe und professionelle Designkompetenz der Marke HEIDELBERG.

Topsetter: Das Design der Produkte wurde dem von HEIDELBERG angepasst und von HEIDELBERG gestaltet. Die Firma Solema

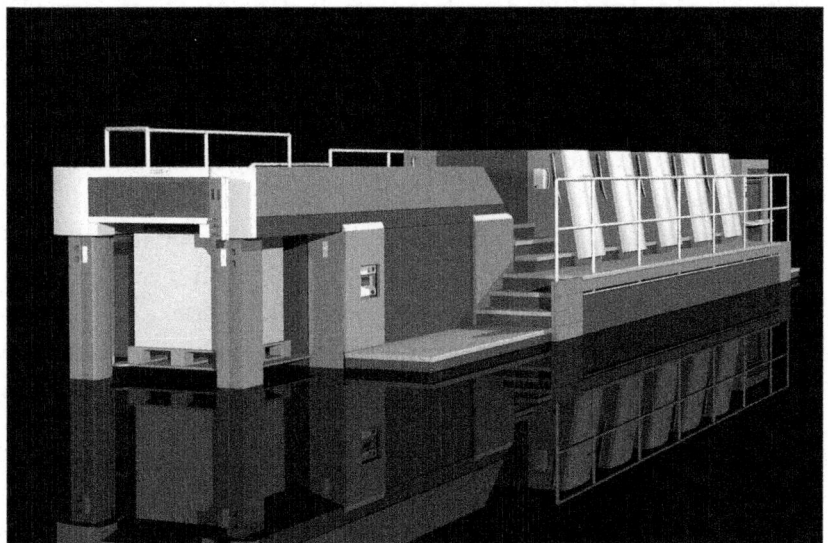

Abb. 3.40. Die Bogenoffsetdruckmaschine Speedmaster XL 105 wurde 2005 mit dem Designpreis in Silber der Bundesrepublik Deutschland ausgezeichnet (Quelle: HEIDELBERGER DRUCKMASCHINEN AG)

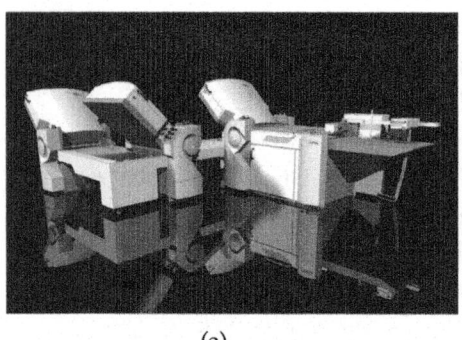

(a)   (b)

Abb. 3.41. (a) Die neue Falzmaschinengeneration KH/TH erhielt 2004 den „best of the best"-Award für höchste Designqualität; (b) Mit der Speedmaster CD 102 in neuem Maschinendesign stellt HEIDELBERG erneut seine Technologiekompetenz unter Beweis. Dieses Produkt wurde 2004 mit dem red dot award 2004 für herausragendes Investitionsgüterdesign ausgezeichnet (Quelle: HEIDELBERGER DRUCKMASCHINEN AG)

vertreibt nun ihren Kühlturm im HEIDELBERG-Design und in Solema-Farbgebung.

Die Speedmaster XL 105 ist eine komplett neu entwickelte Bogenoffsetdruckmaschine, die erstmals auf der drupa 2004 in Düsseldorf vorgestellt wurde. Sie erhielt 2004 den Good Design Award in Amerika und den G-Mark in Japan sowie den amerikanischen I.D. Award und den deutschen iF-Award. Kunden sind industrialisierte Druckereien im Akzidenz- oder Verpackungsbereich, die bei hoher Auslastung der Maschine deren Geschwindigkeit, den hohen Automatisierungsgrad und die effiziente Bedienung in erhebliche wirtschaftliche Vorteile umsetzen können.

Bei den red dot awards 2004 kürte die internationale Jury des Design Zentrums Nordrhein Westfalen in Essen gleich vier Maschinen der HEIDELBERGER DRUCKMASCHINEN AG (HEIDELBERG) mit der begehrten Auszeichnung für herausragendes Produktdesign. Die neue Falzmaschinengeneration Stahlfolder KH/TH erhielt darüber hinaus den „best of the best"-Award für höchste Designqualität; red dot awards gingen u.a. an die Bogendruckmaschine Speedmaster 102.

Gestaltung der Benutzeroberfläche als Teil der Industrial-Design-Strategie: Im Zuge der Gestaltung anspruchsvoller Maschinen kommt der Gestaltung der Benutzeroberfläche bzw. der Gestaltung der Schnittstelle „Mensch-Maschine" eine überaus wichtige Erfolgsdimension zu. HEIDELBERG hat früh diese wichtige Schnittstelle erkannt und als integralen Bestandteil seines ganzheitlichen Industrial-Design-Verständnisses definiert. Die Basis der Benutzeroberfläche ist eine einheitliche Symbolsprache, die durchgängig an allen HEIDELBERG-Produkten angewendet wird. So findet man für die gleiche Funktion an einem mechanischen Hebel, an einem Bedienfeld oder Touchscreen das gleiche Symbol wieder – und das über alle Maschinentypen hinweg. Diese Idee der Vereinfachung zieht sich durch die Struktur der Bedienoberflächen bei Jogwheel, Touchscreen oder Wallscreen. Schnelles Navigieren und fehlerfreies Auslösen ist für die Maschinenbediener von höchster Priorität, da bei einem fortlaufenden Produktionsprozess, Bogen für Bogen, eine verzögerte Korrektur von nur einer Sekunde einen sofortigen Verlust von fünf Euro an Materialkosten bedeutet.

Prinect ist ein Workflowsystem, das aufgrund seiner Bedienerfreundlichkeit vor allem in kleinen und mittleren Druckereien den Einstieg in die Prozessintegration erleichtert. Das User Interface Design des Prinect-Systems zeichnet sich dadurch aus, dass es sowohl eine ergonomische Bedienung der Workflowapplikationen mit

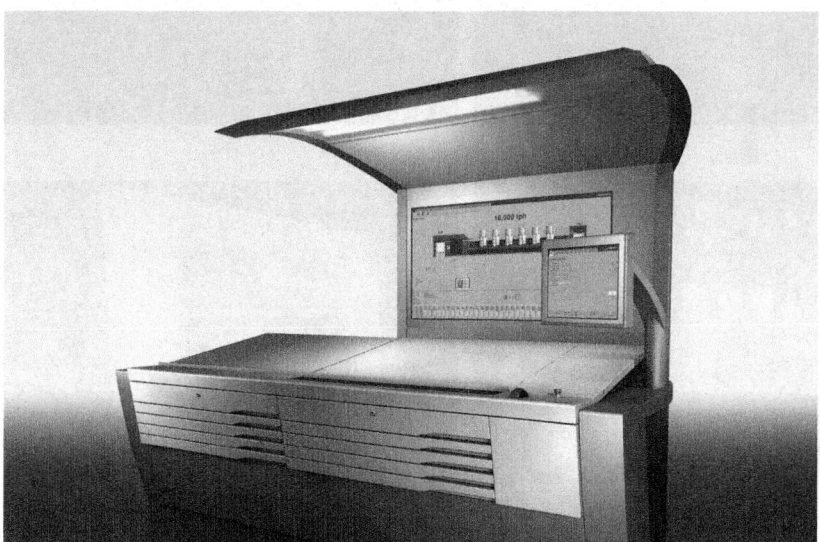

Abb. 3.42. Die Menüführung von Prinect mittels Woolscreen erleichtert dem Bediener das Arbeiten mit dem integrierten Workflowsystem (Quelle: HEIDELBERGER DRUCKMASCHINEN AG)

Tastatur und Maus als auch über ein Touchscreen-Display an den Maschinen erlaubt. *„Die durchgängige Menüführung an den im Workflow integrierten Stationen ist für den Bediener leicht erlernbar. Die daraus resultierende Bediensicherheit wirkt sich positiv auf die Produktivität der Kunden aus"*, so Jörg Bauer, Vice President Product Management Prinect.

Die aktuellen Lösungen der HEIDELBERGER DRUCKMASCHINEN AG für das Großformat – die Plattenbelichter Suprasetter 145/162/190 sowie die Druckmaschinen Speedmaster XL 145 und Speedmaster XL 162 – sind beim renommierten internationalen Designwettbewerb „red dot design award: product design 2008" mit dem Qualitätssiegel „red dot" für hohe Designqualität ausgezeichnet worden. Die Bewertung der zum red dot design award eingereichten Produkte erfolgt durch eine international besetzte Jury von Designexperten. Sie begut-

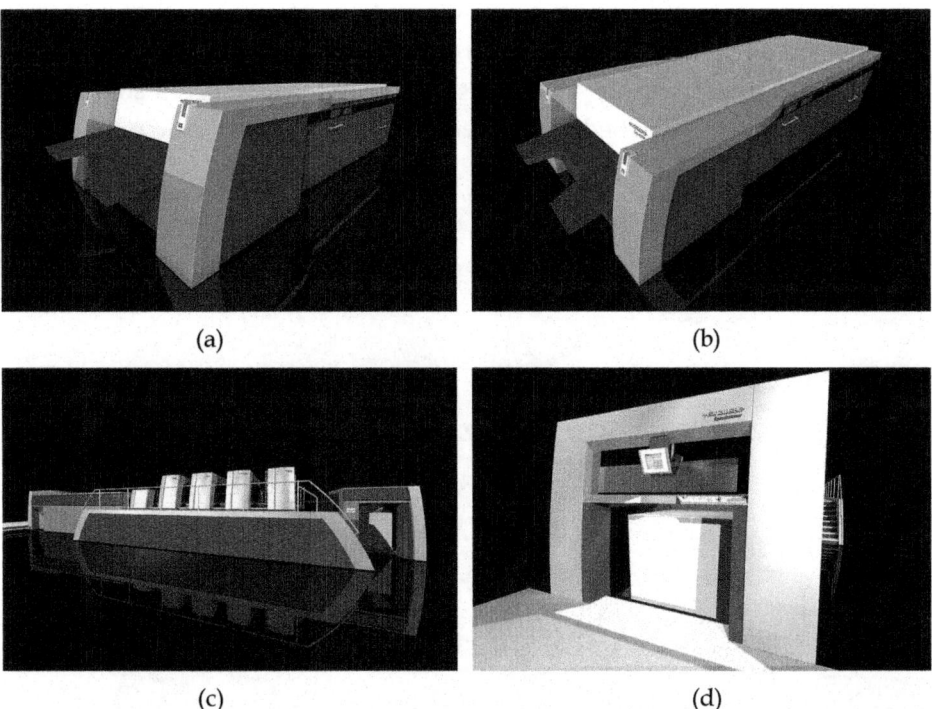

(a)   (b)

(c)   (d)

Abb. 3.43. Die neuen Suprasetter-Modelle 162 a (a) und 162 b (b) wurden zusammen mit der 2008 der Öffentlichkeit vorgestellten Speedmaster XL 162 (c) + (d) mit dem begehrten „red dot design award" für hohe Designqualität ausgezeichnet (Quelle: HEIDELBERGER DRUCKMASCHINEN AG)

achten und testen die Produkte und beurteilen sie nach Kriterien wie Innovationsgrad, Funktionalität, Ergonomie, Langlebigkeit, ökologische Verträglichkeit oder Selbsterklärungsqualität.

„Die Verleihung des red dot award für die von HEIDELBERG *vorgestellten Lösungen für das Großformat belegt, dass das Unternehmen auch in puncto Design innerhalb der Printmedienindustrie wie in der gesamten Investitionsgüterindustrie wieder Maßstäbe setzt. Wir wissen, dass sich die Investitionsentscheidung unserer Kunden aus mehreren Faktoren zusammensetzt: Dabei spielt neben der Überzeugung, Spitzentechnologie zu erwerben, auch das Thema eines funktionalen und optisch ansprechenden Designs eine wesentliche Rolle",* kommentiert Dr. Jürgen Rautert, Vertriebsvorstand bei HEIDELBERG, die erhaltene Auszeichnung. *„Das sogenannte New_Arc Design ist dabei unsere künftige Designlinie; sie setzt auf technische Emotionen und gibt weitreichende Spielräume für die Zukunft. Es besticht durch die klare, geometrische Gesamtarchitektur und wird verstärkt durch die mehrfache Anwendung von gespannten Bögen. Sie stehen für die Kernkompetenz an den Druckwerken, für die Wertschöpfung an den Portalen und für den Prinect-Workflow an der längsseitigen Galerie. Dieses Prinect-Workflow-Designelement ist an allen* HEIDELBERG-*Produkten wiederzufinden – bei Prepress, Press und Postpress. Die gespannten Bögen sind immer in Metallicsilber lackiert, um die Wertigkeit der Produkte zu symbolisieren und dem Betrachter einen Blickfang zu bieten. Die Gesamtarchitektur, gepaart mit den Designelementen, ist die künftige Designlinie für* HEIDELBERG", ergänzt Eckhard Köbler, Leiter Industrial Design bei HEIDELBERG.

HEIDELBERG verdeutlicht unmissverständlich die Relevanz von Industrial Design im Innovations- und Investitionsgüterkontext. Das Management von HEIDELBERG hat die Bedeutung des Industrial Designs für den eigenen Markterfolg erkannt und zum integralen Bestandteil seiner Innovations-, Produkt- und Vermarktungspolitik gemacht. Bereits 1982 wurde bei HEIDELBERG der Mehrwert durch Design erkannt und das Produktdesign kontinuierlich aufgebaut. Die ersten Designthemen waren von Ergonomie und Funktionalität geprägt. Ein neues stringentes Corporate Design wurde 1996 global umgesetzt. Im Jahr 2008 wurde die Nachfolge, das emotional technisch geprägte New_Arc Design, erstmals in der neuen Produktformatklasse 142/162 präsentiert. Nicht nur für HEIDELBERG sowie dessen OEM-Produkte ist das Heidelberger Industrial Design aktiv, sondern auch für renommierte Firmen wie das Technologieunternehmen TRUMPF. Aus dem Blickwinkel der Forschungsgruppe „Industrial Design & Innovationsmanagement" lassen sich insgesamt drei wesentliche Faktoren herausstellen, die den internationalen Markt- und Markenerfolg durch Industrial Design im Unternehmen HEIDELBERG bestätigen:

1. **Eine klare und fokussierte strategische Positionierung:** Ein wesentlicher Erfolgsfaktor liegt in der Formulierung einer klaren und nachhaltig ausgerichteten Unternehmens- und Geschäftsfeldstrategie. HEIDELBERG hat in den letzten Jahren, gerade vor dem Hintergrund schwieriger Marktsituationen und Herausforderungen, unmissverständlich seine strategische Positionierung sowie das hierauf aufbauende Leistungs- und Lösungsversprechen auf seine ureigenen Kern- und Angebotskompetenzen fokussiert. Die bisherigen Ergebnisse der Forschungsgruppe „Industrial Design & Innovationsmanagement" verdeutlichen, wie wichtig eine klare strategische Positionierung im Wettbewerb ist. Eine Strategie legt Bereiche fest, in denen das Unternehmen bzw. der Geschäftsbereich sich engagieren will und vor allem, wo nicht investiert werden soll. Denn ohne klare Positionsbestimmung bleibt die Suche nach neuen Ideen und Chancen richtungslos – und die Gefahr einer kaum noch zu beherrschenden Technologie- und Produktvielfalt nimmt gefährlich zu.

2. **Eine überzeugende Innovations-, Produkt- und Designstrategie:** Gerade mit dem Blick auf das Industrial Design ist eine strategische Ausrichtung der Produkt- und Designstrategie unverzichtbar. HEIDELBERG hat sein Industrial Design zum festen Bestandteil seines Innovations- und Produktentwicklungsprozesses gemacht und zugleich erkannt, dass erfolgreiche Neuproduktentwicklungen insbesondere an den Schnittstellen unterschiedlicher Disziplinen entstehen. Entsprechend ist der Produktentwicklungsprozess im Unternehmen HEIDELBERG konsequent interdisziplinär aufgebaut; die Projektteams bzw. Experten aus den Fachbereichen Entwicklung,

Design und Marketing/Vertrieb arbeiten von Beginn an bereichsübergreifend zusammen. Darüber hinaus bestimmt eine konsequente Kunden- und Marktorientierung den gesamten Wertschöpfungsprozess.

3. **Eine modernes Innovations- und Designverständnis:** Das Design hat im Kopf vieler Manager innerhalb der Investitionsgüterindustrie eine primär formalästhetische Funktion. In der Realität reichen die Aktivitäten des Industrial Designs jedoch schon lange viel weiter. Industrial Designer übernehmen wichtige integrative Funktionen im Produktentwicklungsprozess – angefangen von der Ideenfindung über die Konzeption bis hin zur Konstruktion und Produktion. In Zeiten des zunehmenden Produkt- und Designwettbewerbs und einer überbordenden Zahl von Möglichkeiten bei den verwendbaren Technologien, Materialien, Oberflächen, Farben, Texturen, Funktionalitäten und Ergonomien treten Designer verstärkt als Navigatoren und Berater auf, die den Unternehmen helfen, wichtige operative wie strategische Entscheidungen zu treffen.

HEIDELBERG verfolgt mit seinem Designengagement einen ganzheitlichen Ansatz: Es umfasst Aktivitäten der technischen Vorentwicklung (Engineering Design) genauso wie der ästhetischen Formgebung (Product Design) sowie der Gestaltung von Benutzeroberflächen (Interface Design). Von zentraler Bedeutung für eine erfolgreiche Produkt- und Designentwicklung ist dabei vor allem das Concept Design im Sinne einer strategisch ausgerichteten ideellen wie technologisch-materiellen Entwurfsarbeit. Auch in dieser Hinsicht kann das Unternehmen HEIDELBERG einmal mehr als ein herausragendes Best-Practice-Unternehmen gesehen werden.

3.11 Fallstudie KÄRCHER, Winnenden (Reinigungstechnik)

3.11.1 Kurzporträt des Unternehmens

Egal, ob man Arbeitsgeräte, Innenräume, Außenflächen, den Fuhrpark in Industrie und Gewerbe pflegen und instand halten möchte, den Garten bewässern, das Haus ökonomisch mit Brauchwasser versorgen oder Klar- bzw. Schmutzwasser abpumpen möchte: Der Reinigungsgerätehersteller KÄRCHER bietet Problemlösungen für den Einsatz in Gewerbe, Industrie und für private Haushalte.

Mit mehr als 1,380 Mrd. Euro hat der weltgrößte Reinigungsgerätehersteller im Jahr 2007 den höchsten Umsatz und mit mehr als 6,251 Mio. verkauften Geräten die höchste Stückzahl in seiner Geschichte erzielt. KÄRCHER ist für seine Kunden überall auf der Welt erreichbar, in über 190 Ländern und mit mehr als 40.000 Verkaufs- und Servicepunkten.

Alfred KÄRCHER war einer jener Erfinder-Unternehmer, wie sie Württemberg seit Beginn der Industrialisierung so zahlreich hervorgebracht hat. Die Liste ist lang – sie reicht von Robert BOSCH über Gottlieb Daimler bis zu Graf Zeppelin. Sie kämpften mit großem Einsatz und viel Weitsicht für die Verwirklichung ihrer Ideen.

Anfang der 30er-Jahre spezialisierte sich Alfred KÄRCHER auf die Konstruktion von Großtauchheizkörpern, das heißt auf Salzschmelzen, die mit Tauchsiedern erhitzt wurden. Nach diversen Versuchen entstand ein Härteofen für Leichtmetall, der sogenannte KÄRCHER-Salzbadofen. Bis 1945 wurden davon 1.200 Exemplare hergestellt. Mit der Erfindung des ersten Heißwasser-Hochdruckreinigers im Jahre 1950 begann sich der Schwerpunkt auf das Gebiet der gewerblichen Reinigung zu verschieben. KÄRCHER ist heute der bekannteste Hersteller von Hochdruckreinigern, da er maßgeblich an deren Ent- und Weiterentwicklung beteiligt war und ist, was eine Vielzahl bestehender Patente belegt. Die Marke KÄRCHER ist aus dem gewerblichen und privaten Alltag nicht mehr wegzudenken. In Deutschland sprechen viele professionelle wie auch private Anwender vom „Kärchern", wenn sie eigentlich das „Hochdruckreinigen" meinen. Und auch in Österreich ersetzt „der KÄRCHER" den „Hochdruckreiniger" im Sprachgebrauch, zum Beispiel in der Aussage: „Ich wasche mein Auto heute mit dem KÄRCHER."

Das Produktsortiment wurde kontinuierlich erweitert und umfasst heute den gesamten Bereich der Reinigung von Gebäuden, Flächen und Transportmitteln sowie der Reinigung und Förderung von Flüssigkeiten. Hierzu zählen Hochdruckreiniger, Staub-, Nass-/ Trocken- und Waschsauger, Dampfreiniger, Kehr- und Scheuersaugmaschinen, Trockeneis-Strahlgeräte, Kfz-Waschanlagen, Trink-

und Abwasseraufbereitungsanlagen sowie Reinigungsmittel. Dem schließen sich Gartenpumpen mit umfangreichem Bewässerungszubehör an.

Auch seiner gesellschaftlichen und ökologischen Verantwortung wird KÄRCHER gerecht. Umweltschutz ist nicht nur ein wichtiger Bestandteil der Unternehmensleitlinien, sondern fest in die gesamte Wertschöpfungskette integriert. Bei der Entwicklung neuer Produkte, bei der Auswahl von Produktionstechnologien und bei der Zusammenarbeit mit Lieferanten spielen Umweltaspekte eine wichtige Rolle. Darüber hinaus unterstützt das auf ein nachhaltiges Wirtschaften ausgerichtete Unternehmen in zahlreichen Ländern karitative, soziale und kulturelle Einrichtungen.

So trägt KÄRCHER mit der restauratorischen Reinigung von Gebäuden und Denkmälern weltweit seit vielen Jahren dazu bei, bedeutende Kunstwerke zu erhalten; darunter die Christusstatue in Rio de Janeiro, das Brandenburger Tor in Berlin, die Kolonnaden des Petersplatzes in Rom, die Memnonkolosse im ägyptischen Luxor, die Präsidentenköpfe am Mount Rushmore in South Dakota und die Space Needle im amerikanischen Seattle.

3.11.2 KÄRCHER: Herausragendes Beispiel für eine gelungene Innovationspolitik

Innovation war von Beginn an für das Familienunternehmen der wichtigste Wachstumsfaktor – und er ist es bis heute. In den Entwicklungszentren arbeiten mehr als 500 Ingenieure und Techniker an der Konstruktion neuer Problemlösungen. Der Anteil an Produkten, die jünger als vier Jahre am Markt sind, beträgt 80 %! Als der größte Reinigungsgerätehersteller weltweit bietet KÄRCHER ein umfassendes Produktsortiment für private Haushalte, Gewerbe und Industrie, eingeteilt in die nachfolgenden Produktbereiche:

Private Anwender

Die leistungsstarken Geräte von KÄRCHER finden im privaten Bereich ihren universellen Einsatz: in der Wohnung, im Haus, im Garten oder Keller und im Hobbyraum. KÄRCHER genießt weltweit beim privaten Endverbraucher ein positives Image.

Abb. 3.44. Ausgewählte Produkte des Geschäftsbereichs „Private Anwender" (Quelle: Alfred KÄRCHER GmbH & Co. KG)

Commercial

Mit den leistungsfähigen KÄRCHER-Hochdruckreinigern, Trocken- und Nass-/Trockensaugern für den gewerblichen Einsatz arbeitet man wirtschaftlich und umweltschonend. Sie werden vor allem in der Landwirtschaft, in Handwerk und der Industrie eingesetzt.

Abb. 3.45. Ausgewählte Produkte des Geschäftsbereichs „Commercial" (Quelle: Alfred KÄRCHER GmbH & Co. KG)

Professional

Ob bei Gebäudereinigern, in Industrie oder im Kommunalbereich – überall, wo täglich große Flächen gereinigt werden müssen, sind KÄRCHER-Kehr- und -Scheuersaugmaschinen im Einsatz.

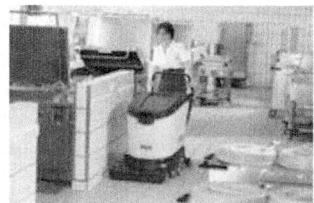

Abb. 3.46. Ausgewählte Produkte des Geschäftsbereichs „Professional" (Quelle: Alfred KÄRCHER GmbH & Co. KG)

Industrial

Von stationären Hochdruckreinigern über Industriesauger, Tank-reinigungssysteme und Trockeneisstrahlgeräte bis hin zu Fahr-zeugwaschanlagen: Innovative, robuste und leistungsstarke Reini-gungssysteme haben KÄRCHER international zur führenden Marke bei professionellen Entscheidern gemacht.

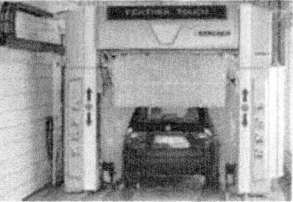

Abb. 3.47. Ausgewählte Produkte des Geschäftsbereichs „Industrial" (Quelle: Alfred KÄRCHER GmbH & Co. KG)

Wasserbehandlung

Die Aufbereitung von Abwasser, das in Bürstenwaschanlagen und bei der gewerblichen Hochdruckreinigung entsteht, geschieht aus wirtschaftlichen und ökologischen Gesichtspunkten. KÄRCHER bietet mit seinen Wasserrecyclinganlagen hierfür innovative Lösungen. Mit dem Blick auf die weltweit zunehmende Wasserknappheit be-schäftigt sich KÄRCHER auch intensiv mit der Trinkwasseraufberei-tung. An die Hauswasserleitung angeschlossen, produzieren Was-serspender von KÄRCHER heißes oder gekühltes Wasser, mit oder ohne Kohlensäure. Sie kommen in Büros, Ladengeschäften, Produk-tionshallen und öffentlichen Gebäude zum Einsatz.

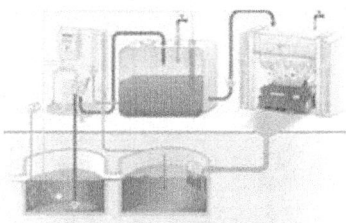

Abb. 3.48. Ausgewählte Produkte des Geschäftsbereichs „Wasserbehandlung" (Quelle: Alfred KÄRCHER GmbH & Co. KG)

Die Leidenschaft und das große Engagement für die kontinuierliche Weiterentwicklung bestehender Produktlösungen ist Ausdruck der über Jahrzehnte gelebten Innovationskultur im Familienunternehmen KÄRCHER. Und sie ist zugleich die Basis für eine unverwechselbare Markenidentität und ein weltweit starkes Markenimage.

3.11.3 Industrial Design und Produktidentität

Die ständige Suche nach der besseren Lösung, die hohe Zahl an Patentanmeldungen und erfolgreichen Neuentwicklungen, aber auch die weltweit einzigartige Produkt- und Markenidentität wären ohne einen gut strukturierten Innovations- und Designentwicklungsprozess nicht möglich gewesen. Die hohe Produktakzeptanz und Wiedererkennung im globalen Markt sind das Resultat einer über nunmehr 50 Jahre konsequent verfolgten Produkt- und Designstrategie. Es gibt nur wenige international erfolgreiche Markenhersteller, die auf eine derart langfristige und stringente Innovations- und Designkultur verweisen können wie die Marke KÄRCHER.

Das Unternehmen KÄRCHER belegt einmal mehr, dass eine konsequente und auf Langfristigkeit angelegte Designpolitik im Unternehmen einen wesentlichen Beitrag zur erfolgreichen Marktentwicklung leisten kann. KÄRCHER steht im Weltmarkt uneinge-

Abb. 3.49. Erfolgreiche Reinigungsgeräte der letzten Jahre (Quelle: Alfred KÄRCHER GmbH & Co. KG)

schränkt für Qualität, Kraft, Innovation und die Farbe Gelb. Eng damit verknüpft ist die hohe Designkompetenz.

Die Produkte müssen die Marke widerspiegeln. Im Design werden produktübergreifende Merkmale definiert und Symbole geschaffen, die – bewusst oder unbewusst – als „KÄRCHER" identifiziert werden. Dazu zählt die Farbgebung gelb-schwarz, dazu gehören aber auch neben einer einheitlichen Bedienkonzeption und -symbolik die vielfach wiederkehrende Dreiecksform sowie formalästhetische Merkmale, die die jeweiligen Produktfamilien kennzeichnen: beispielsweise das Aussehen der Handgriffe, die Proportionen und die Anordnung der Lüftungsschlitze sowie die Art, wie Schalter in die Form eingepasst sind. Die Herausforderung liegt darin, die Unverwechselbarkeit eines einzelnen Produkts mit der Wiedererkennbarkeit der Marke in Einklang zu bringen. Dabei bleibt die Funktion stets vordringlich. Wesentlich ist dabei die Produktsemantik, d.h. eine Formgebung, die dem Anwender sofort signalisiert, welche Maschine er vor sich hat. Intuitiv sollen Menschen die Funktion und Bedienung des jeweiligen Geräts erkennen und es einfach nutzen können. Produkterkennung und Ergonomie sind wesentliche Bestandteile der Arbeit der Designer. Die Mensch-Maschine-Schnittstelle steht im Mittelpunkt, Bedienung ganz vorn. Generell gilt: So viel Bedienung wie nötig, so wenig Ablenkung wie möglich. Dazu zählen übersichtliche Elektronik, klar strukturierte Bedienelemente sowie gleiche Symbole, Aufbauten und Abläufe bei gleichartigen Maschinen. Insgesamt signalisiert die Formgebung der KÄRCHER-Geräte Qualität, Ordnung und Sauberkeit. Das Spiel von Licht und Schatten wird durch die bekannte Farbgebung zusätzlich unterstrichen.

Und KÄRCHER liefert den Beweis dafür, dass das Design auch im Investitionsgüterbereich eine zentrale Bedeutung besitzt. Dem Unternehmen ist es gelungen, die technologische Führerschaft, Funktionalität und gestalterische Prägnanz seiner Produkte zum Fundament seiner Unternehmensmarke zu machen. Was die Produkt- und Markenidentität von KÄRCHER auszeichnet, kann als Summe exzellent aufeinander abgestimmter Aktivitäten im Innovations- und Produktentwicklungsprozess gesehen werden:

- Vision, Leidenschaft und Innovationskraft,

- Qualität, Funktionalität, Sicherheit und Zuverlässigkeit sowie eine

- hohe gestalterische Eigenständigkeit, die über formal ästhetische Aspekte hinausgeht und Materialeigenschaften und die Interaktivität bzw. das User Interface Design gleichberechtigt mit in die Designstrategie einbezieht.

3.11.4 Zentrale Erfolgsfaktoren des Innovations-, Produkt- und Designentwicklungsprozesses

Produkte mit hohem Innovationsgrad und großem Kundennutzen sind die Basis für Erfolg im Markt. Jedoch werden Produktqualität, Langlebigkeit, Servicebereitschaft und wettbewerbsfähige Preise heutzutage immer mehr als Hygienefaktoren vorausgesetzt und reichen im internationalen Wettbewerb zur Differenzierung allein nicht mehr aus. Um dennoch zu einem erfolgreichen Neuprodukt zu gelangen, wird kontinuierlich an neuen Ideen gearbeitet.

Vor dem Hintergrund zahlreicher Innovationen und Produktentwicklungen weiß man bei KÄRCHER, wie wichtig ein aufeinander abgestimmter Innovations-, Produkt- und Designentwicklungsprozess ist, um effektiv und effizient von der Idee zum erfolgreichen Produkt zu gelangen. Die kontinuierliche Verbesserung des Bestehenden und die Suche nach neuen Lösungen für weltweite Märkte mit zum Teil unterschiedlichen Kundenanforderungen basiert somit auf klar strukturierten Abläufen. Die wesentlichen Erfolgsfaktoren des KÄRCHER-Innovations-, -Produkt- und -Designentwicklungsprozesses können wie folgt charakterisiert werden:

a) *Strategie – Plattform erfolgreicher Innovations- und Designprojekte*

Einer der wesentlichsten Erfolgsfaktoren liegt in der Formulierung einer klaren und allen Projektbeteiligten bekannten Unternehmens- und Geschäftsfeldstrategie. Eine hierauf aufbauende Produkt- und Innovationsstrategie ist der Kern jeder erfolgreichen Produkt- und Designentwicklung.

Bei KÄRCHER wird strategisch festgelegt, in welchen Geschäftsfeldern sich das Unternehmen kurz-, mittel- und langfristig engagiert, aber auch, wo nicht investiert werden soll. Ohne klare Positionsbestimmung bleibt die Suche nach neuen Ideen und Chancen richtungslos, die Gefahr einer Fehlentwicklung nimmt überproportional zu. Die erfolgreiche Entwicklung des für KÄRCHER komplett neuen Geschäftsfeldes „Gartenpumpen" verdeutlicht die Sinnhaftigkeit eines derartig strukturierten Vorgehens.

b) Forschung und Entwicklung, Ideen- und Konzeptentwicklungsphase

Innovative und erfolgreiche Unternehmen haben den Zusammenhang zwischen einer konsequent betriebenen F&E und ihrem Markterfolg erkannt. Denn gerade aus „Forschungsprojekten" und Experimenten ergeben sich neue Ideen oder technische Möglichkeiten für neue, vermarktbare Produkte oder Prozesse. Somit geht die Grundlagenforschung bei KÄRCHER sowohl mit der kontinuierlichen Verbesserung bestehender Produktlösungen als auch mit der Suche und Bewertung neuer Schrittmachertechnologien und Marktinnovationen einher. KÄRCHER hat seine F&E fest in die Wertschöpfungskette und Innovationskultur integriert.

Für KÄRCHER als global agierendes Unternehmen ist eine systematische und international ausgerichtete Ideen- und Konzeptentwicklung von strategischer Bedeutung, denn für global erfolgreiche Produktlösungen ist es unabdingbar, die Beobachtungen, Anforderungen und Erfahrungen internationaler Mitarbeiter und Kunden aktiv in den Produkt- und Designentwicklungsprozess einzubeziehen. Grundsätzlich verfolgt KÄRCHER in diesem Zusammenhang drei unterschiedliche Entwicklungspfade:

1. Global kompatible Produkt- und Designlösungen

2. Lokal adaptierte kundenorientierte Produkt- und Designlösungen

3. Performance bzw. leistungsdifferenzierte Produkt- und Designlösungen

Im Rahmen einer schrittweisen Ideenbewertung, einer ersten Konzeptentwicklung und Konkretisierung ist eine systematische Bewertung unerlässlich. Folgende Perspektiven werden in der Konzeptphase in interdisziplinären Projektteams beantwortet:

- Markenperspektive: Stützt das Produktkonzept die globale Markenpositionierung und Markenstrategie?

- Strategische Perspektive: Stützt die Produktidee bzw. das Produktkonzept die Unternehmens- bzw. Geschäftsbereichsstrategie?

- Kundenperspektive und Marktattraktivität: Ist der Markt in Bezug auf das identifizierte Kundenbedürfnis und den hierfür konzipierten Lösungsansatz attraktiv?

- Technologie und Prozessperspektive: Wie hoch ist die Wahrscheinlichkeit, dass aus der vorliegenden Produktidee/dem Produktkonzept ein wirtschaftlich erfolgreiches Produkt in den Markt getragen werden kann?

- Finanzwirtschaftliche Perspektive: Ist der Markt in Bezug auf das Wachstumspotenzial und die Preisbereitschaft wirtschaftlich interessant?

c) Entwicklungs-, Realisierungs- und Markteinführungsphase

Die konkrete Produktentwicklungs- und Markteinführungsphase ist gekennzeichnet durch eine Vielzahl von Detaillierungen, Rückkopplungen, Funktions- und ggf. auch weiteren Konzept- bzw. Markttests. Bei langwierigen Projekten wird der Entwicklungsprozess durch regelmäßige Arbeitsmeetings und aufgabenspezifische Bewertungs- und Entscheidungsprozeduren gegliedert. Bei diesen Entscheidungsprozeduren handelt es sich um Controllinginstrumente zur konsequenten und zeitnahen Umsetzung entwicklungs- und erfolgsrelevanter Teilaufgaben. Mit der Markteinführung beginnt die Lebens- und Wachstumsphase des neuen Produkts im Markt. Wenn alle Aufgaben konsequent mit hoher Qualität umgesetzt und die Markteinführung und Marktentwicklung mit hinreichenden Ressourcen hinterlegt wurden, dann sollte einem erfolgreichen Produktstart nichts mehr entgegenstehen.

3.12 Fallstudie KUKA Aktiengesellschaft, Augsburg (Industrieroboter)

3.12.1 Kurzporträt des Unternehmens

Die KUKA Aktiengesellschaft mit Sitz in Augsburg ist einer der führenden Hersteller von Industrierobotern weltweit. Das Unternehmen, das 1898 gegründet wurde, erwirtschaftet heute mit 5.700 Mitarbeitern einen Umsatz von 1,3 Mrd. Euro. Die Kernkompetenz des Unternehmens liegt dabei in zwei Geschäftsbereichen: Robotics sowie Systems.

Der Geschäftsbereich „Robotics" entwickelt, produziert und vertreibt Industrieroboter, roboternahe Dienstleistungen und Steuerungen. KUKA Robotics versteht sich dabei als Innovationsführer in der Roboter- und Steuerungstechnik. Um diese Position nachhaltig zu sichern, wird das KUKA-Produktprogramm kontinuierlich erweitert und werden die Einsatzmöglichkeiten permanent ausgebaut. So können KUKA-Roboter überall dort die menschliche Arbeitskraft optimal ergänzen, wo ein Höchstmaß an Qualität, Sicherheit, Schnelligkeit und Präzision gefordert ist, so beispielsweise in weiten Teilen der Metall verarbeitenden-, Kunststoff-, Elektro- und Elektronikindustrie oder in der Medizin, wo die bildgeführte, robotergestützte Präzisionsbestrahlung völlig neue Behandlungsmethoden erlaubt.

Im zweiten Geschäftsbereich von KUKA, „Systems", dreht sich alles um den automatischen Fertigungsprozess. KUKA ist hier Systemlieferant, der im Bereich automatisierter Fertigungsprozesse komplette Fertigungsanlagen erstellt. Das langjährige Engagement von KUKA in der Automobilindustrie hat dabei ein breites Leistungsspektrum entstehen lassen. Es reicht vom Karosseriebau bis zur Montage, von der Bauteilentwicklung bis zum Betreiben von Fabriken. Etwa 70 % der Maschinen, die KUKA baut, werden heute im Automobilbau eingesetzt. Die anderen 30 % stehen in den Hallen der Lebensmittel- und Getränkeindustrie, in Kunststofffabriken, in Holz verarbeitenden Betrieben und in der Metallindustrie. Darüber hinaus nutzen und schätzen jedoch immer mehr andere Branchen die KUKA-Kompetenz, so zum Beispiel Unternehmen im Aerospace-Bereich und der Solartechnologie.

Abb. 3.50. Die KUKA AG – Technologieführer in der robotergestützten Automation (Quelle: KUKA AG)

3.12.2 Innovation als zentraler Wachstumsmotor

Für ein Unternehmen, das sich mit Automationslösungen beschäftigt, ist das Thema „Innovation" elementar. Innovative Roboterlösungen bieten schließlich enorme Rationalisierungspotenziale in vielen Industrien. Verständlich, dass neben der Automobilindustrie auch andere Branchen immer mehr auf die effizienz- und produktivitätssteigernden Potenziale modernster Robotertechnik setzen. Neben der Entwicklung ständig neuer Automatisierungslösungen für etablierte Zielgruppen wie zum Beispiel die Automobil- oder Aerospace-Industrie hat es sich KUKA daher zum Ziel gesetzt, intelligente Roboterprodukte auch für andere Branchen wie die Logistik, die Medizintechnik oder die Entertainmentbranche zu entwickeln.

So hat das Unternehmen etwa vor wenigen Jahren den KUKA Robocoaster entwickelt, den weltweit einzigen Industrieroboter mit der Lizenz zur Personenbeförderung. Im Prinzip ist der Robocoaster ein gängiger Schwenkarmroboter mit 500 Kilogramm Traglast, an dessen Arm zwei Sitze montiert sind. Über ein Bildschirmmenü können die Fahrgäste vor dem Einsteigen bestimmen, wie ihre Fahrt verlaufen soll und verschiedene Figuren in fünf Geschwindigkeiten kombinieren. Dadurch, dass so ein Roboter mit sechs Freiheitsgraden arbeitet und den Fahrgastaufsatz in alle möglichen Richtungen drehen kann, können die Passagiere nur raten, welche Bewegung als Nächstes kommt – ab Stufe drei sind Drehungen über Kopf im Programm. Mit einem perfekten Setup aus Materialforschung, Mechanik und Steuerungstechnologie beweist der Robocoaster, was Automation in Extremsituationen leisten kann.

Ein weiteres Innovationsfeld, welches KUKA in den letzten Jahren erfolgreich für sich erschlossen hat, ist der Bereich der medizinischen Diagnostik, was sich beispielsweise im weltweit ersten robotergesteuerten Radiochirurgiesystem zeigt, das zur speziellen Behandlung von soliden Tumoren an beliebigen Körperstellen entwickelt wurde. Mithilfe dieses innovativen Systems können Patienten ohne Operation, Schmerzen und stationären Aufenthalt in Sub-Millimeter-Präzision behandelt werden. Dabei behält ein digitales Bildgebungssystem den Tumor permanent im Zielfeld und minimiert so die Schäden an gesundem Gewebe.

Auch im Bereich der Robotersteuerung hat KUKA in den vergangenen Jahren einige wegweisende Innovationen auf den Weg gebracht, so zum Beispiel bei der Verbindung mehrerer Funktionen („Robot Control", „Motion Control", „SPS", „General Motion" etc.) in einer Anwendung und bei der Integration dieser Steuerungssysteme in einem übersichtlichen und flexibel belegbaren Bedienpanel KCP. Alle drei hier genannten Beispiele sind auch insofern interessant, als sich hinter diesen nicht nur technologische Innovationen verbergen. Vielmehr wurden bei der Entwicklung dieser Produkte Designaspekte von vornherein mit berücksichtigt.

  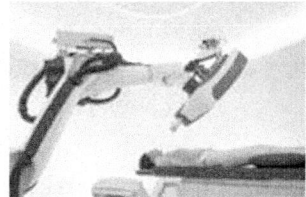

Abb. 3.51. Der Robocoaster, die Robotersteuerung KCP und das Radiochirurgiesystem Cyberknife – Technologie- und Designinnovationen aus dem Hause KUKA (Quelle: KUKA AG)

3.12.3 Beispielhafte Markenführung

Das Unternehmen KUKA ist jedoch nicht nur im Hinblick auf das Thema „Innovation" Benchmark für andere Investitionsgüterhersteller. Es zeichnet sich vielmehr auch dadurch aus, dass es das Instrument einer bewussten „Markenführung" sehr viel konsequenter für sich nutzt als viele andere Industrieunternehmen. Im April 2005 stellt dazu beispielhaft die Zeitschrift Absatzwirtschaft unter der Überschrift „Markenführung Investgüter-Marketing – Wie ein Maschinenbauer die Alleinstellung schafft" fest: *„Der Markt für Industrieroboter unterliegt einem permanenten Preisverfall. In diesem Umfeld setzt das Unternehmen KUKA auf Produktentwicklung und Markenführung. Ergebnis ist eine herausragende Firmenkonjunktur."*

Neben einem perfekten Branding, einem einheitlichen Marktauftritt und einer klaren Markenkommunikation beschreitet das Unternehmen KUKA mit seiner Markenführung dabei für einen Investitionsgüterhersteller durchaus auch einmal exotische Wege. So ist es dem Unternehmen gelungen, einige seiner Produkte in dem James-Bond-Film „Die Another Day" („Stirb an einem anderen Tag") unterzubringen, und zwar ohne dass das Unternehmen dafür etwas zahlen musste. In einer Szene des Films wird Bond-Girl und Oskar-Preisträgerin Halle Berry dabei von fünf Laserstrahlrobotern der Augsburger KUKA Roboter GmbH bedrängt, die normalerweise zum Schneiden von Diamanten eingesetzt werden.

Das Filmengagement gehört zu einer Markenstrategie, die für Investitionsgüterhersteller ungewöhnlich ambitioniert ist. *„Wir wollten die Marke schärfen. Das Thema war, uns als Technologieführer darzustellen und zugleich die Marke und das Image zu erweitern"*, so Michael Hauptmann, Marketingmanager bei KUKA in der Zeitschrift Absatzwirtschaft. Eine solche Aussage ist durchaus bemerkenswert, trifft man im Investitionsgüterbereich doch noch häufig auf die Ansicht, dass sich Produkte vor allem über nüchterne Produktivitätskennziffern und den Preis verkaufen. *„Markenbildung und Markenführung gelten hier häufig als irrelevant"*, vermeldet dazu die Absatzwirtschaft.

3.12.4 Design als wichtiges Element der Markenführung

Bemerkenswert an KUKA ist nicht nur der hohe Stellenwert, den die Markenführung dort besitzt, sondern dass das Unternehmen darüber hinaus das Design selbst als zentrales Element der Markenführung begreift. *„Noch so ein Faktor, der von den Absatzstrategen im Business-to-Business-Bereich bisweilen unterschätzt wird"*, so die Absatzwirtschaft. Und weiter: *„Wenn die technischen Daten wie Beschleunigung oder Traglast stimmen, welchen Unterschied sollte es da machen, wie der Roboter aussieht? KUKA befand, es gebe mehr als nur einen Grund, auf das Design Wert zu legen. KUKA-Roboter, so die Überlegung, sollten keine kantigen Kästen sein, sondern durch weiche Rundungen auffallen. Zum einen sind die Roboter so schon von Weitem erkennbar. Zum anderen bringt das Design auch technische Vorteile mit sich. Beispielsweise bleiben keine Energiezuführungen mehr an scharfen Kanten hängen, und die Maschinen lassen sich leichter reinigen. Die organischen Formen kommen außerdem der Biegefestigkeit und der Torsionssteifigkeit zugute. Die ästhetischen Bemühungen haben schließlich auch auf unabhängiger Seite Aner-*

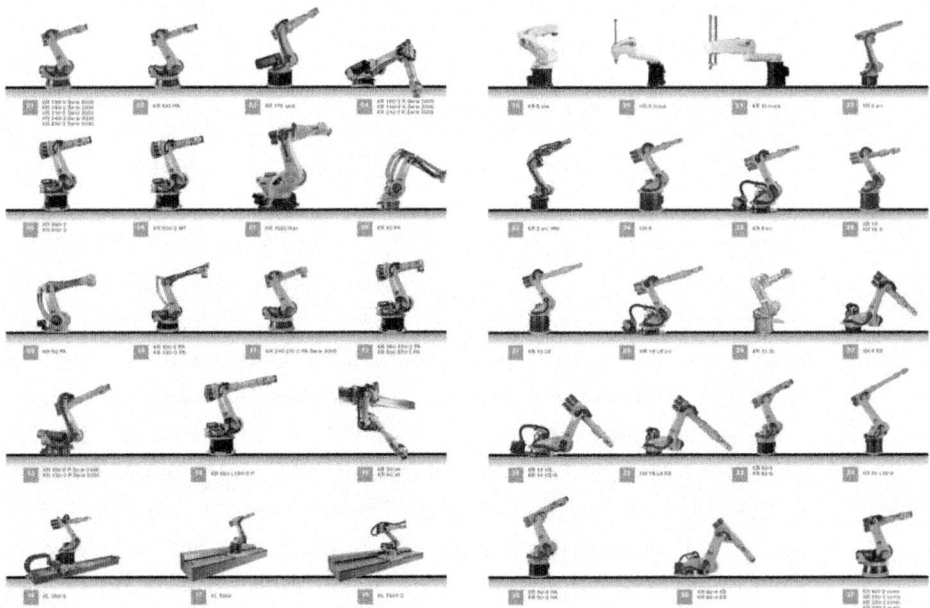

Abb. 3.52. Organische Formensprache – Industriedesign als Element der Markenführung bei KUKA (Quelle: KUKA AG)

kennung gefunden. 2004 gewann KUKA *für das Design seiner Roboter den bekannten red dot award. Dass sich solche Auszeichnungen wiederum in der Kommunikation der Marke nutzen lassen, versteht sich von selbst."*

Martin Sträb, Geschäftsführer Marketing und Vertrieb KUKA Roboter GmbH, stellt dazu in einem Newsletter des Unternehmens fest: *„Ein Wettbewerbsfaktor der anderen Art in einer Zeit der zunehmenden Vergleichbarkeit technischer und funktionaler Merkmale von Produkten ist das Design. Viele Unternehmen erkennen zwar, dass das Design immer stärker den wirtschaftlichen Erfolg beeinflusst, nutzen die Potenziale aber vielfach noch zu wenig."* (KUKA Robot Group, Newsletter vom 04. Juli 2006)

KUKA hat dies in den letzten Jahren getan und davon deutlich profitieren können. Das Unternehmen ist ein Beispiel, das sehr schön belegt, welche Erfolgspotenziale ein konsequentes Design mit sich bringt und wie Investitionsgüterhersteller davon profitieren können, wenn sie das Design nicht zur Eintagsfliege machen, sondern konsequent mit ihrer Markenführung verknüpfen.

3.13 Fallstudie MAN Nutzfahrzeuge AG, München (Nutzfahrzeuge)

3.13.1 Kurzporträt des Unternehmens

Die MAN Gruppe mit Sitz in München ist eines der führenden europäischen Industrieunternehmen im Bereich Transport-Related Engineering mit jährlich rund 15,5 Mrd. Euro Umsatz (2007). MAN ist Anbieter von Lkw, Bussen, Dieselmotoren, Turbomaschinen sowie Industriedienstleistungen und beschäftigt weltweit rund 55.000 Mitarbeiter. Die MAN AG gehört dem Deutschen Aktienindex (DAX) der 30 führenden deutschen Aktiengesellschaften an.

Mit einem Jahresumsatz von 10,410 Mrd. Euro und über 36.000 Mitarbeitern ist die MAN Nutzfahrzeuge AG der größte Geschäftsbereich der Unternehmensgruppe. Der Bereich hat sich auf die Fertigung von Lastkraftwagen, Spezialfahrzeugen und Omnibussen für den Linienverkehr und Reisen für jeden Einsatzzweck im Bereich von 7,5 bis 50 Tonnen spezialisiert. Darüber hinaus baut das Unter-

Abb. 3.53. Das Unternehmen MAN – einer der führenden Nutzfahrzeughersteller in Europa (Quelle: MAN Nutzfahrzeuge AG)

nehmen Motoren für Fahrzeuge, Boote und zur Energieerzeugung und vertreibt unter der Marke MAN TopUsed Lkw und Omnibusse aus zweiter Hand.

3.13.2 Markenführung und Design bei MAN Nutzfahrzeuge

Das Unternehmen MAN Nutzfahrzeuge stellt gleich in mehrfacher Hinsicht eine Benchmark für eine gelungene Markenführung und ein konsequentes Designmanagement in der Investitionsgüterindustrie dar: Zum einen ist die Nutzfahrzeugbranche Teil der Automobilindustrie. Dies erklärt, warum die meisten Nutzfahrzeughersteller, so auch bei MAN, Themen wie „Markenführung", „Innovation" und „Design" einen hohen Stellenwert beimessen. Zum anderen eignet sich die Nutzfahrzeugbranche mit seiner hohen Prozessintegration hervorragend als Referenzbranche, an der sich auch andere Investitionsgüterhersteller orientieren können.

Darüber hinaus deckt MAN Nutzfahrzeuge mit seinen beiden Sparten Lkw und Omnibus gleich zwei Investitionsgüterbereiche ab und verfügt so über Erfahrungen in unterschiedlichen Marktkontexten. Last but not least sind bei MAN in den letzten Jahren Markenführung und Design enger zusammengerückt, was ebenfalls für andere Branchen Vorbildcharakter besitzt: *„Heute ist unsere Zusammenarbeit durch eine kompetente Partnerschaft gekennzeichnet, was für beide Seiten, die Markenführung und das Design, vorteilhaft ist"*, so Jürgen Messmer, Leiter Markenführung, Kommunikation und CI der MAN Nutzfahrzeuge AG. Marketing, Entwicklung und Design sind bei MAN entsprechend in einen gemeinsamen Entwicklungsprozess integriert.

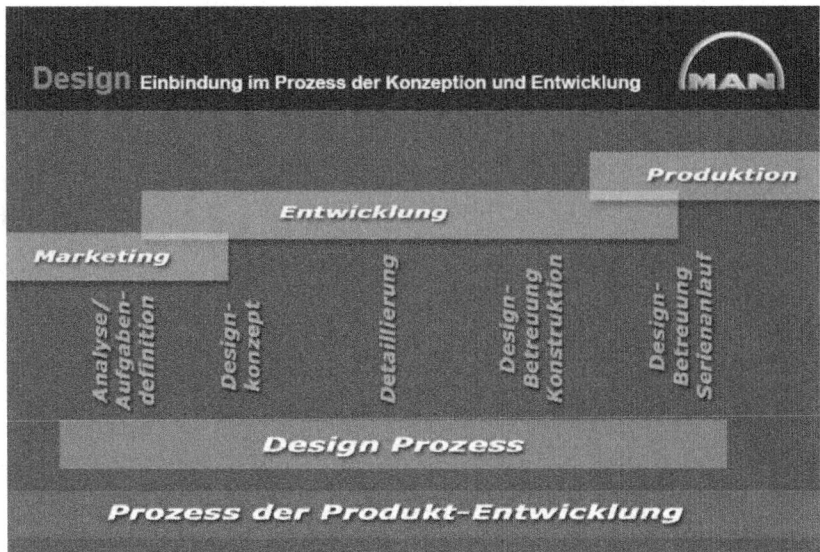

Abb. 3.54. Produktentwicklungsprozess bei MAN am Beispiel Bus (Quelle: MAN Nutzfahrzeuge AG, Abteilung Design Bus)

Abb. 3.55. Die neue Produktlinie TGX/TGS von MAN – stilprägend für die nächsten Jahre (Quelle: MAN Nutzfahrzeuge AG)

Ergebnis dieses integrierten Prozesses ist u.a., dass CI-Grundsätze heute im Design deutlich konsequenter umgesetzt werden und so ein einheitliches Markenbild geschaffen wird. Dies zeigt sich an einfachen Beispielen wie etwa beim Umgang mit Typografien im Bereich der Typenbezeichnungen genauso wie bei komplexeren markenbildenden Faktoren, so etwa bei der prägnanten keilförmigen automobilen Front der neuen TGX/TGS-Serie (Truck of the year 2008), die für die zukünftige Designpolitik der gesamten MAN-Lastkraftwagensparte prägend ist.

Auch über die oben genannten Punkte hinaus besitzt das Unternehmen MAN Vorbildcharakter beim Umgang mit den Themen „Marke" und „Design". Mit den vier Markenwerten „zuverlässig", „innovativ", dynamisch" und „offen" verfügt das Unternehmen über eine klares Wertegerüst. Die Markenarchitektur des Unternehmens ist klar definiert. Unter dem Dach MAN Nutzfahrzeuge existieren drei Produktmarkengruppen: MAN Lkw, MAN Bus (für den Reise- und Linienverkehr) und NEOPLAN (als Premiummarke im Omnibusbereich). Produktlinienbezeichnungen wie etwa TGX, TGS, TGM oder TGL im Lkw-Bereich sowie Lion's City, Lion's Regio, Lion's Coach (MAN) und Skyliner, Starliner, Cityliner, Tourliner, Trendliner (Neoplan) im Busbereich runden die Markenarchitektur ab und sorgen für Orientierung im Sortiment.

Die Markenkommunikation von MAN geht dabei über eine reine Produktkommunikation deutlich hinaus. Beispielhaft sei hier auf das Engagement von MAN im Musikbereich verwiesen. So sponsert die MAN AG beispielsweise das mobile Museum der Cecilia-

Abb. 3.56. Markenkommunikation bei MAN – Kommunikation mit dem Produkt, aber auch deutlich über dieses hinaus (Quelle: MAN AG)

Bartoli-Musikstiftung. Die MAN Nutzfahrzeuge AG begleitet diese Tournee mit Zurverfügungstellung eines MAN TGX.

Auch das Design spielt bei MAN traditionell eine große Rolle. Dahinter steckt die Erkenntnis, dass dem Design selbst bei einem Investitionsgut wie einem Lkw oder Autobus eine wichtige Kommunikationsfunktion zukommt. Um mit Stephan Schönherr, dem Leiter Design der Produktsparte Bus bei MAN Nutzfahrzeuge, zu sprechen: *„Design hilft, die inneren Werte, Qualitäten und Funktionen des Produktes durch Erscheinungsbild, Ergonomie und Nutzen für Kunden und Benutzer herauszustellen. Design gibt eine Produktauskunft und steigert die Anwendungsfunktion."* (Fachtagung INDUKOM 21.07.2006) Über diese elementaren Kommunikations- und Nutzenfunktionen des Designs hinaus bringt das Design jedoch auch eine Vielzahl konkreter ökonomischer Vorteile mit sich. Um noch einmal Stephan Schönherr zu zitieren: *„Design prägt sichtbar das Marken- und Unternehmensprofil [...], es schafft Kundenidentifikation und damit Kundenbindung [...], differenziert Produkt und Unternehmen [...], erzeugt eine Preisvorstellung beim Kunden [...], positioniert ein Produkt am Markt [...] und verdeutlicht Unternehmensidentität – Hightechprodukt, Präzision, technische Kompetenz – informierend und imageprägend."* Übertragen auf die Bussparte von MAN, bedeutet dies konkret: *„Das Design unserer beiden Marken im Busbereich, MAN und Neoplan, ist unverwechselbar und signalisiert den Fahrgästen auf den ersten Blick Premiumqualität, die unmittelbar auf Betreiber und Fahrgäste abstrahlt."*

Bei solchen Feststellungen handelt es sich keineswegs um rein theoretische Überlegungen, sondern um empirisch nachweisbare Effekte, die u.a. durch die Marktforschung belegt sind. Hierzu stellt Jürgen Messmer, Leiter Markenführung, Kommunikation und CI, fest: *„Wir haben in den letzten Jahren in Kundenbefragungen immer wieder herausgefunden, dass in unserem Markt objektive Faktoren wie Preis, Qualität, Leistung etc. ‚top of mind' sind. Dennoch waren wir überrascht festzustellen, dass auch softere Faktoren wie zum Beispiel das Vertrauen in die Marke oder die wahrgenommene Innovativität das Kaufverhalten unserer Kunden nicht unerheblich beeinflussen. Dem Design kommt im Hinblick auf die Ausprägung dieser soften Faktoren eine zentrale Rolle zu. Grund genug für uns, dieses Feld auch in Zukunft nachhaltig zu besetzen."*

Abb. 3.57. Design-Renderings der Marken MAN und Neoplan (Quelle: MAN Nutzfahrzeuge AG, Abteilung Design Bus)

Dass die MAN Gruppe das Design in Vergangenheit bereits erfolgreich für sich genutzt hat, davon zeugen die zahlreichen Designpreise, die das Unternehmen in den letzten Jahren gewonnen hat. Auch hier offenbart sich wieder, wie wichtig ein enger Schulterschluss zwischen den Bereichen Marketing und Kommunikation sowie Design ist. Wer im Investitionsgüterkontext auf das Thema „Design" setzt, kann die dabei errungenen Designpreise anschließend gut für die eigene Markenkommunikation nutzen und sich so wirksam vom Wettbewerb differenzieren. Umgekehrt ist eine stimmige Marken- und Marketingpolitik häufig Voraussetzung dafür, dass überhaupt eine Bereitschaft existiert, in ein konsequentes Produktdesign zu investieren, was dann wieder den Gewinn ebensolcher Designpreise ermöglicht.

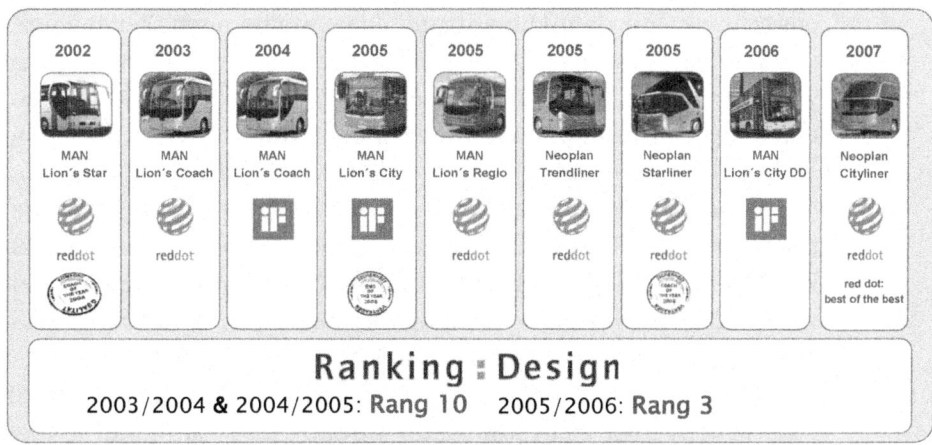

Abb. 3.58. Vielfach prämiert – das Design der MAN Nutzfahrzeuge AG am Beispiel der Bussparte (Quelle: MAN Nutzfahrzeuge AG, Abteilung Design Bus)

3.14 Fallstudie PCS Systemtechnik GmbH, München (Zeiterfassungs- und Zugangskontrollsysteme)

3.14.1 Kurzporträt des Unternehmens

Die 1970 gegründete PCS Systemtechnik GmbH zählt zu den führenden deutschen Herstellern von Hard- und Software für das Erfassen von Zeitwirtschafts- und Betriebsdaten für Zutrittskontrolle, Biometrie und Videoüberwachung sowie von Kommunikationssoftware für die wichtigsten ERP-Lösungen. Die Kunden von PCS stammen aus den Bereichen Industrie, Banken, Versicherungen, Handel, Dienstleistung und öffentliche Auftraggeber. Im Vertrieb und bei der Installation ihrer Produkte arbeitet die PCS Systemtechnik GmbH dabei eng mit spezialisierten Software- und Systemhäusern zusammen, die ihren Kunden professionelle Lösungen aus allen Bereichen der Zeitwirtschaft und Sicherheitstechnik anbieten.

In den zurückliegenden vier Jahrzehnten hat das Unternehmen eine äußerst interessante Entwicklung durchlaufen: 1970 wurde das Unternehmen als PCS – Periphere Computer Systeme GmbH – zur Entwicklung und Herstellung von Prozessrechner- und Labordatensystemen für Industriekunden gegründet. In den 80er-Jahren erfolgte dann die Spezialisierung auf leistungsfähige Unix-Rechner für Industrie, Forschung und Lehre sowie auf betriebliche Informationssysteme. Vor dem Hintergrund eines wachsenden Stellenwertes von Human Resources konzentrierte sich das Unternehmen in den 90er-Jahren schließlich auf die Themen „Zeitwirtschaft" und „Datenerfassung" sowie auf hochwertige Serienprodukte mit dem Branding „INTUS Terminalsysteme". In dieser Zeit wurden erste nationale und internationale Designpreise gewonnen. Auch die erste Zertifizierung der SAP-HR-Schnittstelle erfolgte in dieser Zeit. Die Zutrittskontrolle in Synergie mit RFID und Biometrie kam erfolgreich hinzu, zuletzt die Videoüberwachung im Sinne einer weiteren Spezialisierung auf Sicherheitstechnik im Schulterschluss mit modernster Zeitwirtschaft. Das Unternehmen PCS erwirtschaftet heute mit 68 Mitarbeitern über zehn Mio. Euro Umsatz. Insgesamt sind aktuell ca. 128.000 installierte INTUS Datenterminals in Europa mit den Standardlösungen von PCS und PCS Softwarehaus-Partnern im Einsatz. Für Kunden der SAP AG bietet PCS als zertifizierter Softwarepartner dabei Datenerfassungslösungen aus einer Hand.

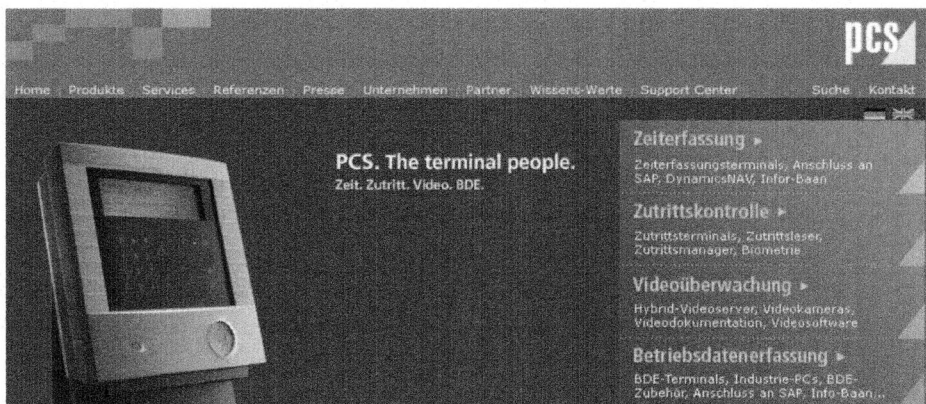

Abb. 3.59. Das Unternehmen PCS Systemtechnik GmbH mit Sitz in München (Quelle: PCS Systemtechnik GmbH)

3.14.2 Innovation als Kernbestandteil der Unternehmensphilosophie

Von Anfang seines Bestehens an hat sich das Unternehmen PCS dem Thema „Innovation" verschrieben. Dies kommt nicht zuletzt darin zum Ausdruck, dass Innovation neben Qualität und Design einer der drei Kernwerte des Unternehmensleitbildes von PCS ist. *„Innovation ist für uns jedoch nicht einfach ein modisches Schlagwort aus der Marketingschublade"*, so Stephan Speth, Leiter Marketing und Neue Geschäftsfelder bei PCS. *„Denn erst, wenn der Kunde bereit ist, für den Zusatznutzen zu zahlen, wird aus einer Erfindung eine vermarktbare Innovation. Darum diskutieren wir bei jedem neuen Produkt intensiv, welche Innovationen wir in das Gerät einbringen können"*, ergänzt Speth.

Ein Beispiel für eine derart nutzenorientierte Innovation, mit der PCS im Zeiterfassungsmarkt für Furore gesorgt hat, ist das sogenannte MagicEye. Hierbei handelt es sich um eine optische Signalgebung, die für den Anwender so gestaltet ist, dass er sie auch beim Vorübergehen und bei lauten Umweltgeräuschen nicht übersehen kann. Hierzu wurde bei der Konzeption des Zeiterfassungsterminals INTUS 5300 eine völlig neuartige zentrale Multifunktionsanzeige entwickelt. Ein mehrfarbiger Kreis kombiniert mit zwei LEDs signalisiert dabei dem Mitarbeiter im Vorübergehen unübersehbar den Status (Zutrittskarte akzeptiert/nicht akzeptiert etc.). Ein weiteres Beispiel für eine nutzerorientierte Innovation von PCS ist im Bereich der Verkabelung bei Zutrittskontrollmanagern zu finden. Bislang war die übliche Lösung eine interne Schraubleiste, an der die Kabel befestigt wurden – mühsam, zeitaufwendig und damit teuer für den Service. Die PCS-Lösung: eine Frontverkabelung der Lese- und Türsteuerungen über ein PatchPanel. Damit wird das Konfigurieren deutlich erleichtert, der Serviceeinsatz auf ein Minimum begrenzt. Das spart Zeit und Geld.

Ein drittes Beispiel der von der Firma PCS in den letzten Jahren entwickelten Kerninnovationen ist die Nutzbarmachung von Technologien zur Handvenenerkennung im Bereich der Zutrittskontrolle. Die Identifikation von Personen in sicherheitskritischen Anwendungen erfordert Verfahren, die einfach in der Anwendung sind, dabei jedoch möglichst fälschungssicher. Die Handflächenvenenerkennung vereint die Forderungen nach Einfachheit und hoher Sicherheit in idealer Weise. Das menschliche Handflächenvenenmuster ist äußerst komplex und befindet sich vor Missbrauch und Manipulationen bestens beschützt innerhalb des Körpers. Die Position der Venen bleibt zeitlebens unverändert und ist bei jedem Menschen unterschiedlich. Hautverunreinigungen oder oberflächliche

Abb. 3.60. Handvenenerkennung – Beispiel für eine Kerninnovation von PCS (Quelle: PCS Systemtechnik GmbH)

Verletzungen haben keinen Einfluss. Beim Einlernen der Personen wird das Handflächenvenenmuster aufgenommen, in ein Template umgewandelt und abgespeichert. Für die Identifizierung einer Person vergleicht das INTUS PalmSecure Terminal das aufgenommene Venenmuster mit allen gespeicherten Venentemplates. Die Verifikation einer Person erfolgt in weniger als zwei Sekunden. Auch bei der Handvenenerkennung setzt das Unternehmen PCS dabei analog dem MagicEye auf Farb-LEDs als leicht wahrnehmbares Feedbacksignal für den Anwender.

3.14.3 Design als Kernaspekt der Marke

Die oben aufgeführten Beispiele zeigen bereits deutlich, wie eng bei PCS Design und Innovation zusammenhängen. *„Neben technischen Lösungen versuchen wir bei unseren Neuproduktentwicklungen immer auch innovative Designlösungen zu finden"*, so Stephan Speth. Ein modernes, innovatives Industriedesign prägt entsprechend das Aussehen aller PCS-Terminalprodukte.

Design ist bei PCS jedoch mehr als nur eine reine Verschönerungsstrategie. *„PCS engagiert sich seit 20 Jahren für gutes Design als Bestandteil der Firmenphilosophie. Das Auseinandersetzen mit Design, Ergonomie und Ökologie hebt die Wertigkeit und emotionale Qualität der Produkte, ganz sicher auch die technische"*, so das Unternehmen auf seiner Website. *„Design und Innovation werden daher bei uns auch nicht als getrennte Bereiche betrachtet, sondern als eng verzahnte Aktivitäten, die einander gegenseitig befruchten"*, so Stephan Speth.

Zahlreiche Auszeichnungen unterstreichen das Streben von PCS nach außergewöhnlichen Produkten: iF 89, iF 90, iF 91, Internationaler Design Preis Schweiz, iF 98, Design Innovationen 98, red dot NRW, Designforum Nürnberg, zuletzt iF 2007 für das neue INTUS 5300. 2008 wurde PCS sogar für den Designpreis der Bundesrepublik Deutschland des Bundesministeriums für Wirtschaft und Arbeit nominiert. Auf mehreren temporären nationalen und internationalen Ausstellungen sind diverse Produkte der INTUS-Produktfamilie von PCS, für die sich die Designbüros ergon3 sowie Alexander Neumeister & Partner verantwortlich zeigen, als Beispiele für zeitgemäßes europäisches Design zu sehen.

Abb. 3.61. Das Zeiterfassungsterminal INTUS 5300 – Gewinner zahlreicher Designpreise (Quelle: PCS Systemtechnik GmbH)

Neben der ästhetischen Überzeugungskraft ihrer Produkte und der wichtigen Funktion im Innovationsprozess ist das Design für PCS vor allem jedoch zum wichtigen Wettbewerbsfaktor geworden. *„In unserem Markt sind Technologien relativ austauschbar geworden. Innovationen werden schnell adaptiert und Vorsprünge nivelliert. Was im Wettbewerb zählt, ist daher nicht zuletzt die wahrnehmbare Qualität der Produkte, die durch unser Design nachhaltig gestützt wird. Sie müssen bedenken, dass unsere Produkte zum Teil über zehn Jahre im Einsatz sind. Was uns vom Wettbewerb unterscheidet, ist daher heute oft nicht die Tech-*

nik, wohl aber deren funktionelle und ästhetisch wahrnehmbare Umsetzung im Produkt. Diese erhöht nicht nur die Akzeptanz beim Anwender, sondern automatisch auch die Zufriedenheit beim Investor", stellt Stephan Speth fest.

Das Beispiel PCS unterstreicht, dass Investitionsgüterunternehmen, die Produkte herstellen, die für den alltäglichen Gebrauch von Menschen gedacht sind, nicht nur ihre unmittelbare Zielgruppe (im Falle von PCS die Personal- und IT-Chefs) im Auge haben sollten, sondern ebenso die Menschen, die diese Produkte später benutzen. Sind sie zufrieden, dann stützt dies letztendlich auch die Einkaufsentscheidung des zuständigen Managers und/oder Buying Centers. PCS hat in dieser Hinsicht in den letzten Jahren deutlich von seiner nachhaltigen Designpolitik profitiert. Dazu noch einmal Stephan Speth: *„Auch wenn dies unsere Kunden nicht immer zugeben. Unsere Produkte werden auch wegen ihres starken Designs gekauft und von den Mitarbeitern geschätzt. Von dieser gesteigerten Wertschätzung dank Design haben sowohl unsere Unternehmensmarke PCS wie auch unsere Produktmarke* INTUS *in den letzten Jahrzehnten deutlich profitieren können."*

Auch für die Kunden von PCS bringt das nachhaltige Investment in das Design explizite Vorteile mit sich: In Zeiten, in denen Themen wie „Corporate Design" und „Corporate Architecture" deutlich an Bedeutung gewinnen, wachsen auch die Anforderungen an adäquate Produktlösungen am und im Gebäude. *„Viele größere Kunden, zum Beispiel aus dem Bereich der Automobilindustrie, haben sich nicht zuletzt deshalb für unsere Produkte entschieden, weil sie in ihrer Grundästhetik hervorragend zum hohen Markenanspruch passen, den diese Unternehmen an sich selber stellen. Darüber hinaus bieten wir mit unseren flexiblen an die CI der Kunden anpassungsfähigen Matrixtouch-Anzeigen eine Produkt-Individualisierung, die in unserer Industrie neue Maßstäbe gesetzt hat"*, so abschließend Stephan Speth.

Alles in allem zeigt das Beispiel der PCS Systemtechnik GmbH, dass sich ein konsequentes und nachhaltiges Industriedesign auch für kleinere Investitionsgüterunternehmen deutlich bezahlt macht. Mehr noch: Es wird offensichtlich, dass und wie das Design über Jahre hinweg zu einem wesentlichen Bestandteil der Unternehmensmarke werden kann.

3.15 Fallstudie SFC Smart Fuel Cell AG, Brunnthal (Brennstoffzellentechnik)

3.15.1 Kurzporträt des Unternehmens

Die SFC Smart Fuel Cell AG mit Sitz in Brunnthal ist Marktführer für mobile und netzferne Energieversorgung auf der Basis der Brennstoffzellentechnologie für Anwendungen im Freizeit-, Industrie- und Militärbereich. Im Gegensatz zu den meisten anderen Brennstoffzellenfirmen, die sich noch in der Entwicklungsphase befinden oder subventionierte Demonstrationsanlagen betreiben, verkauft SFC bereits seit über vier Jahren voll kommerzialisierte Brennstoffzellen an Industrie- und Endverbraucherkunden. Alle Brennstoffzellen und Tankpatronen von SFC sind „Made in Germany". Sie werden am Firmensitz in Brunnthal bei München produziert. Hier befindet sich auch die Forschungs- und Entwicklungsabteilung von SFC. So wird sichergestellt, dass neue Entwicklungen unmittelbar in innovative Produkte umgesetzt werden.

Die Firma SFC wurde im Februar 2000 von dem heutigen Mitglied des Aufsichtsrats, Dr. Manfred Stefener, gegründet. Bereits im Oktober 2001, nach nur 18 Monaten Entwicklungszeit, präsentierte SFC den weltweit ersten seriennahen Prototypen seines miniaturisierten Direkt-Methanol-Brennstoffzellen-Systems (DMFC). Im September 2003 war die SFC A25 als weltweit erstes Brennstoffzellensystem für den Privatgebrauch auf dem Markt erhältlich. Auf dem Caravan-Salon Düsseldorf 2004 wurde erstmals die SFC A50 vorgestellt, die zweite DMFC-Generation für die alternative Stromversorgung in Wohnmobilen und Caravans. Bereits kurz nach ihrer Markteinführung wurde SFC A50 mehrfach ausgezeichnet, zum Beispiel mit dem „DAME Innovation Award", (Design Award Marine Equipment), dem „sailOvation Award 2004" der Fachzeitschrift segeln und dem Innovationspreis der Paris Boat Show. Im Dezember 2005 erhielt SFC die Unternehmenszertifizierung nach DIN ISO 9001:2001 für Entwicklung, Herstellung und Vertrieb von Brennstoffzellen und Zubehör. Eine völlig neue Generation von Brennstoffzellen startete SFC im Mai 2006 unter dem Markennamen EFOY. Diese Familie von mobilen Brennstoffzellen in vier Leistungsstärken richtete sich vor allem an Endverbraucher

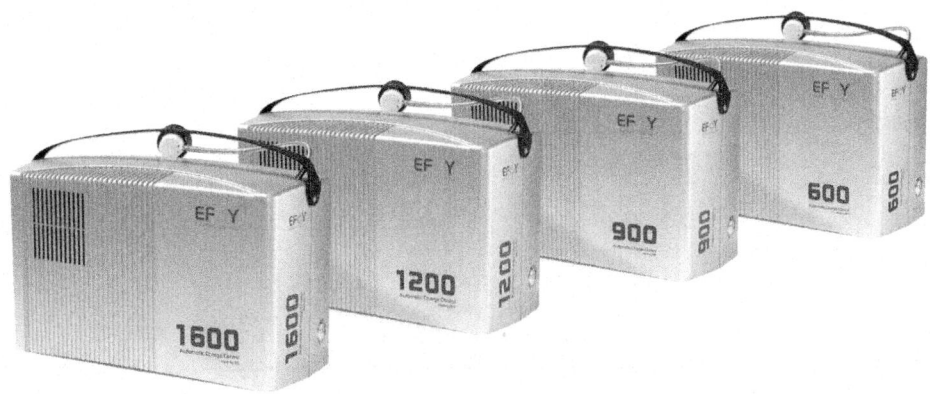

Abb. 3.62. Brennstoffzellen der Marke EFOY – einfaches Handling dank guten Designs (Quelle: SFC Smart Fuel Cell AG)

in den Freizeitmärkten Reisemobil, Segelboot und Ferien- und Jagdhütten. Daneben eröffnete das Unternehmen auch zunehmend netzferne Anwendungen im Industriebereich. Im Mai 2007 führte die SFC Smart Fuel Cell AG einen erfolgreichen IPO im Prime Standard der Deutschen Börse durch.

Dank eines internationalen Netzwerks von Handelspartnern in den jeweiligen Anwendungen sind die Brennstoffzellen und Tankpatronen von SFC mittlerweile in vielen Ländern der Erde erhältlich. Von Japan bis in die Antarktis liefern die unter den Marken SFC und EFOY vertriebenen Brennstoffzellen elektrische Energie für Reisemobile, Segeljachten, Ferienhütten, Verkehrsüberwachungssysteme, Observierungsstationen, Mess- und Frühwarnstationen, Leichtelektrofahrzeuge und viele andere Anwendungen mehr. Dabei erwirtschaftete das Unternehmen zuletzt im Jahr 2007 mit 97 Mitarbeitern einen Umsatz von 14,351 Mio. Euro.

3.15.2 Innovation von Anfang an

Bei der Brennstoffzellentechnik handelt es sich nicht nur um eine innovative Energietechnologie. Sie wird von SFC auch Innovativ in kommerzielle Produkte umgesetzt – ein bislang weltweit einzigartiger Erfolg des Unternehmens. Allgemein wird bei Brennstoffzellen chemische Energie ohne Umwege in elektrische Energie umgewan-

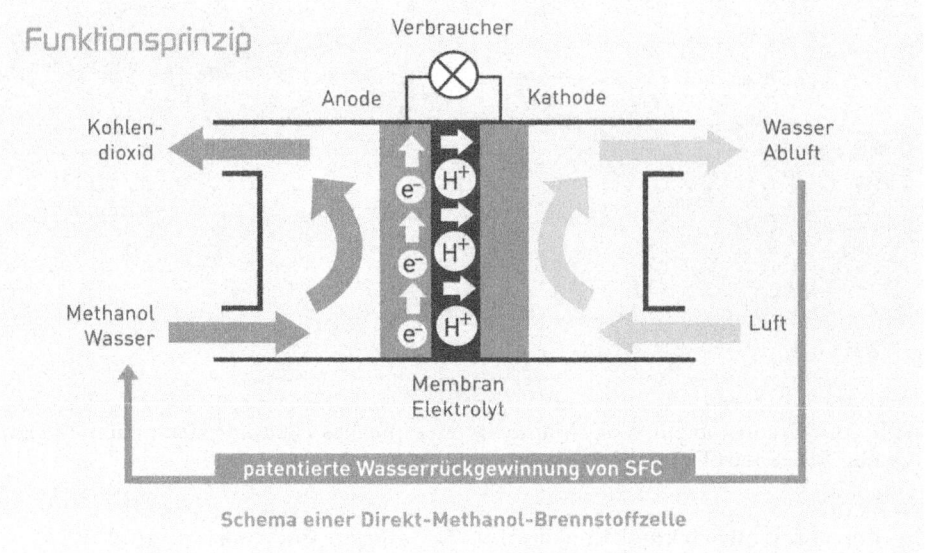

Funktionsprinzip

Schema einer Direkt-Methanol-Brennstoffzelle

Abb. 3.63. Schema einer Direkt-Methanol-Brennstoffzelle (Quelle: SFC Smart Fuel Cell AG)

delt. Diese direkte Umwandlung macht die Brennstoffzelle besonders effizient. Der entscheidende technische Unterschied gegenüber Batterien ist die Trennung von Energieumwandlung und Energiespeicherung. Die Brennstoffzelle liefert so lange kontinuierlich elektrischen Strom, wie der flüssige Energieträger zugeführt wird.

Bei SFC basiert die Energieumwandlung mit Brennstoffzellen auf einer patentierten Technologie, die einen miniaturisierten Aufbau der Brennstoffzelle ermöglicht. Dabei steht die Vereinfachung der Stoffzuführung, des Dichtungskonzepts und der elektrischen Verschaltung im Vordergrund. Zusätzlich werden kostengünstige Materialien eingesetzt und großtechnische Fertigungsverfahren genutzt, welche die wirtschaftliche Herstellung der Brennstoffzellen-Technologie heute schon ermöglichen. Die sogenannte Active-Crossover-Control-Steuerung von SFC ermöglicht dabei eine aktive Kontrolle und Minimierung des negativen Methanol-Crossover-Effekts und somit eine Steigerung der Leistungsfähigkeit der Brennstoffzelle. Dies bedeutet eine sehr kurze Startzeit und eine hohe Effizienz der Brennstoffzellen von SFC.

Mit der im eigenen Hause entwickelten Technologie, die die Grundlage für zahlreiche Patente bildet, hat sich SFC einen einzigartigen Technologie- und Marktvorsprung im Bereich der Brennstoffzellensysteme für netzunabhängige Geräte erarbeitet. Aufgrund dieser Leistung wurde das Unternehmen in den vergangenen Jahren mit zahlreichen Innovationspreisen ausgezeichnet. Hierzu zählen Auszeichnungen wie etwa „Technology Pioneer" (Weltwirtschaftsforum Davos 2005), eines der „100 innovativsten Unternehmen der Welt" (Red Herring Liste 2004), „Innovativstes Produkt der Yachtbranche (Zeitschrift segeln 2004), „inspire! Award für zukunftsweisende mobile Energieversorgung (2004)", „Innovationspreis Brennstoffzelle 2004" (f-cell), Top 3 beim „Deutschen Gründerpreis 2003", bestes Hightechunternehmen im Bereich Energie (Wirtschaftswoche 2002) sowie der Bayerische Innovationspreis und „Bayerns Mittelstandsbetrieb des Jahres" (2001).

Vor Kurzem wurde das Unternehmen mit dem INDUSTRIEPREIS 2008 der Initiative Mittelstand geehrt. Die Initiative Mittelstand suchte Produkte und Lösungen aus der Industrie, die sich durch einen besonders hohen Nutzen und eine hohe Funktionalität auszeichnen. Überzeugt hat SFC dabei nicht etwa mit einem Produkt aus seiner Endverbrauchersparte, sondern mit einer Energieversorgung für Verkehrsleitsysteme, die bei der Autobahnmeisterei München-Nord bereits im Straßenverkehr läuft. Durch den Einsatz von EFOY-Brennstoffzellen auf Warnleitanhängern mit temporären LED-Verkehrszeichen werden erhebliche Kosteneinsparungen erzielt. Die Batterien auf den Anhängern werden durch die SFC-Brennstoffzellen kontinuierlich geladen. Vorher lag die maximale Einsatzzeit bei acht Stunden – jetzt laufen die Anlagen mit einer Zehn-Liter-Tankpatrone Methanol etwa zehn Tage unterbrechungs- und wartungsfrei auf der Autobahn. *„Die Brennstoffzellen sind seit anderthalb Jahren zuverlässig bei Wind und Wetter im Einsatz"*, sagt Peter Scheidler, Kfz-Meister der Autobahnmeisterei München-Nord. *„Bisher mussten wir täglich unsere Anhänger zum Laden der Batterien ins Depot ziehen – auch am Wochenende. Jetzt laufen sie tagelang durch, und das spart enorm Zeit und Kosten – wir sind wirklich begeistert"*, so Scheidler weiter.

Gibt's dort Strom, ist es EFOY.
Qualität Made in Germany

Sicher wissen Sie schon, dass EFOY-Brennstoffzellen leise, leicht und immer verfügbar sind. Unabhängig von Wetter und Jahreszeit haben Sie immer volle Energie, weil EFOY Ihre Batterien vollautomatisch lädt.
Aber wissen Sie auch Folgendes?

Alle EFOY-Brennstoffzellen sind Made in Germany!

Sie werden ausschließlich am Standort Brunnthal bei München entwickelt und produziert. So erfüllen wir stets höchste Qualitätsstandards. Das gewährleistet die 100 %ige Qualitätsprüfung jeder EFOY-Brennstoffzelle.

Gibt es auf EFOY-Brennstoffzellen eine Garantie?

Ja, wir sind von der Qualität der EFOY-Brennstoffzellen so überzeugt, dass Sie auf jede Brennstoffzelle eine Garantie von 2 Jahren erhalten. Bei Ihrer Registrierung* verlängern wir diese sogar auf 3 Jahre. Und das kostenlos. Auf die Langlebigkeit Ihrer EFOY-Energiequelle können Sie sich verlassen.

Brauchen EFOY-Brennstoffzellen eine Wartung?

Nein, EFOY-Brennstoffzellen sind vollkommen wartungsfrei und benötigen keinen Kundendienst. Einmal in Ihrem Reisemobil eingebaut, brauchen Sie sich um nichts mehr zu kümmern – außer ab und zu die Tankpatrone zu wechseln. Auch nach längeren Ruhezeiten startet die EFOY-Brennstoffzelle vollautomatisch.

Finden auch externe Qualitätsprüfungen statt?

EFOY-Brennstoffzellen sind TÜV-geprüft. Im Rahmen der Zertifizierung wurden die hochwertige Konstruktion, mechanische Stabilität, Haltbarkeit, Elektro- und Betriebssicherheit sowie die funktionale Sicherheit der EFOY-Brennstoffzellen bestätigt.

* Einfach online registrieren lassen unter www.efoy.com oder füllen Sie Ihre Garantiekarte aus und schicken Sie diese an unten genannte Adresse.
© EFOY ist ein geschütztes Warenzeichen der SFC Smart Fuel Cell AG, dem weltweit führenden Anbieter von mobilen Brennstoffzellen.

ENERGY FOR YOU

Haben Sie Fragen? Gerne schicken wir Ihnen kostenlos ausführliche Informationen zur EFOY-Brennstoffzelle und beantworten Ihre Fragen.
Senden Sie einfach diesen Coupon an: SFC Smart Fuel Cell AG, Eugen-Sänger-Ring 4, D-85649 Brunnthal, Tel: 089 673592 0, Fax 089 673592 368
○ Ja, bitte schicken Sie mir kostenlos Ihre Broschüre zur EFOY-Brennstoffzelle

Meine Frage:

Name, Vorname:

Straße, Nr.:   PLZ: Ort:
Ich erkläre mich damit einverstanden, dass die zu meiner Person gemachten Angaben für Werbezwecke gespeichert und genutzt werden (falls nicht gewünscht, bitte streichen). Eine Weitergabe der Daten an Dritte erfolgt nicht. Sie können die Einwilligung jederzeit widerrufen.

Abb. 3.64. Kommunikation für die Marke EFOY (Quelle: SFC Smart Fuel Cell AG)

3.15.3 Markenführung und Design bei SFC

Für ein technisch orientiertes Unternehmen ungewöhnlich hat sich die SFC Smart Fuel Cell von der Unternehmensgründung an neben der technologischen Vorreiterschaft einer konsequenten Markenführung und Designpolitik verschrieben. *„Da uns seit der Firmengründung eine schnelle Kommerzialisierung unserer Produkte wichtig war, haben wir – anders als viele unserer Mitbewerber – von Beginn an nicht nur die technische Qualität unserer Produkte im Auge gehabt, sondern ebenso die Wertanmutung über das Design sowie einen maximalen Komfort bei Einbau, Wartung und Bedienung"*, so Björn Ledergerber, Marketingleiter bei SFC.

Neben einer klaren Produktsprache, einer hochfunktionalen Gestaltung und praktischen Designelementen wie dem Tragegriff zeichnen sich die EFOY-Brennstoffzellen dementsprechend durch einen hohen Bedienkomfort aus. Aber auch in anderen nichtmassenmarktorientierten Anwendungsbereichen wie zum Beispiel in der Industrie und im militärischen Umfeld spielt das Design eine nicht unerhebliche Rolle für den Erfolg der SFC-Produkte. In diesen Märkten sind zwar die ästhetischen Aspekte des Designs weniger wichtig, dafür konstruktiv-funktionale Aspekte umso mehr.

Interessant am Fallbeispiel SFC ist auch, dass das Unternehmen relativ früh auf eine Zweimarkenstrategie gesetzt hat, um den Endverbraucher- und den Industriekundenmarkt gleichermaßen erfolgreich bedienen zu können. *„Neben unserer Unternehmensmarke SFC haben wir 2006 die Marke EFOY als Produktlinienmarke für unsere Serienprodukte im Freizeit- und Industriebereich etabliert. Dieser Schritt hat sich als sehr erfolgreich für uns erwiesen. Bereits zwei Jahre nach Markteinführung wurde die EFOY-Brennstoffzelle in der ‚Beste Marken 2008'-Leserwahl der Zeitschrift ‚promobil' auf den 3. Platz gewählt. Die Auszeichnung reflektiert deutlich die große Bedeutung, die wir als Unternehmen mit der EFOY-Marke bereits nach kurzer Zeit im Reisemobilbereich gewinnen konnten"*, so Björn Ledergerber.

Das Beispiel SFC belegt anschaulich, dass die Frage „Investitionsgüter- und/oder Konsumgütermarkt" nicht unbedingt zu einer Entweder-oder-Entscheidung führen muss. Insbesondere Hochtechnologieunternehmen bieten sich häufig Chancen in beiden Märkten. Werden die beiden Bereiche durch eine saubere Markenführung und Designpolitik begleitet, so lassen sich in der Regel beide Märkte erfolgreich erschließen.

3.16 Fallstudie SICK Engineering GmbH, Dresden (Messtechnik)

3.16.1 Kurzporträt des Unternehmens

Die SICK AG zählt als Hersteller von Sensoren und Sensorlösungen für industrielle Anwendungen weltweit zu den Technologie- und Marktführern in der Fabrik- und Prozessautomation. Das 1946 gegründete Unternehmen mit Stammsitz in Waldkirch im Breisgau, das 2006 einen Gesamtjahresumsatz von 646 Mio. Euro erzielte, ist mit über 4.000 Mitarbeitern in zahlreichen Tochtergesellschaften, Vertretungen und Beteiligungen in mehr als 40 Ländern rund um den Globus präsent. Der Erfolg der Unternehmensgruppe SICK beruht neben der intensiven Bearbeitung internationaler Wachstumsmärkte auf einer hohen Applikationskompetenz – Kundenwünsche werden als Herausforderung gesehen und Lösungen gemeinsam mit dem Kunden entwickelt.

Seit seiner Gründung durch Dr. h.c. Erich Sick steht die Unternehmensgruppe dabei für Pionierleistungen im Bereich sensorgetriebener Industrieanwendungen. Jeder achte Mitarbeiter des Unternehmens arbeitet im Bereich Forschung & Entwicklung. Jedes Jahr investiert das Unternehmen über 50 Mio. Euro in die Entwicklung neuer Produkte.

Die SICK Engineering GmbH mit Sitz in Dresden ist eine Tochter der SICK MAIHAK GmbH, die im SICK-Konzern für das Segment „Prozessautomation" verantwortlich zeichnet und seit 2000 einen Mehrheitsanteil der Hamburger MAIHAK AG, einem führenden Hersteller von Analysen- und Prozessmesstechnik, hält. Mit 107 Mitarbeitern hat sich die SICK Engineering GmbH auf die Entwicklung, Produktion und Vermarktung von Staubmessgeräten, Volumenstrommessgeräten sowie Gaszählern für industrielle Anwendungen spezialisiert. Das Unternehmen ist dabei auf zwei Märkten aktiv: auf dem Markt für Emissionsmessungen (hier sind die Produkte von SICK im Wesentlichen ein „Must-have" zur Erfüllung gesetzlicher Emissionsvorschriften) sowie auf dem Markt der Durchflussmesstechnik (zum Beispiel für Gasleitungen in Pipelines bzw. Großanlagen), einem Markt, in dem technologische Vorsprünge und

Produktdifferenzierungen eine deutlich größere Rolle spielen. Während das Unternehmen im Bereich der Emissionstechnik seit Jahren eine führende Marktstellung einnimmt, ist es im Bereich der Durchflusstechnik eher ein Newcomer. Durch hochinnovative Produkte wie den FLOWSIC 600 hat es die SICK Engineering GmbH jedoch auch in diesem für sie neuen Markt geschafft, deutliche Achtungserfolge zu erzielen.

3.16.2 Bedeutung der Marke

Wie bei vielen anderen Technologieunternehmen im Mittelstand ist die Geschichte der Marke SICK eng mit dem Gründer des Unternehmens, Dr.-Ing. h.c. Erwin Sick, verbunden. Erich Sick, Träger der Diesel-Medaille und Ehrendoktor der Technischen Universität München, zählt zu den Pionieren im Bereich optoelektronischer Mess- und Steuerungstechnik in Deutschland.

Über die Person des Gründers hinaus steht die Unternehmensmarke heute synonym für Werte wie Präzision, Innovativität und Qualität im Bereich der industriellen Sensorik (SICK) sowie der Analysen- und Prozessmesstechnik (SICK MAIHAK). Die SICK Engineering GmbH profitiert als spezialisierte Tochterfirma vom positiven Markenimage des Mutterunternehmens SICK. Da die Produkte der SICK Engineering GmbH am Markt unter der Doppelmarke „SICK | MAIHAK" geführt werden, profitiert das Unternehmen darüber hinaus von der positiven Wahrnehmung, die sich aus der jahrelangen

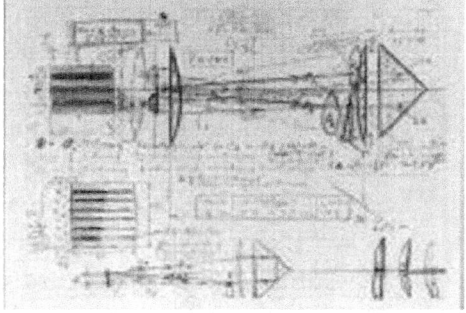

Abb. 3.65. Firmengründer Dr.-Ing. h.c. Erwin Sick, Erfinder aus Leidenschaft (Quelle: SICK Engineering GmbH)

Präsenz und Expertise der MAIHAK AG im Bereich der Analysen- und Prozessmesstechnik ergibt.

Während die SICK Engineering GmbH im Bereich Emissionstechnik bereits über eine gefestigte Marktposition als „führender Anbieter" verfügt, ist das Unternehmen im Bereich der Gasdurchflusstechnik noch neu am Markt. Mithilfe technologischer „Durchbruchinnovationen" will das Unternehmen in den nächsten Jahren in diesem Bereich gezielt einen Ausbau der eigenen Markt- und Markenposition erreichen und sich glaubhaft neben den dort führenden Marken wie DANIEL (Emerson Process Management), ELSTER-INSTROMET sowie GE SENSING (General Electric) positionieren.

3.16.3 Bedeutung des Designs für das Unternehmen

Design stellt im Markt der Analysen- und Prozessmesstechnik bislang keine besondere Stellgröße dar. Auch wenn einzelne Anbieter in benachbarten Marktsegmenten wie zum Beispiel die KROHNE Messtechnik GmbH & Co. KG (Öldurchflussmessung) oder die ENDRESS + HAUSER Messtechnik GmbH & Co. KG (Füllstands-, Druck-, Temperatur- und Durchflussmessung) das Produktdesign bereits als Differenzierungs- und Profilierungsinstrument für sich nutzen, so gibt es noch wenige wirkliche Benchmarks in diesem sehr technikorientierten Markt.

Auch bei der SICK Engineering GmbH stehen bei der Produktgestaltung vor allem konstruktive und fertigungsorientierte Aspekte im Vordergrund. Die Formengestaltung wird im Wesentlichen von dem eigenen Entwicklerteam übernommen. Erste Erfahrungen in der Zusammenarbeit mit Designern existieren, haben aber in der Vergangenheit auch zu Enttäuschungen geführt, da sich die involvierten Industriedesigner als zu wenig anschlussfähig an die technisch-konstruktiven Herausforderungen der entsprechenden Entwicklungsaufgaben gezeigt haben.

Dass man auch mit wenig Aufwand die Produktgestaltung als wichtiges Instrument für die Steigerung des Produkterfolgs und den Aufbau eines glaubwürdigen Markenimages am Markt nutzen kann, zeigt dagegen das Beispiel des Ultraschall-Kompaktgaszählers FLOWSIC 600. Während bei der Ursprungsversion des Produkts fast

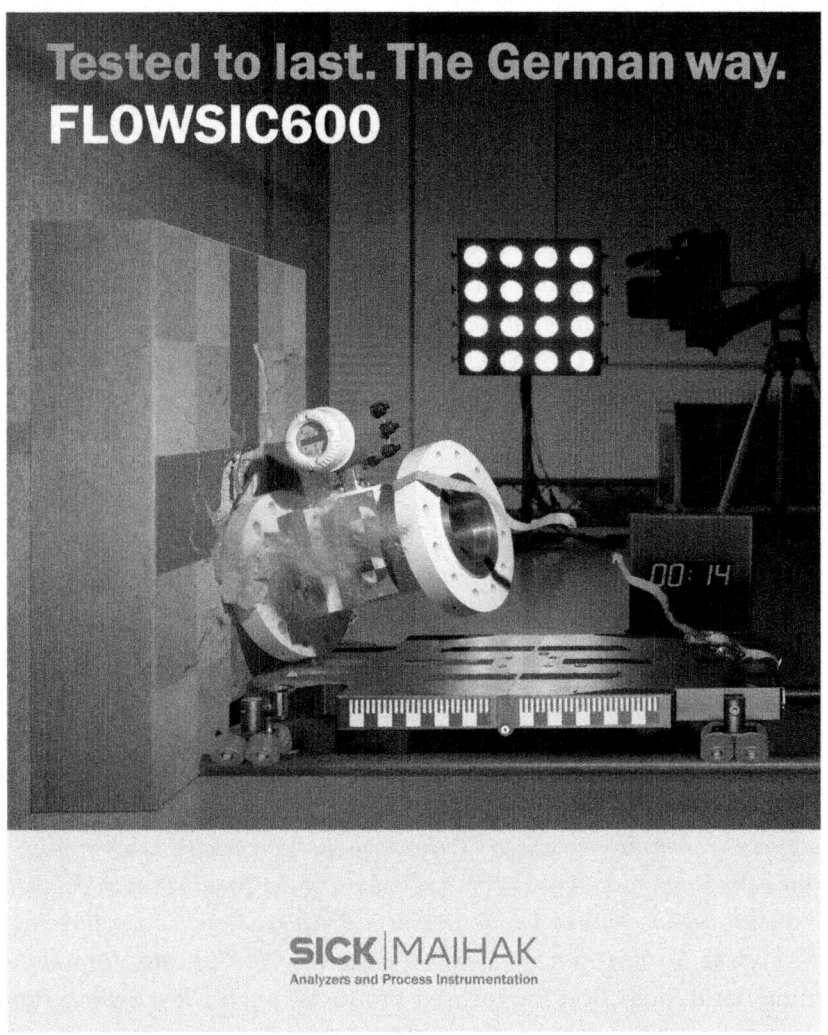

Abb. 3.66. FLOWSIC 600 – Markterfolg dank neuer Produktgestaltung (Quelle: Schmidt & Schumann Gesellschaft für Kommunikation mbH, Dresden)

ausschließlich technisch-konstruktive Überlegungen im Vordergrund standen, hat man bei der Neuauflage des Produkts dessen Gestaltung gezielt im Hinblick auf Aspekte wie Qualität, Kompaktheit, Innovativität und Preiswürdigkeit optimiert (siehe Abbildung 3.66). *„Erst durch die neue Gestaltung des Produkts haben wir es wirklich geschafft, in diesem für uns neuen Markt Fuß zu fassen und unseren Kunden die Produktwerte, für die wir stehen, wie zum Beispiel Haltbarkeit,*

Zuverlässigkeit, Präzision und Technologiekompetenz glaubwürdig zu vermitteln", stellt Dr.-Ing. Volker Herrmann, Geschäftsführer SICK Engineering GmbH, fest.

3.16.4 Herausforderungen für die Zukunft

Aufbauend auf diesem Erfolg möchte die SICK Engineering GmbH das Thema „Industriedesign" in Zukunft noch stärker für sich nutzen. *„Zum einen geht es uns darum, bei der Nachfolgeserie der FLOWSIC-600-Produktlinie die technologischen Eigenschaften des Produkts und den daraus erwachsenden Kernnutzen für den Endkunden noch deutlicher nach außen zu kommunizieren. Der technologische Vorsprung, den wir in diesem Bereich besitzen, soll physisch noch stärker wahrnehmbar werden. Darüber hinaus wollen wir die eigene Gestaltungskompetenz unserer Entwicklungsmannschaft in den kommenden Jahren erhöhen mit dem Ziel, bereits in frühen Entwicklungsphasen Gestaltungsfragen zu integrieren und auf eine langfristig und strategisch fundierte Basis zu stellen."* Genau in dieser Verknüpfung technischer mit kreativ-gestalterischen Kompetenzen sieht Volker Herrmann eine wesentliche Chance für mittelständische Unternehmen im Investitionsgüterkontext: *„Wer nicht im Preiskampf untergehen will und neben den großen Anbietern am Markt eine reelle Chance haben will, muss seine Position am Markt durch technologische Vorsprünge beweisen. Technologische Vorsprünge machen jedoch nur dann Sinn, wenn diese über die Gestaltung der Produkte auch deutlich sichtbar werden. Nur so ist die in einem Produkt steckende Engineering-Kompetenz für den Kunden wirklich nachvollziehbar"*; beste Voraussetzung dafür, aus „Best Engineered Products" auch „Best Selling Products" zu machen.

3.17 Fallstudie STARMED GmbH, Ulm (Intensivmedizin-Technik)

3.17.1 Kurzporträt des Unternehmens

Die 1998 gegründete STARMED GmbH 1998 hat sich bei ihrer Gründung vor allem der Entwicklung und dem Vertrieb von mobilen Intensivtransportsystemen verschrieben. Auf diesem Sektor ist STARMED heute unangefochtener Spezialist und Marktführer. In

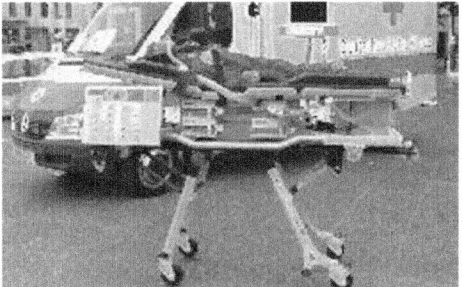

Abb. 3.67. Das Intensivtransportsystem ITS Terra 100 – Ausschnitt aus dem Produktprogramm des Unternehmens STARMED (Quelle: STARMED GmbH)

wenigen Jahren hat sich das Unternehmen dabei zu einem der führenden Anbieter für anspruchsvolle medizinische Transportlösungen für den zivilen und militärischen Bereich entwickelt.

Zu den Kernprodukten des Unternehmens zählen:

1. Im zivilen Bereich: Intensivtransportsysteme wie die ITS Terra 100, Klinikfahrgestelle wie die ITS KF 3000, Patiententransportsysteme für Flugzeuge wie das PTS 3000 oder das vielfach prämierte Leichentransport- und Bergesystem „silentsafe".

2. Im militärischen Bereich Patiententransportsysteme wie das PTS Medevac, Rettungstransportsysteme wie das RTS-Terra 100/150 sowie Intensivtransportsysteme wie die ITS-Terra 100.

Neben dem Vertrieb seiner Standardprodukte bietet das Unternehmen darüber hinaus Leistungen im Bereich Entwicklung, Gestaltung und Fertigung von Sonderlösungen im medizin-, ambulanzfahrzeug- und luftfahrttechnischen Bereich an, die von der CAD-Konstruktion und -Design über Montage und Sonderbau bis hin zu Statik- und CE-Tests sowie Produktservice reichen.

3.17.2 Innovation als wichtiges Element der Unternehmensstrategie

Im Gegensatz zu vielen anderen medizintechnischen Unternehmen produziert und vertreibt das Unternehmen nicht einfach nur Serienprodukte. Das Unternehmen besitzt darüber hinaus auch weitreichendes Know-how bei der Entwicklung maßgeschneiderter Lösungen für hochkomplexe intensivmedizinische Anwendungen. Innovation ist daher bei STARMED nicht nur ein Schlagwort zur Optimierung des eigenen Produktportfolios, sondern wesentlicher Bestandteil der Unternehmensstrategie. Entsprechend ist auf der Website zu lesen: *„Ob Redesign oder Neukonzeption, ob Innenraumgestaltung oder Rettungssystem, wir entwickeln für Sie und mit Ihnen wirklich innovative Produkte. Von der ersten Idee über eine kompetente Beratung und Analyse bis hin zur Prototypen- und Serienfertigung."* Das STARMED-Entwicklerteam setzt sich dabei aus (Intensiv-)Medizinexperten, Luftfahrtingenieuren, Elektrotechnikern, Konstrukteuren sowie QM- und Militärspezialisten zusammen, was eine hohe Innovativität der entwickelten Lösungen ermöglicht.

3.17.3 Design als Differenzierungs- und Profilierungsinstrument

Von Beginn seines Bestehens an hat das Unternehmen STARMED die wichtigen Schnittstellen zwischen Entwicklung, Konstruktion und Design im medizintechnischen Bereich erkannt und in seine Entwicklungsarbeit einbezogen. Das Unternehmen investiert heute gut 20 % seines Entwicklungsaufwands in Design. Bei der Gestaltung (intensiv-)medizinischer Rettungs- und Transportlösungen geht es neben rein medizinischen Anforderungen schließlich immer auch um eine optimale Ergonomie, leichte Handhabbarkeiten, innovative Materiallösungen und eine hohe Langlebigkeit der Produkte trotz hoher Beanspruchung. Darüber kommt im medizinischen Bereich dem Menschen naturgemäß eine zentrale Bedeutung zu. Daher spielt das Design in diesem Markt eine nicht unerhebliche Rolle.

Vor diesem Hintergrund sind Designaspekte bei allen Produkten und Entwicklungsprojekten des Unternehmens relevant. Das Produkt von STARMED, bei dem die Bedeutung des Designs bisher jedoch am deutlichsten hervortritt, ist das neuartige Leichentransport- und Bergesystem „silentsafe".

Der silentsafe besteht aus einem in Leichtbauweise hergestellten, hochwertigen Transportsarg und einer entnehmbaren, speziellen Schaufeltrage. Dabei besticht das Produkt nicht nur durch seine moderne Ästhetik, sondern vor allem durch eine optimale Handhabbarkeit, die auf Designinnovationen beruht.

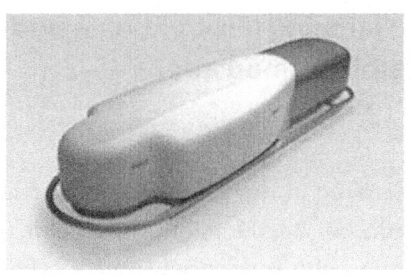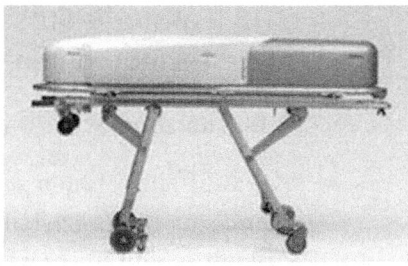

DESIGNPREIS
2007

Abb. 3.68. Das Leichentransport- und Bergesystem „silentsafe" – Beispiel für eine mehr-fach prämierte Designinnovation aus dem Bereich der Intensivmedizintechnologie (Quelle: STARMED GmbH)

Es überrascht daher nicht, dass das Unternehmen mit dem Produkt bereits verschiedene Designpreise gewinnen konnte. Neben dem „Internationalen Designpreis Baden-Württemberg 2005" in Silber zählt dazu u.a. auch der renommierte Designpreis der Bundesrepublik Deutschland. In der Begründung ihrer Entscheidung verweist die Jury dabei vor allem auf die gelungene Umsetzung von funktionalen Anforderungen in eine moderne Ästhetik. So leite sich die Form des silentsafe einerseits aus den Anforderungen ab, für Leichen unterschiedlichen Alters, Gewichts und unterschiedlicher Größe nutzbar zu sein und dabei von einer Person gehandhabt werden zu können; zugleich übersetze diese aber auch piktogrammartig Ergonomie in Form. Auch die kräftige Farbgestaltung, die zunächst der Nutzung in verschneitem Gelände geschuldet war, stellt aus Sicht der Jury zugleich eine mutige Entscheidung für ein Leichentransportsystem dar.

Das Beispiel STARMED belegt, dass sich das Produktdesign auch in schwierigen Märkten und Produktbereichen gerade von kleineren Unternehmen gezielt als Differenzierungs- und Profilierungsinstrument nutzen lässt. Für Geschäftsführer René Stern Grund genug, das Design auch in Zukunft konsequent für den eigenen Unternehmenserfolg zu nutzen: *„Design kann die eigene Marktposition verändern, das lohnt sich. Man wundert sich, wie man mit relativ wenig Aufwand deutlich mehr aus einem Produkt machen kann."*

3.18 Fallstudie SÜss MicroTec, Garching (Produktions- und Testequipment für die Halbleiterindustrie)

3.18.1 Kurzporträt des Unternehmens

Seit fünf Jahrzehnten setzt SÜss MicroTec in der Halbleiterindustrie Standards für Präzision und Qualität bei der Herstellung von Produktions- und Testgeräten. Kontinuierliche Innovation und die Fähigkeit, sich verändernden Umwelten mit jeweils neuen Produktlösungen anzupassen, haben den Betrieb zu einem Technologieunternehmen gemacht, das inzwischen zu den führenden Anbietern auf diesem Markt zählt. Das 1949 als Karl Süss KG gegründete Unternehmen war zunächst als Zwischenhändler für optische Geräte von Leitz tätig. Karl Süss, der Gründer des Unternehmens, begann jedoch schon bald selbst mit der Entwicklung von Produkten. So entwickelte er etwa gemeinsam mit Siemens eine einfache Fotolithografie-Maschine für die Herstellung von Transistoren. Es folgte die Entwicklung des ersten Mask Aligners, des heute bereits legendären MJB3. Dieses Gerät, das zur exakten Positionierung von Masken für die Fotolithografie in der Mikrochipherstellung benutzt wird, entstand damals noch in einer kleinen Garage in München.

Abb. 3.69. Das Unternehmen SÜss MicroTec mit Sitz in Garching bei München (Quelle: SÜss MicroTec)

Heute ist Süss MicroTec einer der führenden Lieferanten von Produktions- und Prozesstechnologie für die Halbleiterindustrie. Süss bedient in erster Linie Wachstumsmärkte, die gerade auf die aktuellsten Technologien umstellen. Hier sind weltweit bereits über 8.000 Systeme von Süss im Einsatz. Die Süss-Gruppe umfasst ca. 700 Mitarbeiter und ist mit Verkaufs- und Servicezentren in Europa, Nordamerika und Asien vertreten. Das Unternehmen, das einen Umsatz von 145,6 Mio. Euro erwirtschaftet (Geschäftsjahr 2007) ist seit 1999 an der Börse notiert. 6,7 % der Aktien gehören jedoch nach wie vor Dr. Winfried Süss, dem ehemaligen Vorsitzenden des Aufsichtsrats und Sohn des Gründers.

3.18.2 Produktportfolio und Innovationen bei Süss

Das Unternehmen Süss MicroTec hat sich auf die Herstellung und den Vertrieb von Equipment für alle zentralen Anwendungsbereiche der Halbleiterindustrie und verwandter Branchen spezialisiert, und zwar von der Forschung über die Pilotproduktion bis hin zur komplexen Automatisierung. Das Produktprogramm umfasst Standardausrüstungen für Litografieprozesse bei der Herstellung von Mikrochips und Verbindungsgeräten zur Umsetzung der Advanced-Wafer–Bonding–Technologie genauso wie unterschiedlichstes Testequipment für die Halbleiterindustrie.

In den letzten Jahren hat das Unternehmen durch wegweisende Innovationen, Neugründungen und Akquisitionen das eigene Produktportfolio deutlich erweitern können. So wurde etwa 2002 die Süss MicroOptics in Neuchatel (CH) gegründet, das bis heute weltweit der einzige Anbieter bestimmter für die 200-mm-Wafer-Produktion wichtiger mikrooptischer Komponenten aus Quarzglas und Silizium (sogenannter Mikrolinsen-Arrays) ist. Gemeinsam mit dem Branchenriesen IBM haben Entwickler der Süss–Gruppe bereits vor einigen Jahren die C4NP-Technologie entwickelt, eine umweltfreundliche Lösung zur Befestigung von Rechnerchips am Gehäuse.

Beim Löten wird dabei das giftige Blei durch leichter abbaubare und billigere Stoffe ersetzt. Die neue C4NP-Technik drückt darüber die durchschnittlichen Herstellungskosten eines Wafers, aus dem die Chips gewonnen werden, um 25 bis 30 %. Aktuell entwickelt Süss MicroTec zusammen mit Philips Research als weiteren Koope-

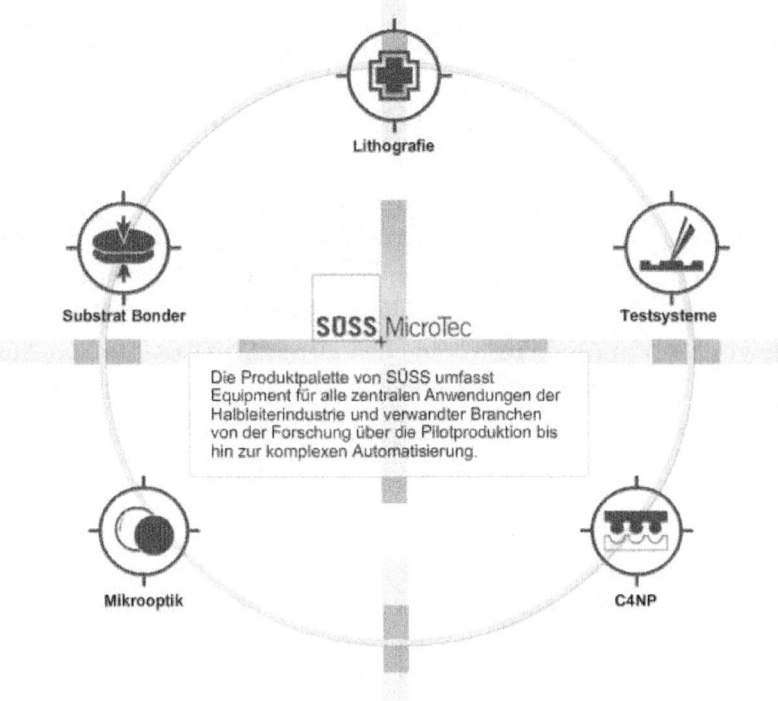

Abb. 3.70. Das Produktprogramm von Süss MicroTec (Quelle: Süss MicroTec)

rationspartner in dem Projekt SCIL (Substrat-Conformal-Imprint-Lithografie) eine neue Prägetechnologie zur Erzeugung von Strukturen im Sub-50-nm-Bereich.

3.18.3 Design als wichtiger markenbildender Faktor

Es mag auf den ersten Blick erstaunen, dass das Thema „Design" für ein hoch spezialisiertes Technologieunternehmen wie die Süss-Gruppe Relevanz besitzt, und doch zeigt das Beispiel Süss, dass gerade technikgetriebene Investitionsgüterhersteller mit einer klaren Produktsprache einen entscheidenden Beitrag zur internen wie externen Markenbildung ihres Unternehmens leisten können. Vor diesem Hintergrund ist es hilfreich, einen näheren Blick auf den integrierten Designprozess zu werfen, den das Unternehmen 2007 gemeinsam mit dem Münchener Designbüro designafairs gestartet hat. Am Anfang des Prozesses stand die Erkenntnis, dass das Unternehmen zwar weltweit an allen Standorten über eine hohe technische Kompetenz verfügt, dass aber diese Kompetenz nur sehr unterschiedlich in den verschiedenen Produktgattungen zum Ausdruck kam. *„Wie viele andere Unternehmen auch, entwickeln und produzieren wir unsere Produkte von verschiedenen Standorten aus. Auch wenn die so hergestellten Produkte jeweils unterschiedliche Funktionen für unsere Kunden erfüllen, so stehen diese im konkreten Test- und Fertigungsumfeld der Halbleiterindustrie doch häufig eng beieinander. Hier eine einheitliche Wahrnehmung zu schaffen, sicherzustellen, dass zentrale Unternehmens- und Produktwerte wie Exzellenz, Qualität, Präzision, Innovativität, Kompatibilität und Klarheit deutlich nach außen wahrnehmbar werden, dazu haben wir das Designprojekt gestartet"*, so Dr. Winfried Süss, ehemaliger Vorsitzender des Aufsichtsrats der Süss MicroTec AG. Ziel des Projekts war es dabei von Anfang an, die eigenen Produkte nicht nur über eine pure Oberflächenkosmetik zu verschönern, sondern die Produktsystematik grundsätzlich zu hinterfragen und nach neuen kreativen Konstruktionslösungen zu suchen, durch die die wahrgenommene Wertigkeit der Produkte deutlich erhöht werden kann. Die von designafairs entwickelte Designkonzeption setzt dabei auf klare Geometrien sowie einheitliche Materialien und Form-

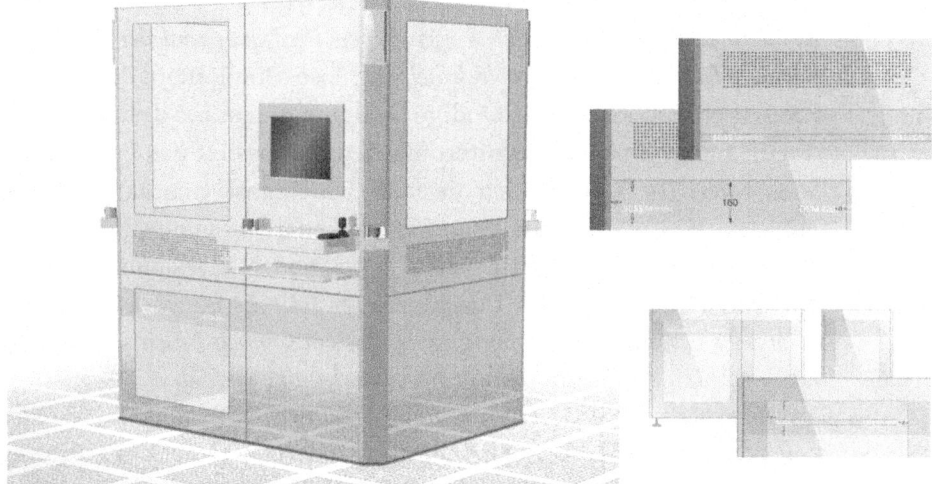

Abb. 3.71. Beispiel für einen gelungenen Designprozess – vom allgemeinen Designraster über Variantenbildung bis hin zur konkreten Designlösung am Beispiel der DSM200 von Süss MicroTec (Quelle: Süss MicroTec)

elemente und verschafft so den Produkten von Süss MicroTec nicht nur eine höhere Prägnanz und Einheitlichkeit, sondern unterstützt auch die Preiswürdigkeit der Produkte am Weltmarkt. Das Projekt hat dabei keineswegs zu einer Erhöhung der Produktionskosten geführt. Im Gegenteil: Über innovative Designlösungen, zum Beispiel bei der Logoapplizierung (Laserverfahren statt Siebdruck), hat das Projekt sogar einen Beitrag dazu geleistet, die Produktionskosten zu senken.

Für andere ähnlich gelagerte Unternehmen aus dem Investitionsgüterbereich besitzt das Beispiel Süss MicroTec jedoch nicht nur in puncto Wertigkeit und „Design-to-cost" Benchmark-Charakter. Das hier vorgestellte Referenzbeispiel ist vielmehr auch deshalb Vorbild, da es deutlich macht, dass eine erfolgreiche Marken- und Designarbeit sowohl von der Fähigkeit einer ausreichenden Abstraktion in Form klarer Produkt- und Designraster abhängt als auch von der Fähigkeit zur Spezifizierung, Konkretisierung, sprich von einer diese Raster zum Leben bringenden hoch qualitativen Umsetzung. *„Allgemeine Marken- und Designraster sind wichtig, da sie den Entwicklern und dem Produktmanagement eines Unternehmens eine klare Orientierung bieten. Letztendlich entscheidend für den Produkt-, Marken- und Unternehmenserfolg ist jedoch die Qualität der Umsetzung dieser Raster im konkreten Produkt. Erst dort wird die Wertigkeit einer Designlösung und damit immer auch Wertigkeit des jeweiligen Produktes und der darin steckenden Technologie wirklich wahrnehmbar"*, so Dov Rattan, der für das Süss-MicroTec-Projekt zuständige Designmanager bei designafairs.

Für andere Investitionsgüterunternehmen besitzt das Fallbeispiel Süss MicroTec jedoch auch deshalb Benchmark-Charakter, da es aufzeigt, wie wichtig die enge Zusammenarbeit von Auftraggeber (Unternehmen) und Dienstleistern (Designbüros, Designberatungen etc.) für den Erfolg eines Designprojekts ist. *„Es ist ein leider immer noch weit verbreiteter Fehlglaube, gute Designlösungen ließen sich im Ad-hoc-Verfahren entwickeln. Hierzu ist vielmehr eine enge und längerfristige Zusammenarbeit von Unternehmen und Designern notwendig. Diese sollte von gegenseitigem Respekt, Vertrauen, aber auch der Bereitschaft, voneinander zu lernen und Lösungen gemeinsam zu entwickeln, gekennzeichnet sein"*, so Christian Jurke, Leiter des Bereichs Brand & Design Strategy bei designafairs. Um genau das zu erreichen, seien mitunter auch neue Formen der Zusammenarbeit notwendig. *„Auch wenn dies im Designkontext eher unüblich ist, so bauen wir in unsere Projekte eigentlich immer Zwischenpräsentationen mit dem Kunden ein, um Vertrauen bei den Ingenieuren zu wecken und diese bzgl. der geplanten Entwicklungslinien ins Boot zu holen. Darüber hinaus sitzen Designer aus unseren Teams dem Vorbild des ‚resident engineerings' folgend durchaus auch einmal über Tage oder Wochen hinweg beim Kunden, um vor Ort gemeinsam mit diesem knifflige Konstruktionsprobleme lösen und innovative Detaillösungen entwickeln zu können"*, so noch einmal Dov Rattan von designafairs.

Das Fallbeispiel Süss MicroTec belegt somit anschaulich, dass die Qualität einer Produkt- und Designlösung nicht zuletzt von der Qualität der Teamarbeit abhängt, die dahinter steht. Mehr noch: Es macht deutlich, dass das Design selbst in eher „designfernen" Branchen ein wichtiger Hebel zur Profilierung und Differenzierung der eigenen Unternehmensmarke sein kann. *„Mit dem neuen von designafairs entwickelten Designkonzept haben wir die technische Wertigkeit unserer Produkte zwar nicht grundlegend verändert, wohl aber deren Wahrnehmbarkeit nach außen deutlich erhöht. Darüber hinaus haben wir unser Erscheinungsbild am Markt vereinheitlicht und sichergestellt, dass unsere zentralen Unternehmenswerte zukünftig in all unseren Produkten zum Ausdruck kommen. Das hilft der Marke und damit auch dem Erfolg unseres Unternehmens"*, so Dr. Winfried Süss, ehemaliger Vorsitzender des Aufsichtsrats der Süss MicroTec AG.

3.19 Fallstudie WITTENSTEIN AG, Igersheim (Mechatronik)

3.19.1 Kurzporträt des Unternehmens

Produkte des Igersheimer Hightechunternehmens WITTENSTEIN AG sind überall dort zu finden, wo äußerst präzise angetrieben, gesteuert und geregelt werden muss. Die fast 60-jährige Unternehmensgeschichte vom kleinen Nähmaschinenhersteller hin zum weltweiten Komplettanbieter von Systemlösungen im Bereich der elektromechanischen Servoantriebssysteme mit rund 1.300 Mitarbeitern sowie 60 Tochtergesellschaften in 40 Ländern und einem Jahresumsatz von 148 Mio. Euro im Geschäftsjahr 2007 ist beeindruckend. Seit 2003 sind die Zuwächse jedes Jahr zweistellig.

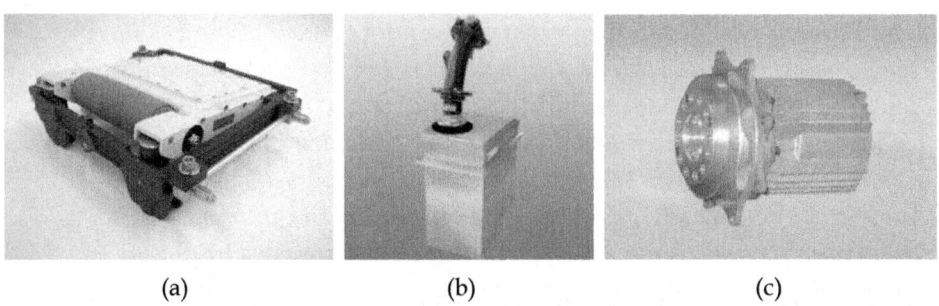

(a)   (b)   (c)

Abb. 3.72. WITTENSTEIN aerospace & simulation GmbH: Actuators and motors for highly integrated mechatronic (sub-) systems for in-flight hardware with high reliability: (a) PDU -1 motor drive PDU's for wide body aircrafts; (b) Flight worthy active side stick; (c) Brushless DC servo actuators/Light weight actuator (Quelle: WITTENSTEIN AG)

Am Produktionsstandort Deutschland werden hochpräzise Planetengetriebe, komplette elektromechanische Antriebssysteme sowie AC-Servosysteme und -motoren entwickelt und produziert. Einsatzgebiete der Produkte aus den mittlerweile sieben Unternehmensbereichen sind zum Beispiel Roboter, Werkzeugmaschinen, die Verpackungs-, Förder- und Verfahrenstechnik, die Formel 1, Papier- und Druckmaschinen, die Medizintechnik, die Bühnen- und Hubtechnikbranche. Mit der grundlegenden Ausrichtung auf intelligente, mechatronische Antriebssysteme und der Verschmelzung von Mikro- und Makrotechnologien werden das Kern-Know-how und die Kernkompetenzen sukzessiv weiterentwickelt.

Verstärkt setzt die WITTENSTEIN AG zudem auf Wachstum in Nischen. So hat sich WITTENSTEIN in den letzten Jahren durch die Miniaturisierung und Integration intelligenter Systeme zu einem der Spezialisten in der Luftfahrtindustrie weiterentwickelt. Beispielhaft konnte die Tochtergesellschaft WITTENSTEIN aerospace & simulation GmbH in den vergangenen Jahren mehr als 1.000 elektrisch angetriebene Türsysteme für den Airbus A380 ausliefern. Der Riesenvogel A380 ist das erste Passagierflugzeug, das mit elektrisch angetriebenen Türsystemen ausgestattet ist, die dem Bordpersonal die mühsame Arbeit des Öffnens und Schließens der 16 Türen pro A380 sicher und einfach abnimmt. Die nachfolgenden Produktabbildungen stehen stellvertretend für komplette und komplexe Antriebssysteme in der Aerospace- und Simulationsindustrie.

3.19.2 Innovationsstärke – Produktidentität – Industrial Design

Technologiekompetenz und Innovationskraft waren von Beginn an die Erfolgsgaranten der WITTENSTEIN-Unternehmensgruppe. Der Umsatzanteil an WITTENSTEIN-Produkten, die jünger als fünf Jahre sind, liegt derzeit bei 85 %. *„Unser Ziel ist die Innovations- und Kompetenzführerschaft auf dem Markt der hochpräzisen elektromechanischen Antriebssysteme, um weiter wachsen zu können. Den Mehrwert unserer Innovationsoffensive sehen wir: a) im Aufbau von Netzwerken zur Optimierung unseres Innovationsprozesses, b) im Input zur Optimierung unserer Beziehungsintelligenz zu Kunden, Lieferanten und Mitarbeitern und c) im Beitrag zur Steigerung unserer Lieferfähigkeit entsprechend der Kundenbedürfnisse"*, so Thomas Bayer, Leiter der Businessplattform Forschung und Entwicklung der WITTENSTEIN-Gruppe. Ein derart ganzheitliches Innovationsverständnis ist Grundvoraussetzung für die Umsetzung der anspruchsvollen Unternehmensvision und Marktpositionierung, dauerhaft für seine Kunden ein exzellenter Partner mit intelligenten Komponenten und beherrschbaren Servosystemen auf dem Gebiet der mechatronischen Antriebstechnik sein zu wollen.

Diesem Anspruch folgend, setzt die WITTENSTEIN AG konsequent auf die MINI-Strategie, mit den vier Kernkompetenzen **Miniaturisierung, Innovation, Netzwerk** und **Intelligenz.** Der Aufbau der verschiedenen Entwicklungsstufen kann bildhaft in einem Treppenmodell dargestellt werden. Auf der untersten Stufe stehen Grundkomponenten wie Getriebe, Motoren sowie Regel- und Leistungselektronik. Eine Stufe höher stehen Funktionseinheiten wie Getriebemotoren oder Servoaktuatoren mit integrierter Elektronik und Software. Ganze Funktionssysteme wie zum Beispiel Steuerknüppel in Flugzeugen (Sidesticks) stehen auf der nächsten Integrationsstufe. Weitere Stufen sind Subsysteme und komplette Antriebssysteme.

Technologiekompetenz und Innovationskraft verleihen den Produktsystemen der WITTENSTEIN-Gruppe eine unverwechselbare Intelligenz, Präzision und Identität. Die Auseinandersetzung mit Industrial Design mag in diesem Zusammenhang zunächst ungewöhnlich erscheinen. Bei genauer Betrachtung der Schnittstelle zwischen den WITTENSTEIN-Antriebs- und -Systemkompetenzen und den spezifischen Kundenanforderungen wird jedoch schnell deutlich, wie wichtig eine professionelle Auseinandersetzung mit Design in der Mechatronikindustrie schon heute ist. *„Nach den mechatronischen Trends von Automatisierung, Digitalisierung und Miniaturisierung rückt nun immer mehr die Schnittstelle Mensch-Maschine in den Blickpunkt der Aufmerksamkeit und zugleich auch die Auseinandersetzung mit Designfragen"*, so Volker Schiek, Vorstandsmitglied des Kompetenznetzwerks Mechatronik e.V. Für die WITTENSTEIN AG lassen sich im Rahmen ihres Technologie- und Innovationsprozesses drei zentrale Designdimensionen ausmachen, die wie folgt skizziert werden können:

a) **Die Gestaltung der Schnittstelle Mensch-Maschine:** Je stärker Mechanik, Elektronik und Software bzw. die Steuerung und Bedienung ganzer Produktsysteme und/oder Endprodukte zusammenwachsen, umso wichtiger wird die Gestaltung der Schnittstelle Mensch-Maschine, genauer der Benutzeroberfläche. Für einen führenden Komponenten- und Systemhersteller der mechatronischen Antriebstechnologie geht es in der Auseinandersetzung mit dem Kompetenzfeld User Interface Design weniger um formal-ästhetische Gestaltungsfragen. Die zentralen Herausforderungen liegen vielmehr in der Umsetzung einer intelligenten, komfortablen und absolut sicheren Bedienung und Steuerung ganzheitlicher Produktsysteme bzw. kompletter Endprodukte. Durch die fortschreitende weltweite Entwicklung digitaler Produktangebote, verbunden mit ihrer hohen Interaktivität (Computer, Cockpits, Automaten, Haushaltsgeräte, aber auch Werkzeugmaschinen), hat sich in den vergangenen Jahren die Gestaltung der Benutzerschnittstelle Mensch und Maschine zu einem zentralen Kompetenz- und Erfolgsfaktor innerhalb der Produkt- und Designstrategie entwickelt. Die Akzeptanz und der Erfolg von Produkten und somit auch von Marken stehen in einer unmittelbaren Beziehung zur Designqualität – und immer häufiger zum User Interface Design, wie das iPhone von Apple eindrucksvoll beweist.

Einfache und trotzdem intelligente User-Interface-Designlösungen und hiermit einhergehend die gewünschte User Experience sind aber schon lange nicht mehr nur in der Konsum- oder Kommunikationswelt wichtige Innovations- und Markttreiber. Auch in zahlreichen Investitionsgüterbranchen (Werkzeugmaschinen, Verkehrsmittel/Automobile, Medizintechnik etc.) lassen sich dauerhafte Produkterfolge ohne eine spezifische Designkompetenz kaum noch realisieren, wie die in diesem Praxisband publizierten Ergebnisse der Best-Practice-Analyse der Forschungsgruppe Industrial Design und Innovationsmanagement anschaulich belegen.

b) **Transformation zentraler Werte in Produkt- und Systemlösungen:** Auch wenn formal-ästhetische Designfragen nicht im Vordergrund der Technologie- und Produktentwicklung der WITTENSTEIN-Gruppe stehen, so kommt dem Industrial Design im engeren Sinne doch eine nicht zu unterschätzende Qualitäts-, Identifikations- und Wahrnehmungsfunktion zu. Als Innovations- und Kompetenzführer müssen alle Produktkomponenten und Systeme der WITTENSTEIN-Gruppe die übergeordneten Marken- und Produktwerte wie Innovation, Präzision und Exzellenz unmissverständlich zum Ausdruck bringen. Konkret geht es um die Transformation übergeordneter Produktwerte in eine unverwechselbare technische Konstruktions- und Gestaltungslösung. Die Qualitätswahrnehmung ist das Ergebnis eines komplexen Zusammenspiels unterschiedlicher Gestaltungsparameter. Neben formal-geometrischen Gehäuselösungen kommt der Material- und Oberflächenbeschaffenheit eine immer wichtigere Innovations- und Gestaltungsfunktion zu. Neue und innovative Materialien werden zukünftig die Miniaturisierung und Produktintelligenz maßgeblich vorantreiben.

c) **Vom Systempartner zum Design Enabler:** Die innovativen, intelligenten und extrem kleinen mechatronischen Antriebssysteme der WITTENSTEIN AG – sowie das enge Zusammenspiel mit unterschiedlichen Industriepartnern – haben in den vergangenen Jahren zahlreiche Produkt- und Designinnovationen, zum Beispiel in der Automobil-, Werkzeug- oder Medizintechnikindustrie, erst möglich gemacht.

Das Thema „Industrial Design" ist für WITTENSTEIN somit noch aus einer ganz anderen Betrachtungsperspektive von strategischer Relevanz – aus der des Design Enablers. Als starker Innovations- und Systempartner unterschiedlicher Hightechbranchen und weltweit führender Technologieunternehmen (Luft- und Raumfahrtindustrie, Automobilindustrie/Formel 1, Robotik, Medizintechnik, Werkzeugmaschinenbau etc.) ist eine weitsichtige Auseinandersetzung mit den spezifischen Entwicklungs- und Designperspektiven auf der Kundenseite ein zentraler Bestandteil früher Innovationsphasen und zugleich auch ein überaus wichtiger Impulsgeber für eine konsequente Weiterentwicklung bestehender Kernkompetenzen innerhalb der WITTENSTEIN-Gruppe. In dieser Hinsicht kann die WITTENSTEIN AG als Benchmark für einen zukunftsorientierten Design Enabler der Hightechindustrie gesehen werden.

3.19.3 Weltweit eine starke Marke: WITTENSTEIN

Der Name „WITTENSTEIN" steht seit vielen Jahren national und international für Innovation, Präzision und Exzellenz in der Welt der mechatronischen Antriebstechnik. Schon vor Jahren hat WITTENSTEIN die Kraft und die Notwendigkeit einer starken Dachmarke für ein global agierendes Unternehmen erkannt. Dieser Erkenntnis folgend, tritt die WITTENSTEIN-Gruppe mit allen Geschäftseinheiten und internationalen Tochtergesellschaften unter der Dachmarke WITTENSTEIN auf und setzt damit den 2001 mit der Gründung der WITTENSTEIN AG begonnenen Weg einer global agierenden Unternehmensgruppe konsequent fort.

Eine Philosophie, eine Identität, eine Marke! Mit diesem Unternehmens- und zugleich auch Markenleitbild macht sich WITTENSTEIN mit dem neuen und prägnanten Corporate-Design-Auftritt fit für die Herausforderungen im Weltmarkt und die Aufgaben der Zukunft. Manfred Wittenstein, Vorsitzender der WITTENSTEIN AG, steht mit seinem Familiennamen für exzellente Präzision und innovative Produkte: *„Wir wollen zeigen, dass hinter jedem einzelnen Produkt von WITTENSTEIN jahrzehntelange Erfahrung und Entwicklungsarbeit steht, auf die alle Unternehmensbereiche zurückgreifen. Eine gemein-*

same Entwicklungsplattform bündelt unser Wissen und unsere Kernkompetenzen. Von diesen Synergieeffekten profitieren unsere Kunden."

Eins sein mit der Zukunft! Der Übergang von unterschiedlichen Unternehmensmarken hin zu einem weltweit einheitlichen Auftreten mit starken Geschäftsfeldern und Tochterunternehmen ist die logische Folge einer gewachsenen Zusammengehörigkeit und Stärke der Unternehmensgruppe WITTENSTEIN.

4 Praxisleitfaden

Erfolgsfaktoren und Implementierungsansätze eines strategischen Designs in der industriellen Praxis

Christoph Herrmann, Günter Moeller

„Im industriellen Mittelstand, aber auch in Großunternehmen, werden Innovations- und Designprozesse viel häufiger als angenommen von subjektiv-emotionalen Faktoren bestimmt. Es ist wichtig, diese Faktoren ernst zu nehmen und nicht vorschnell beiseite zu schieben. Neben entsprechenden personenorientierten Regelungsmechanismen braucht ein Unternehmen jedoch auch inhaltsgetriebene Strukturen, Systeme und Prozesse, die helfen, die für ein Unternehmen richtungsweisenden Entscheidungen im Innovations- und Designkontext auf eine objektive Grundlage zu stellen."

Dr. Tom Rüsen, Restrukturierungsberater und Leiter
des Instituts für Familienunternehmen der Universität
Witten/Herdecke

Fasst man die Ergebnisse der im vorangegangenen Teil dieses Buches vorgestellten Benchmark-Studien zusammen und gleicht diese mit den zentralen Aussagen der Fachliteratur ab, so wird deutlich: Das Design ist – allen Vorurteilen zum Trotz – ein wichtiger Erfolgsparameter auch und gerade von Industriegüterunternehmen. Natürlich stellt das industrielle Design nicht den einzigen und sicherlich auch nicht den wichtigsten Erfolgsfaktor dar, über den Industriegüterunternehmen verfügen. Er ist jedoch auf jeden Fall einer, der in Zeiten immer austauschbarer werdender Produktlösungen und immer kürzer bestehender Technologievorsprünge zunehmend an Bedeutung gewinnt. Ähnlich wie die Marke und gemeinsam mit dieser fungiert das Design dabei als wichtiger *Vertrauensanker*, der den Kunden zeigt: Das industrielle Produkt, das sie zu kaufen beabsichtigen, verfügt über eine hohe technische Qualität, Innovativität, Langlebigkeit. Es entspricht hohen ergonomischen und funktionellen Anforderungen. Es besitzt ein klares Profil und fügt sich dabei nahtlos in ein System optimal aufeinander abgestimmter Produktlösungen ein. Mit anderen Worten: Es ist sein Geld wert.

Betrachtet man die verschiedenen in diesem Buch präsentierten Fallstudien in ihrer Gesamtheit, so wird deutlich, dass es keineswegs nur einen einzigen Königsweg gibt, mit dem Industriegüterunternehmen das immer wichtiger werdende Design für sich erschließen können. Wer ein erfolgreiches Designmanagement für sich umsetzen will, muss zunächst erkennen, dass dabei verschiedene optionale Erfolgsstrategien, Erfolgsfaktoren und mögliche Erfolgswirkungen zu berücksichtigen sind. Dabei sind subjektiv-emotionale Einflussgrößen genauso wichtig wie objektiv-rationale Faktoren. Nur wem es gelingt, beide Dimensionen erfolgreich zu managen, wird das Design wirklich erfolgreich für sich nutzen können.

4.1   Erfolgsstrategien im industriellen Designmanagement

Industriegüterunternehmen können in der Praxis das Design auf sehr unterschiedliche Art und Weise für sich nutzen. Während in einigen Branchen (zum Beispiel in der Nutzfahrzeug- und der Baubranche) ein gelungenes Design der eigenen Produkte fast schon so etwas wie einen Hygienefaktor darstellt und somit praktisch von jedem Hersteller dieser Branchen – wenn auch auf unterschiedliche Weise – zu leisten ist (so etwa bei ACO, DORMA, KÄRCHER, MAN), ist das Design für andere Unternehmen eher ein Zulieferfaktor, zum Beispiel immer dann, wenn diese mit ihren Produkten bestimmte Designlösungen beim Abnehmer ermöglichen (zum Beispiel bei der WITTENSTEIN AG mit ihren Mikromotoren für neue Türöffnungssysteme im Airbus oder bei ANGELL-DEMMEL als Zulieferer hochwertiger Zierteile für die Automobilindustrie). Andere Industriegüterunternehmen nutzen das industrielle Design dagegen als zusätzliches Geschäftsfeld, indem sie ihren Kunden neben ihrer eigentlichen Engineering- und Produktionstätigkeit Dienstleistungen im Bereich der industriellen Produktgestaltung anbieten (so zum Beispiel die EDAG). Bei anderen Industriegüterunternehmen (so etwa bei BOSCH Thermotechnik, SÜSS MicroTec, SFC etc.) ist das Design integraler Bestandteil der Produkt- und Markenentwicklung. Das Design wird genutzt, um die Qualität der technischen Entwicklungsarbeit zu erhöhen und die Innovativität der gewonnenen Produktlösungen durch eine innovative Formensprache zu unterstreichen. Nicht alle der vorgestellten Industriegüterunternehmen gehen dabei so weit, das Design auch gezielt für die Unternehmenskommunikation zu nutzen. Dass eine solche Strategie äußerst erfolgreich sein kann, zeigen die Benchmark-Unternehmen FESTO, HEIDELBERG, KUKA und GILDEMEISTER. Ihnen ist es gelungen, sich am Markt weniger durch Werbung als vielmehr durch eine klare Produkt- und Designsprache zu profilieren. Noch eine Stufe weiter gehen Unternehmen, die das Design gleich zu einem wesentlichen Element ihrer Unternehmensstrategie gemacht haben und die sich auf dieser Basis erfolgreich als Nischenanbieter neben großen Wettbewerbern etablieren konnten. Hierzu zählt beispielhaft das Unternehmen PCS Systemtechnik. PCS

1. No-Design Strategie
Design als Bereich, der bewusst nicht bedient wird (zum Beispiel in Commodity-Märkten)
2. Design als Hygienefaktor
Design als branchenspezifische Kompetenz, die zwangsläufig von jedem Hersteller dieser Branche beherrscht werden muss (z. B. im Bereich der Nutzfahrzeugindustrie)
3. Design als Zulieferfaktor
Design als notwendige Voraussetzung, um Designlösungen auf Kundenseite entsprechend ermöglichen zu können („Design-Enabling" z. B. im Bereich der Zulieferindustrie)
4. Design als Servicefaktor
Design als zusätzliche Dienstleistung, die Industriegüterunternehmen über die reine Produktionsleistung hinaus ihren Kunden anbieten (z. B. in Form spezieller Design-Services oder umfassender ODM-Strategien)
5. Design als Innovationsfaktor
Design als integraler Bestandteil des Innovationsprozesses, der zu neuen Produktlösungen führt und die Innovativität des eigenen Produktprogramms unterstreicht (bei den meisten Industriegüterunternehmen relevant)
6. Design als Profilierungs- und Differenzierungsfaktor
Design als zentrales Element der Profilierung und Differenzierung im Wettbewerb (bei den Industriegüterunternehmen, die das Design nachhaltig in der Unternehmenskommunikation als Markierungsinstrument für sich nutzen)
7. Design als Strategiefaktor
Design als wesentliches Element der Unternehmensstrategie, das z. B. eine Nischenexistenz neben großen Wettbewerbern bei weitgehender technologischer Gleichstellung ermöglicht

Abb. 4.1. Unterschiedliche Designstrategien von Industriegüterunternehmen

verdankt seine erfolgreiche Unternehmensentwicklung u.a. der Tatsache, dass es seit seiner Gründung konsequent auf ein eigenständiges Design als zentralen Differenzierungsfaktor gesetzt hat.

Die hier aufgeführten Designstrategien und ihre unterschiedliche Nutzung durch die vorgestellten Fallstudienunternehmen zeigen deutlich, dass Industriegüterunternehmen, die das Thema „Design" stärker für sich nutzen wollen, zunächst einmal die Frage für sich beantworten müssen, welche der Strategieoptionen sie dabei jeweils (alleine oder in Kombination) verfolgen wollen. Die Tatsache, dass man das Design auf sehr unterschiedliche Art und Weise für das eigene Unternehmen nutzen kann (und es dabei keineswegs immer nur um die Gestaltung eigener Produkte geht, sondern ebenso um die Unterstützung entsprechender Designlösungen beim Kunden), unterstreicht noch einmal, dass das Design nicht nur für größere Unternehmen in designnahen Branchen (zum Beispiel im Nutzfahrzeug- oder Baubereich) Chancen bietet. Vielmehr können auch kleinere und mittlere Unternehmen in eher designfernen Industriegüterbranchen (wie zum Beispiel im Maschinen- und Anlagenbau, der Mikromechanik, der Optoelektronik oder der Prozesstechnik) deutlich von einer verstärkten Nutzung des industriellen Designs profitieren. Empfehlenswert ist jedoch, dass sich diese Unternehmen nicht einfach blind in das „Abenteuer Design" stürzen, sondern dass ihr Engagement auf einer gut durchdachten Designstrategie aufbaut.

4.2 Erfolgswirkungen eines industriellen Designmanagements

Ähnlich breit gefächert wie die möglichen Designstrategien sind auch die Parameter, mit denen sich der Erfolg einer nachhaltigen Designpolitik in der industriellen Praxis bemessen lässt. Neben direkten Wirkungen auf den Produkt- und Absatzerfolg (Stückzahlen, Deckungsbeiträge, Produktimages etc.) sind in den von uns untersuchten Good- und Best-Practice-Beispielen Effekte auf die Unternehmensmarke (Bekanntheit, Vertrauen, Unternehmensreputation, Qualitätsimage, Differenzierung im Wettbewerb etc.) wie auch auf die übergeordnete Unternehmensperformance (Umsatz, Marktanteil, Gewinn, Kundenbindung, Wettbewerbsstärke etc.) deutlich erkennbar.

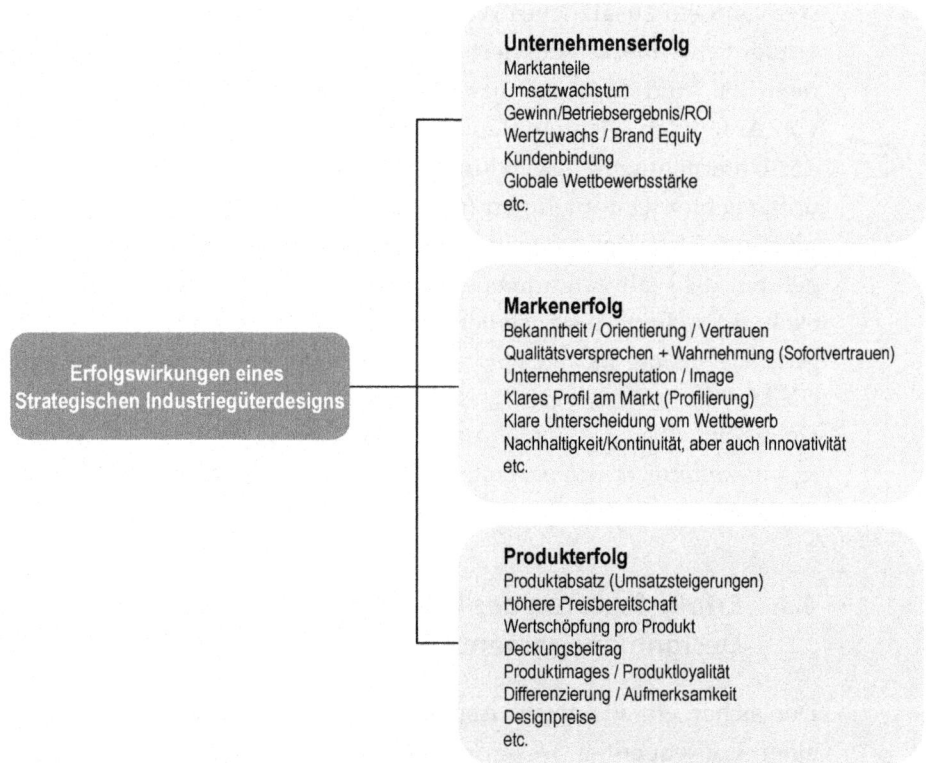

Unternehmenserfolg
Marktanteile
Umsatzwachstum
Gewinn/Betriebsergebnis/ROI
Wertzuwachs / Brand Equity
Kundenbindung
Globale Wettbewerbsstärke
etc.

Markenerfolg
Bekanntheit / Orientierung / Vertrauen
Qualitätsversprechen + Wahrnehmung (Sofortvertrauen)
Unternehmensreputation / Image
Klares Profil am Markt (Profilierung)
Klare Unterscheidung vom Wettbewerb
Nachhaltigkeit/Kontinuität, aber auch Innovativität
etc.

Produkterfolg
Produktabsatz (Umsatzsteigerungen)
Höhere Preisbereitschaft
Wertschöpfung pro Produkt
Deckungsbeitrag
Produktimages / Produktloyalität
Differenzierung / Aufmerksamkeit
Designpreise
etc.

Erfolgswirkungen eines
Strategischen Industriegüterdesigns

Abb. 4.2. Erfolgswirkungen eines strategischen Industriegüterdesigns

Um nur einige Beispiele zu nennen: Für das Unternehmen SICK Engineering war das Redesign seiner Gasdurchflussmessgeräte nicht einfach nur eine Maßnahme der Produktverschönerung, sondern nach eigener Aussage eine ganz wesentliche Voraussetzung für die Erschließung des Weltmarktes. Ähnlich das Unternehmen HÄFELE, dessen Designcenter-Konzept sich als wichtiger Strategiebaustein bei der Eroberung neuer Wachstumsmärkte erwiesen hat (so zum Beispiel in Indien). Für Unternehmen wie FESTO, GILDEMEISTER, KÄRCHER, KUKA und MAN Nutzfahrzeuge ist das Thema „Design" inzwischen fest mit dem Markenimage des Unternehmens verknüpft und stellt darüber hinaus ein wichtiges Element der Kundenbindung und der Abgrenzung von Billiganbietern im globalen Wettbewerb dar. Das Unternehmen EDAG hat sich mit seiner Design-Unit ein zusätzliches Wachstumsfeld aufgebaut, das seit Jahren erfolgreich Umsatz generiert. Für die noch recht jungen Unternehmen SFC und STARMED hat ein konsequentes Designengagement von Anfang an wichtige Reputationserfolge schon in frühen Phasen der Unternehmensentwicklung mit sich gebracht. Bei fast allen der untersuchten Unternehmen (so auch bei ACO, BOSCH Thermotechnik, SÜSS MicroTec etc.) sind darüber hinaus wichtige Rückwirkungen auf die wahrgenommene Qualität und Innovativität der entwickelten Produkte festzustellen. *„Nicht nur wir selbst haben durch die gezielte Nutzung des Designs die Qualität unserer Produktentwicklung erhöht. Was viel wichtiger ist, ist, dass auch unsere Kunden dank unserer Designinitiativen das Gefühl vermittelt bekommen, dass wir hochwertigere, innovativere, funktional bessere Produkte anbieten als der Wettbewerb"*, so der Marketingleiter eines der untersuchten Unternehmen.

4.3   Erfolgsfaktoren des industriellen Designmanagements

Der sicherlich wichtigste Aspekt im Hinblick auf die Umsetzung einer konsequenten Designpolitik im Industriegüterkontext ist – neben der Frage nach der richtigen Designstrategie und den erwünschten Designwirkungen – sicherlich die, welche Faktoren denn zu berücksichtigen sind, will man eben eine solche Designpolitik möglichst erfolgreich umsetzen. Auch hierzu liefern die vorgestellten Fallstudien wichtige Hinweise. In ihrer Gesamtheit bestätigen die Good- und Best-Practice-Beispiele dabei die bereits im sekundäranalytischen Teil unseres Forschungsprojekts aufgestellte Vermutung, dass sich hinter den oben beschriebenen Erfolgswirkungen in der Regel nicht einzelne Erfolgsfaktoren verbergen, sondern ein ganzer Mix daraus (vgl. GLEICH et al. 2008, S. 71 ff.). Die Industriegüterunternehmen, die das Design – auf welche Art und Weise auch immer – erfolgreich für sich nutzen, tun dies auf der Grundlage verschiedener Erfolgsfaktoren. Nicht alle diese Erfolgsfaktoren sind den zuständigen Managern dabei immer bewusst, was ihre Bedeutung jedoch keineswegs schmälert. Insgesamt lassen sich vier Gruppen von Erfolgsfaktoren unterscheiden:

a) Einstellung | Bewusstsein | Haltung

Der vielleicht wichtigste (wenn auch nicht immer bewusste) Erfolgs-faktor für eine erfolgreiche Designpolitik im Industriegüterkontext ist zunächst, dass die Unternehmensleitung wie auch das mittlere Management (F&E, Produktmanagement, Marketing etc.) ein hin-reichendes Bewusstsein für die Bedeutung des Designs, aber auch für die Notwendigkeit von Innovationen, einer grundsätzlichen Marktorientierung sowie Differenzierung vom Wettbewerb besit-zen. Vor allem die Einsicht in die Wichtigkeit der frühzeitigen Ver-netzung des Designs mit anderen Faktoren (wie zum Beispiel der technischen Entwicklung, dem Marketing, aber auch der Unter-nehmens- und Sortimentsstrategie) sind für den Erfolg eines ange-wandten Designmanagements im Industriegüterkontext und dar-über hinaus wichtig. In allen vorgestellten Good- und Best-Practice-Unternehmen haben wir eine solche Grundhaltung entdecken kön-nen, wenn auch nicht immer überall im Unternehmen, so doch bei einigen entscheidenden Promotoren, die durch ihr Engagement sicherstellen, dass dem Design eine genügend große Bedeutung zukommt. Dabei haben die untersuchten Fallstudienunternehmen auch gezeigt, dass der Weg hin zu einer solchen Haltung kein einfa-cher ist. Zu umfangreich sind häufig die Vorurteile, zu ausgeprägt die jeweiligen Bereichsmentalitäten. Wie wichtig es ist, derart men-tale Barrieren bei der Umsetzung einer erfolgreichen Designarbeit zu berücksichtigen, lässt sich schon an der Breite der Ursachen er-kennen, die diese Barrieren in der Praxis besitzen. Sie reichen von einem fehlenden Wissen über das Design über einen Mangel an Vorstellungskraft über die Potenziale des Designs bis hin zu Unsi-cherheiten beim Einkauf von Designdienstleistungen, einem über-triebenen Kostendenken und einer generellen Risikoaversion, die es kaum möglich macht, wirkliche Designinnovationen zu entwickeln und am Markt erfolgreich umzusetzen (vgl. COOPER et al. 2003, PE-TERS 2004, RESSE 2005a/b). Nur wer diese Faktoren ernst nimmt und durch entsprechende Instrumente gezielt mit diesen umzugehen weiß, kann die Grundlage dafür schaffen, dass dem Design über-haupt der Stellenwert zugewiesen wird, der ihm im industriellen Kontext gebührt.

Unkenntnis über das Design: Manager wissen oft nicht, was alles Teil einer erfolgreichen Designarbeit ist. Ihnen fehlt die Erfahrung aus erfolgreichen Designprojekten, um das Design richtig wertschätzen zu können.

Abspaltung der Designfunktion: Da Unternehmen die Design-Funktion häufig outsourcen, haben viele von ihnen einen Tunnelblick auf das Design. Designdienstleister werden häufig nur mit ganz bestimmte Projektarbeiten beauftragt, und haben wenig Einfluss auf andere wichtige Innovationsfragen jenseits des konkreten Projektauftrages.

Mangel an visionärer Vorstellungskraft: Vielen Managern fehlt das Vorstellungsvermögen, um die Potenziale, die ein strategisches Design für das eigene Produktportfolio besitzt, zu erkennen. Da sie zudem ungern Risiken eingehen und bei Investitionen in Konzeptentwicklungen eher zurückhaltend sind, ist es schwer, diese visionäre Barriere zu durchbrechen.

Schlechte Kommunikation + Interaktion: Unzureichende Abstimmung, unklare Zielsetzungen, fehlende Teambildung, Mangel an Koordination..., alles Gründe, die häufig zu Problemen und Reibungsverlusten bei Designprojekten führen und die Skepsis vieler Manager gegenüber dem Design erhöhen.

Wahrgenommenes Risiko: Nicht wenige Unternehmen sehen im Design eine risikobehaftete Tätigkeit, deren Wirksamkeit sie nur schlecht beurteilen können. Auch dies führt zu einer gewissen Zurückhaltung gegenüber dem Design.

Fehlende Sourcing-Kompetenz: Unternehmen sind häufig mit der Frage überfordert, von welchen Dienstleistern sie Designleistungen am besten erbringen lassen sollen und wie sie diese Designdienstleister am besten steuern sollen. Die fehlende Anleitung führt häufig zu Problemen im Designprozess und dazu, dass man zukünftigen Designprojekten eher skeptisch gegenübersteht.

Kostendruck: Viele Manager sehen das Design vornehmlich als Kostenfaktor und erkennen nur unzureichend die Erfolgspotenziale, die damit verbunden sind. Umso wichtiger sind Beispiele, die aufzeigen, dass die Nutzenvorteile eines richtig eingesetzten Industriedesigns die Kosten in der Regel weit übertreffen.

Politische Faktoren: Wie in anderen Bereichen so verhindern häufig auch im Design politische Prozesse (zum Beispiel die Konkurrenz einzelner Abteilungen untereinander), dass erfolgreiche Designlösungen entstehen können. Bereits die Frage, welcher Funktionsbereich für Designfragen zuständig ist (F&E, Produktmanagement, Konstruktion...) birgt viel Konfliktpotenzial in sich.

Kulturelle Defizite: Vor allem solche Unternehmen, die nach wie vor über sehr hierarchische und bürokratische Strukturen verfügen, tun sich häufig schwer mit der Umsetzung von Designprojekten. In derartigen Strukturen ist es schwer, innovative Ideen umzusetzen, was schnell zu Frustrationen bei den Innovations- und Designverantwortlichen führt.

Abb. 4.3. Typische Barrieren einer erfolgreichen Designarbeit (Quelle: COOPER et al. 2003, S. 6)

b) Strukturen | Prozesse | Ressourcen

Neben einem entsprechenden Bewusstsein, einer Haltung und grundsätzlich offenen Grundeinstellung gegenüber dem Thema „Design" und dessen Integration in den Innovationsprozess eines Unternehmens spielt darüber hinaus die Zurverfügungstellung und Nutzung entsprechender Ressourcen, Strukturen und Prozesse eine wichtige Rolle bei der Ausgestaltung einer erfolgreichen Designpolitik. Was alle untersuchten Fallstudienunternehmen gezeigt haben, ist, dass es bei ihnen relativ eindeutige Verantwortlichkeiten, Prozesse, Strukturen im Bereich der Strategie- und Produktentwicklung gibt und dass das Design, wenn auch auf sehr unterschiedliche Art und Weise, jeweils in diese Prozesse integriert wird. Darüber hinaus gibt es jeweils Personen, die das Thema klar verantworten (Humanressourcen) sowie Budgets (finanzielle Ressourcen), um entsprechende Designentwicklungsprojekte überhaupt vorantreiben zu können. Hierbei ist zu berücksichtigen, dass es auch in struktureller

Hinsicht nicht **einen** erfolgreichen Weg gibt, sondern immer **mehrere**. So haben einige der untersuchten Industriegüterunternehmen, für die das Design eine zentrale strategische Kernkompetenz darstellt (so zum Beispiel MAN, EDAG, ANGELL-DEMMEL, FESTO) das Designthema organisatorisch eingebunden und eine eigene Designabteilung aufgebaut. Andere Industriegüterunternehmen, bei denen das Design zwar einen wichtigen Erfolgsfaktor darstellt, aber nicht unbedingt eine Kernkompetenz, kaufen Designleistungen dagegen zu (so zum Beispiel SFC und SÜSS MicroTec) mit nicht weniger Erfolg am Markt. Unternehmen, die das Design für sich nutzen wollen, tun daher sehr gut daran, genau zu überlegen, wie sie diese Ressource jeweils am effizientesten für sich einsetzen wollen. Dies gilt insbesondere für die Frage, wie und wo das Design jeweils im Entwicklungsprozess zu integrieren ist. Auch hier gibt es sehr unterschiedliche Modelle. Während in einigen der untersuchten Unternehmen das Design klar wichtigster Motor des Innovationsprozesses ist, übernimmt es in anderen Industriegüterunternehmen eher eine unterstützende Funktion. Wer die Potenziale, die das Design für den Innovations-, Produkt-, Marken- und Unternehmenserfolg besitzt, in besonderem Maße für sich nutzen will, ist gut beraten, dem Design dabei eine möglichst umfassende Rolle zuzuweisen, nicht in dem Sinne, dass das Design andere Funktionsbereiche (wie zum Beispiel das Engineering oder das Marketing) dominieren sollte, wohl aber, indem das Design diese Bereiche in allen Entwicklungsstufen sinnvoll ergänzt und so möglichst umfangreiche Impulse für die Schaffung neuer Produkte liefern kann.

c) Instrumente | Methoden | Verfahren

Die moderne Betriebswirtschaftslehre ist Verfechter einer klaren Instrument-, Methoden- und Verfahrenslogik. Verkürzt dargestellt sind Unternehmenserfolge ohne die Umsetzung entsprechender Management-, Planungs-, Steuerungs-, Innovations- und Kontrollinstrumente („Tools") kaum denkbar. Tatsache ist, dass in Zeiten, in denen selbst kleinere Unternehmen immer globaler agieren, Marktbedingungen dynamischer, Innovationsprojekte komplexer und Unternehmensstrukturen vielschichtiger werden, betriebswirtschaftliche Techniken mehr und mehr an Bedeutung gewinnen. Es verwundert daher nicht, dass auch die Designliteratur zunehmend die Bedeutung betont, die entsprechenden Instrumente, Methoden und Verfahren im Bereich des strategischen und operativen Designmanagements für den Designerfolg von Unternehmen zu besitzen. Hierzu zählen designbezogene Analyse- und Planungsinstrumente (wie zum Beispiel branchenspezifische Trendstudien, Designleitbilder, Produktroadmaps etc.) genauso wie Steuerungs- und Kontrollinstrumente (Meilensteinmodelle, Projektmanagementtools etc.). Die von uns vorgestellten Fallstudien haben gezeigt, dass derartige Instrumente bei der Entwicklung einer erfolgreichen Designpolitik nicht unwichtig sind. Sie helfen, die eigene Designstrategie zu festigen, erleichtern die Kommunikation von Designrichtlinien und schaffen Anschlussfähigkeit zu anderen wichtigen Bereichen im Unternehmen (Unternehmensentwicklung, Markenführung, Engineering etc.). Allerdings zeigen die Fallbeispiele auch, dass man betriebswirtschaftliche Instrumente im Designprozess keineswegs überbetonen sollte. Sie stellen weniger eine elementare Voraussetzung für eine gelingende Designpolitik dar als vielmehr eine wichtige Ergänzung, die zum Beispiel die Effizienz, Nachhaltigkeit und Kommunikationsfähigkeit des Designs erhöht. Dabei gilt für den Bereich der Instrumente, Methoden und Verfahren Ähnliches wie für den Bereich der Strukturen, Prozesse und Ressourcen: Eine „Systematisierung light" im Sinne einer klaren Vorstellung darüber, wohin die Reise grundsätzlich gehen soll und wie und wann man das Design in den Entwicklungsprozess integrieren will, ist absolut notwendig. Eine starres, engmaschiges System-, Prozess- und Controlling-Denken ist dabei jedoch für den Design- und Innovationserfolg eher hinderlich. Der goldene Weg liegt hier, wie so häufig, in der Mitte (vgl. HERRMANN u. RÜSEN 2008).

Neben betriebswirtschaftlichen Verfahren sind auch bestimmte technische Verfahren (designorientierte Konzeptions-/Entwicklungs-/Herstellungs-/Bearbeitungsverfahren wie zum Beispiel CAD, Rapid Prototyping, Veredelungstechniken etc.) für eine erfolgreiche Designarbeit von Industrieunternehmen unerlässlich (und natürlich das Wissen, wie man mit diesen richtig umgeht). Für einige Unternehmen wie zum Beispiel ANGELL-DEMMEL sind es proprietäre Kompetenzen in diesem Bereich, die überhaupt erst ermöglichten, dass sich diese erfolgreich am Markt etabliert haben.

d) Wissen | Kompetenz | Erfahrung

Ein vierter wichtiger und in Industriegüterunternehmen leider häufig defizitärer Erfolgsfaktor stellt ein ausreichendes Wissen, eine hinreichende Kompetenz und eine entsprechende Erfahrung im Umgang mit Designprojekten dar. Auch bei den von uns vorgestellten Good- und Best-Practice-Unternehmen sind diese Fähigkeiten selbstverständlich nicht von Anfang an vorhanden gewesen. Vielmehr haben sich diese Unternehmen ein entsprechendes Know-how erst über die Jahre hinweg aufgebaut oder aber sich entsprechende Kompetenzen geschickt durch die Heranziehung externer Designexperten zugekauft. Wer es genauso tun will, ist gut beraten, den wichtigen Unterschied zwischen „Kennen" und „Können" zu berücksichtigen. Über Design reden (und sich dazu eine Meinung bilden) können viele. Komplexe Designprozesse gerade im industriellen Bereich entwickeln, implementieren und managen, können jedoch nur wenige. So haben gleich mehrere der untersuchten Benchmark-Unternehmen zugegeben, beim Aufbau der eigenen Designkompetenz einiges an Lehrgeld bezahlt zu haben, und zwar unabhängig davon, ob sie das Thema eher intern (über eigene Entwicklungsteams) oder aber extern (über den Rückgriff auf externe Designbüros) angegangen sind. Derartige Lernprozesse sind durchaus hilfreich und führen langfristig, insofern daraus die richtigen Rückschlüsse gezogen werden, in der Regel zu positiven Resultaten. Allerdings stellt sich gerade für Unternehmen, die das Design neu für sich nutzen wollen, die Frage, wie sich derartige Lernprozesse verkürzen und Designprozesse von Anfang an effizienter gestalten lassen. Hier gibt es prinzipiell zwei Möglichkeiten: **1. Kompetenzaufbau** durch entsprechende Qualifizierungs- und Schulungsinitiativen (eine Maßnahme, die in der Regel erst nach einiger Zeit greift); **2. Kompetenzergänzung** durch Unterstützung von neutralen (weder den internen Entwicklungsteams noch externen Designdienstleistern verpflichtete) Designmanagementexperten. Dabei sollte nicht übersehen werden, dass es sich beim Designmanagement vor allem in Deutschland um eine recht junge Disziplin handelt und dass diese Disziplin daher noch über einige deutliche Qualifizierungslücken verfügt (vor allem wenn es um strategische Fragen geht; vgl. hierzu ausführlicher HERRMANN 2005).

Abb. 4.4. Erfolgsfaktoren des strategischen Industriegüterdesigns

Fasst man die hier aufgeführten vier Gruppen von Erfolgsfaktoren zusammen, so wird deutlich, dass das Thema „Design" auch und gerade im Industriegüterkontext keineswegs trivial ist. Es geht nicht darum, das Design nur einfach irgendwie für seine Produkte zu nutzen, frei nach dem Motto: „*Ein guter Designer wird's schon richten.*" Vielmehr müssen die Unternehmen, die vom Erfolgsfaktor Design profitieren wollen, erkennen, dass die Erfolgsvoraussetzungen häufig im Unternehmen selbst zu suchen sind und weniger beim einzelnen Designer.

4.4   Strategisches Industriegüterdesign in der Praxis – Kernelemente einer Toolbox

Industriegüterunternehmen, die das Design bisher nicht wirklich für sich genutzt haben, aber dieses zukünftig stärker für sich nutzen wollen, stehen häufig vor der Frage, mithilfe welcher Werkzeuge und

Verfahren sie für sich eine erfolgreiche Designpolitik aufbauen können. Um dem Praktiker hier einen entsprechenden Werkzeugkasten an die Hand geben zu können, haben wir im Folgenden aufbauend auf den vier Erfolgsfaktoren jeweils verschiedene Instrumente für die Umsetzung einer solchen Designpolitik zusammengefasst.

Derartige Zusammenstellungen hat es in der Vergangenheit bereits mehrfach gegeben (vgl. beispielhaft BIRKIGT et al. 2000, BORJA DE MOZOTA 2003a, BUCK u. VOGT 1997, BUCK et al. 1998, BUCK 2003, EHRENSPIEL et al. 2007, HERRMANN u. MOELLER 2006d, 2007, 2008, LAUREL 2003, LINDEMANN 2007, RAHE 2006, SEEGER 2005a, STAMM 2003), allerdings jeweils mit sehr unterschiedlichen Schwerpunktsetzungen (Corporate Design, Produktdesign, technisches Design, Designmanagement, Design Research) und in einer für den Praktiker häufig kaum überschaubaren Komplexität. Vor diesem Hintergrund ist die folgende Zusammenstellung als eine Art Überblick oder „Toolbox" zu verstehen, die der Praktiker je nach Aufgabenstellung unterschiedlich nutzen kann. Hierbei ist der Hinweis wichtig ist, dass der Einsatz jedes der erwähnten Instrumente umfangreicher Erfahrung und Einübung sowie weiterer Beschäftigung mit den einzelnen Instrumenten bedarf. Genau hierzu soll die folgende Übersicht anregen und dabei gleichzeitig einen Überblick über weiterführende Literatur zum Thema geben.

Entscheidend bei all den oben genannten Werkzeugen ist, dass man sie keineswegs als engmaschige Standardverfahren begreifen sollte. Sie müssen vielmehr individuell auf die Bedürfnisse des jeweiligen Unternehmens angepasst werden. Alleine die Frage, wie ein integrierter Innovations- und Designprozess auszusehen hat, besitzt je nach Branche und Unternehmen eine Vielzahl von Antwortmöglichkeiten. Umso wichtiger ist es, dass derartige Instrumente nicht schemenhaft implementiert, sondern den jeweiligen Bedürfnissen angepasst werden. In der Praxis trifft man leider immer wieder auf den Fall, dass diffizile Verfahren (wie zum Beispiel ästhetische Positionierungen, designstrategische Sortimentslogiken oder gar komplexe Produkt-/Innovations-/Designroadmaps) auf der Basis von für die Branche irrelevanten Bezugsgrößen und unter Zugrundelegung reiner Baucheinschätzungen vorgenommen werden. Zieht man in Betracht, wie hoch die Entwicklungs- und Design-

a) Werkzeuge zur Steigerung des Designbewusstseins im Unternehmen

Ziel: Umgestaltung der Innovationskultur im Unternehmen; Aufbau eines entsprechenden Designbewusstseins; Überwindung mentaler Barrieren

Instrumente: Kommunikation von Designthemen auf allen Managementebenen; Einsatz externer Benchmark-Studien (aus dem Konsumgüter- wie Industriegüterbereich); Durchführung interner Design-Benchmark-Projekte; Vorträge + Beiträge in Unternehmenspublikationen (Print, Intranet), Design-Potenzialanalysen, sonstige Mittel der Organisationsentwicklung; Design-Konzeptentwicklungen als wichtige Botschafter für eine innovative Designpolitik

Referenzen: Unternehmen aus dem Industriegüterkontext, dies es geschafft haben, Design zu einem elementaren Bestandteil ihrer Unternehmens- und Innovationskultur zu machen (FESTO, HEIDELBERG Druckmaschinen, BASF designfabrik, GILDEMEISTER Werkzeugmaschinen etc.)

Literatur: ANTIKAINEN 2004 (gute Einführung in das Strategische Design mit Beispielen aus der finnischen Engineering Industrie); BRUCE u. BESSANT 2002 (umfangreiche Ausführungen zum Design als Business Faktor); BUCK 2003 (Praxisbeispiele für ein erfolgreiches Designmanagement); BÜRDEK 2005 (guter Überblick zur Geschichte des Industriedesigns mit vielen Beispielen); COOPER et al. 2003 (Beispiele für den Umgang mit mentalen Barrieren im Design); DMI (Zahlreiche Best-Practice-Beispiele für ein strategisches Design in den diversen Ausgaben des Design Management Journals); HENTSCH et al. 2008 (Positionsbestimmungen zum technischen Design in Deutschland); REESE 2005a (Übersicht zum Zusammenspiel von Industriedesign und Engineering); HERRMANN u. MOELLER 2006b (Ausführungen zum Design als Erfolgsfaktor von Unternehmen); JÄRVINEN u. KOSKINEN 2001 (Bedeutung des Designs für Industriegüterunternehmen); JOZIASSE 2000 (Überblick über die strategische Bedeutung des Design Managements); KEINONEN u. TAKALA 2006 sowie TAKALA 2006 und DOOLEY et al. 2002 (Studien zur Bedeutung des Konzeptdesigns für den Innovationserfolg); KELLY 2002 (Beispiele für das Zusammenspiel von Design + Innovation); RAMS 1995 (Ausführung des Designers Dieter Rams zur guten Form); STAMM 2003 (Einführung zum Thema Design + Kreativität); WOLF 1994 (Grundlagenbuch zum Thema Designmanagement); GEIPEL 1989, LENZEN 1993, KISS 1998, STEINMEIER 1998 (Dissertationsschriften zu betriebswirtschaftlichen Aspekten des Investitionsgüterdesigns); etc.

b) Werkzeuge zur Schaffung einer effizienten Designorganisation

Ziel: Etablierung effizienter Ressourcen, Strukturen, Prozesse zur Schaffung einer schlagkräftigen Designorganisation

Instrumente: Instrumente der internen wie externen Designorganisation; Instrumente der Auswahl, des Briefing und der Steuerung von Designpartnern

Referenzen: Technisch orientierte Branchen mit umfangreicher Designmanagement-Erfahrung wie zum Beispiel die Automobilindustrie, der Bereich der Unterhaltungselektronik, die Nutzfahrzeugbranche, die Gebrauchsgüterindustrie (weiße Ware, Power Tools etc.)

Literatur: BORJA DE MOZOTA 2003a (beste verfügbare Übersicht über Strukturen und Prozesse im Designmanagement); ENGELN 2006 u. ENGELN et al. 2008 (Instrumente der Integration des Designs in den Innovationsprozess); HERRMANN u. MOELLER 2006d (Überblick über verschiedene Ansätze der Designorganisation); MEIER-KORTWIG 1997 (detaillierte Ausführungen zu Themen wie Designer-Auswahl, Designer-Briefing, Designer-Entlohnung); LINDEMANN 2007 u. SEEGER 2005a (Vorstellung verschiedener Ansätze zur Gestaltung technischer Designprozesse); HERSTATT u. VERWORN 2000 u. 2006, ROTHWELL 1994 (Präsentation verschiedener Modelle der Organisation von Innovationsprozessen); COOPER 2002, 2004 (Übersicht über Stage-Gate Prozesse in Innovation und Design); etc.

Abb. 4.5. Strategisches Industriegüterdesign in der Praxis – Kernelemente einer Toolbox

c) Werkzeuge für ein erfolgreiches strategisches und operatives Designmanagement

Ziel: Aufbau eines erfolgreichen strategischen wie operativen Designmanagements

Instrumente: Design-Analyseinstrumente (Markt/Kunde/Wettbewerb/Potenziale/Trends etc.); Design-Planungsinstrumente (Leitbilder, Strategien, Positionierungen, Segmentierungen, Road-maps); Design-Steuerungs- u. Kontrollinstrumente (Meilensteine, Briefings, Projektmana-gement und -Controlling-Tools etc.); Spezielle technische Verfahren (Designorientierte Konzeptions-/Entwicklungs-/Herstellungs-/Bearbeitungsverfahren wie z.B. CAD, Rapid Prototyping etc.)

Referenzen: Technisch orientierte Branchen mit umfangreicher Designmanagement-Erfahrung wie zum Beispiel die Automobilindustrie, der Bereich der Unterhaltungselektronik, die Nutz-fahrzeugbranche, die Gebrauchsgüterindustrie (weiße Ware, Power Tools etc.)

Literatur: Birkigt et al. (Klassiker zu Planungs- und Steuerungsinstrumenten des Corporate Designs); Borja De Mozota 2003a sowie Herrmann u. Moeller 2006d, 2007, 2008a/b (Überblick über verschiedene Ansätze sowie Instrumente des operativen und strategischen Designmana-gements); Burghardt 2006 (Einführung in das Projektmanagement von Entwicklungspro-jekten); Buck et al. 1998 (Überblick über Trendmanagement-Instrumente und ihren Einsatz im Design); DDV 1995 (Übersicht über Honorare und Verträge im Design); Ehrenspiel et al. 2007 (Instrumente des Kostenmanagements im technischen Design); Kalweit et al. 2006 (Umfassender Übersicht über die wichtigsten Materialien sowie technischen Verfahren im Design); Karjalainen 2004 (Techniken der Abstimmung von Markenwerten mit dem Pro-duktdesign); Laurel 2003 sowie Michel 2007 (Überblick über Methoden der Designfor-schung); Meier-Kortwig 1997 (Instrumente der Steuerung externer Designpartner); Wilde-mann (Übersicht über Roadmapping-Verfahren); etc.

d) Werkzeuge zur Förderung der Designkompetenz im Unternehmen

Ziel: Kompetenzaufbau durch Qualifizierungsmaßnahmen bzw. Kompetenzergänzung durch Heranziehung externer Experten

Tools: Designschulungen, Designmanagement-Beratung

Referenzen: Unternehmen, die bereits Erfahrungen mit Designschulungen sowie der Heranziehung externer Designexperten besitzen (Automobilindustrie, Mobilfunkhersteller, FMCG-Hersteller, Gebrauchsgüterhersteller etc.)

Literatur: Design-Schulungen: Literatur so gut wie nicht vorhanden, wenn dann mit Bezug zur aka-demischen Ausbildung, siehe zum Beispiel Gatzky 2008, Grimheden u. Hanson 1996, Herr-mann u. Moeller 2007e u. 2007f, Kranke 2008; weiterführende Literatur zum Thema Design Consulting: DMI 2003, Gillespie 2002, Herrmann u. Moeller 2006a, Meier-Kortwig 1997, Tether 2004.

Abb. 4.5 (Fortsetzung)

kosten und die möglichen Ertragswirkungen sind, die mit derarti-gen Entscheidungen zusammenhängen, dann wird deutlich, wie problematisch ein solches Vorgehen ist.

Damit kommen wir abschließend zu vier Themen, die im indus-triellen Kontext eine besondere Beachtung verdienen. Dies ist zum einen die Frage, wie sich das Kosten-Nutzen-Verhältnis von Designinvestitionen konkret bemessen lässt. Zum Zweiten wollen wir der Frage nachgehen, worin sich kleinere und mittlere Industrieunternehmen von größeren unterscheiden, wenn sie ein strategisches Design für sich nutzen wollen. Anschließend zeigen wir auf, wie Unternehmen, die das Design bisher nicht wirklich für sich nutzen, mit wenigen überschaubaren Schritten ein konsequentes Designmanagement für sich umsetzen können. Der Schluss dieses Buches ist schließlich dem wichtigen Zusammenhang von Design und Nachhaltigkeit gewidmet, einem Thema das auch im Industriegüterkontext mehr und mehr an Bedeutung gewinnt.

4.5   Kosten-Nutzen-Abwägungen – Design durch die Effizienzbrille betrachtet

Kosten-Nutzen-Abwägungen mit Bezug auf das Design sind für ein erfolgreiches Designmanagement von Industriegüterunternehmen von zentraler Bedeutung, nicht zuletzt deshalb, um Skeptiker von der Bedeutung des Designs für das eigene Unternehmen zu überzeugen. Solche Abwägungen sind allerdings keineswegs trivial. So sind bereits die Nutzeneffekte des Designs schwer von anderen Einflussfaktoren (Technik, Marke, Vertriebspower, generelle Unternehmensentwicklung, Branchenkonjunktur etc.) zu isolieren (vgl. hierzu ausführlicher HIETAMÄKIE et al. 2005, HERTENSTEIN et al. 2001, CAPELL 2007), aber auch die Kosteneffekte sind nur schwer zu ermitteln. So lassen sich die Designkosten häufig nur schwer von anderen Entwicklungskosten (technische Entwicklung, Konstruktion etc.) trennen (vor allem dann nicht, wenn beide von ein und demselben Entwicklungsteam realisiert werden). Für eine objektive Kalkulation sind auch die Folgekosten (Werkzeugkosten, Produktionskosten sowie nachgelagerte Marketing- und Vertriebskosten etc.) zu berücksichtigen. Diese werden jedoch in Designkalkülen häufig nicht berücksichtigt.

Laut einer Darstellung von HOLLINS u. PUGH aus den 90er-Jahren machen die reinen Designkosten im Durchschnitt nur etwas mehr als 10 % der produktbezogenen Gesamtkosten aus. Berücksichtigt man allerdings, dass in der Konzept-Design-Phase ein Großteil der Folgekosten (zum Beispiel für die Konstruktion, Werkzeuge und die

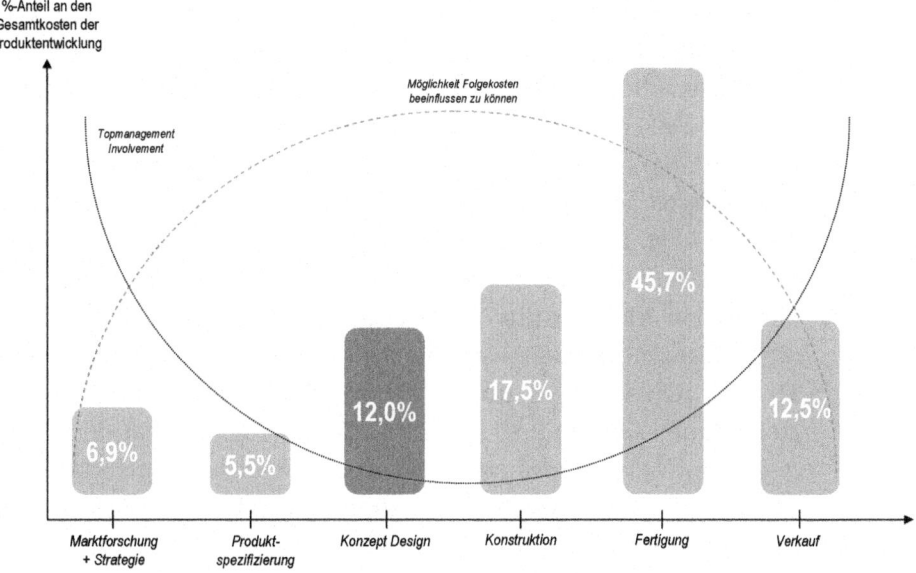

%-Anteil an den
Gesamtkosten der
Produktentwicklung

*Möglichkeit Folgekosten
beeinflussen zu können*

*Topmanagement
Involvement*

45,7%

17,5%

12,0%

12,5%

6,9%

5,5%

Marktforschung
+ Strategie
    Produkt-
spezifizierung
        Konzept Design   Konstruktion   Fertigung   Verkauf

Abb. 4.6. Anteil der Designkosten an den Produktentwicklungskosten (Quelle: HOL-
LINS u. PUGH 1990)

Fertigung) bereits determiniert werden, so wird deutlich, warum
dieser Phase auch aus kostentechnischer Perspektive eine entscheidende Bedeutung im Produktentwicklungsprozess zukommt. Interessanterweise ist das Topmanagement-Involvement in diesem mittleren Bereich der Produktentwicklung meist sehr gering, was nicht
selten zu Überraschungseffekten führt, wenn die Unternehmensleitung am Ende des Entwicklungsprozesses dann mit den tatsächli-
chen Produktkosten konfrontiert wird.

Hinzu kommt, dass die Frage nach den Designkosten unweiger-
lich mit der Frage nach der richtigen Designorganisation verknüpft
ist. Auch im Designkontext spielen Outsourcing- und Offshoring-
Fragen eine zunehmend wichtige Rolle (vgl. ENGARDIO u. EINHORN
2005, Mc KINSEY 2007, NASSCOM 2006, NUSSBAUM 2005). Einer gemeinsamen Studie von BOOZ ALLEN HAMILTON und NASSCOM zufolge wird das Thema „Innovations-Outsourcing" (und damit un-
weigerlich auch das „Design-Outsourcing") in den nächsten Jahren
deutlich an Bedeutung gewinnen. Bis 2011 ist dabei mit einer Ver-
doppelung des bisherigen Marktpotenzials zu rechnen (vgl. NASS-

COM 2006). Interessant an dieser Entwicklung ist vor allem, dass neben klassisch routinierten Tätigkeiten zukünftig vermehrt auch anspruchsvoll konzeptionelle Entwicklungstätigkeiten ausgelagert werden. Dabei treten, so die Prognosen, Kostenargumente gegenüber anderen wichtigen Steuergrößen wie „Quality of Service" oder „Time to market" immer mehr in den Hintergrund (vgl. DEHOFF u. SEHGAL 2006, S. 7). Die hier beschriebenen Entwicklungen machen es wahrscheinlich, dass auch das Design in Zukunft mehr und mehr durch eine Make-or-Buy-Brille betrachtet wird. Dabei darf allerdings nicht übersehen werden, dass aktuell im Hinblick auf die Themen „Outsourcing" und „Offshoring" auch gegenläufige Trends zu erkennen sind (vgl. KAISER 2008). Darüber hinaus hat der „Buy"-Aspekt im Industriedesign aufgrund der dafür benötigten sehr spezifischen Kompetenzen immer schon eine sehr viel stärkere Ausprägung besessen als in anderen Funktionsbereichen. Nur wenige, vor allem große technisch orientierte Gebrauchsgüterunternehmen leisten sich heute eine eigene Designabteilung oder gar eigene Designunits an verschiedenen Orten der Welt. Die meisten Unternehmen kaufen stattdessen Designleistungen eher von außen zu (wobei viele Auftraggeber aus steuerungstechnischen Gründen nach wie vor Designdienstleister in der Nähe des Firmenstandortes präferieren). Die Dominanz von Buy-Strategien im Designbereich hat nicht zuletzt damit zu tun, dass die konzeptionellen Designkosten im Verhältnis zu den sonstigen Produkt- und Innovationskosten eher gering ausfallen, der Bedarf an „kreativem Input" von außen jedoch als relativ hoch angesehen wird. Berücksichtigt man, dass die Möglichkeiten, Folgekosten zu beeinflussen, in konzeptionellen Designphasen am größten sind, so gewinnt der Make-Aspekt allerdings wieder an Bedeutung. Noch wichtiger als der Kostenfaktor ist jedoch die Tatsache, dass die strategische Bedeutung des Designs in gesättigten Märkten immer wichtiger wird. Nicht nur die Automobilindustrie, auch andere Hersteller (zum Beispiel Mobilfunkunternehmen) nutzen zunehmend das Inhouse-Design, um sich so Wettbewerbsvorteile gegenüber der Konkurrenz zu sichern und der zunehmenden „Copy-Paste"-Mentalität im Designbereich entgegenzuwirken. Das Unternehmen NOKIA verfolgt hier eine sehr geschickte Mischstrategie, in dem sich das Unternehmen über Konzeptaufträge an Designbüros immer wieder wichtige Impulse vom Markt holt, das finale Design aber letztendlich unternehmensintern gestaltet (vgl. RICHTER 2007).

Das Beispiel NOKIA zeigt, dass das Design-Sourcing der Zukunft weniger auf klare Entweder-oder-Lösungen hinauslaufen wird, sondern (im Sinne einer Total-Sourcing-Matrix vielmehr auf ein „Sowohl-als-auch", in dem eigene Innovations- und Designteams mit externen Innovations- und Designdienstleistern in Form kreativer Innovationsnetzwerke zusammenarbeiten. Die Zusammenstellung dieser Netzwerke, vor allem jedoch die richtige operative wie strategische Steuerung dieser Netze stellt dabei eine, wenn nicht die zentrale Herausforderung im Innovations- und Designmanagement der Zukunft dar.

Ein wichtiges Instrument zur Bewertung und Steuerung derartiger Netzwerke aus betriebswirtschaftlicher Sicht stellen „Total Design Cost"-Modelle dar. Die meisten Ansätze, die es bisher in diesem Bereich gibt, entspringen weitgehend einer Fertigungslogik und fokussieren sich dabei vornehmlich auf zentrale Aspekte wie Mate-

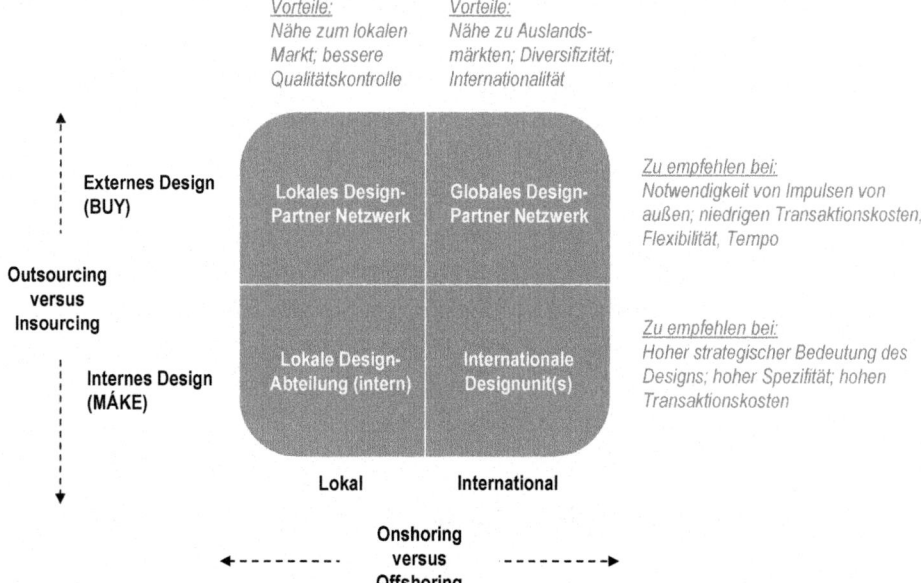

Abb. 4.7. Total-Design-Sourcing-Matrix (Quelle: HERRMANN u. MOELLER 2009)

TDC Total Design Cost = DDC + DTC + DFC + DOC

 ➤ DDC = Direct Design Cost (Interne und externe Gestaltungskosten)

 ➤ DTC = Design Transaction Cost (Administrations-, Steuerungskosten etc.)

 ➤ DFC = Design Follow-up Cost (Konstruktion, Produktion, evtl. Garantieleistungen etc.)

 ➤ DOC = Design Opportunity Cost (Image, Qualität, Innovativität, Eigenständigkeit, Strategischer Fit, Marktpotenzial der jeweils gewählten Designlösung im Verhältnis zu anderen möglichen Designlösungen...)

Abb. 4.8. Beispiel für einen Total-Design-Cost-Ansatz mit klarem Gestaltungsbezug (Quelle: HERRMANN u. MOELLER 2009)

rial-, Produktions- und Administrationskosten. Die eigentlichen Entwicklungs- und Designkosten tauchen dabei in der Regel nur als Unterpunkt auf (siehe beispielsweise EHRENSPIEL et al. 2007). Zu einem zwar ähnlichen, aber mit deutlich anderen Akzenten ausgestatteten „Total Design Cost"-Verständnis gelangt man dagegen, wenn man vor allem die Gestaltungs- und Entwicklungskosten in den Vordergrund stellt und dabei der Frage nachgeht, wie sich die Gesamtsumme dieser Kosten möglichst optimal aussteuern lässt.

Auch eine solche Kostenbetrachtung darf allerdings nicht nur die direkten Kosten (eigentliche Design- und Entwicklungskosten) umfassen, sondern muss ebenso die damit verbundenen indirekten Kosten (Transaktionskosten) sowie Follow-up-Kosten (Materialkosten, Produktionskosten, Garantiekosten etc.) berücksichtigen. Außerdem gilt es, die Leistungsdimension in Form von Opportunitätskosten zu integrieren (für entgangene Erlöse, die etwa dadurch entstehen, dass vorhandene bessere Designlösungen nicht realisiert wurden), um so zu einer gesamthaften und objektiven Beurteilung der Make-or-Buy-Frage im Design zu gelangen. Nur auf Grundlage derart umfassender Analysen lassen sich Kosten-Nutzen-Abwägungen im Designbereich wie auch die darauf beruhenden Sourcing-Entscheidungen wirklich objektiv treffen.

4.6   Spezifische Handlungsempfehlungen für KMUs

Kleinere und mittelgroße Industriegüterunternehmen sehen sich, was die Umsetzung eines erfolgreichen Designmanagements anbetrifft, zwar nicht grundsätzlich verschiedenen Aufgabenstellungen gegenüber als große Unternehmen. Da sie jedoch andere Ressourcenprofile, Organisationsgrade wie auch Stärken und Schwächen aufweisen als große Unternehmen, müssen sie anders als diese mit solchen Aufgabenstellungen umgehen (vgl. WOLF 2008a). Um mit Margaret Bruce, Designexpertin und Professorin für Marketing an der Universität Manchester, zu sprechen: *„Das Management kleinerer Firmen unterscheidet sich deutlich von dem großer Unternehmen: der Mangel an formalisierten Prozessen, die Ad-hoc-Nutzung des Designs, Mangel an Ressourcen für Reinvestitionen, subjektive Einflussnahmen des Eigentümers/Unternehmensleiters und die Bedeutung von Netzwerken machen das Umfeld kleiner Unternehmen unique, wenn es um Designfragen geht."* (BRUCE et al. 2002).

Natürlich gibt es, trotz dieser unterschiedlichen Ausgangsvoraussetzungen, durchaus mittelständische Unternehmen, die das Design seit Jahren sehr erfolgreich für sich einsetzen. Dies hat u.a. die französische Designforscherin Brigitte Borja de Mozota Ende der 90er-Jahre anschaulich aufgezeigt (BORJA DE MOZOTA 2003b). Bei den von ihr untersuchten Unternehmen handelt es sich allerdings fast ausnahmslos um bekannte Design Champions aus dem Konsumgüterbereich wie zum Beispiel Artemide, Authentics, Bulthaupt, Dyson etc. Was für Design Champions der mittelständischen Konsumgüterindustrie gilt, lässt sich allerdings nur bedingt auf den Mittelstand als Ganzes und speziell den industriellen Mittelstand übertragen. So zeigen verschiedene Studien, dass in den meisten KMUs das Bewusstsein für das Thema „Design" noch recht schwach ausgeprägt ist (vgl. BRUCE u. HARUN 2001, IDZ 2006). Wenn doch, dann wird das Design vornehmlich auf Aspekte wie das Corporate Design, Webdesign oder Messedesign bezogen, nicht jedoch auf den ebenso wichtigen Bereich des Produktdesigns. Auch im Hinblick auf ein konsequentes strategisches Management und eine entsprechende Markenpolitik bestehen in vielen KMUs noch erhebliche Defizite (vgl. BERTRAND u. SCHOAR 2006, PINKWART et al. 2006, PUDLATZ et al. 2005, RÜSEN 2008, SCHMIDT o. Jg.). LEITNER 1998 bringt die typischen Defizite einer strategischen Unternehmensführung im Mittelstand dabei folgendermaßen auf den Punkt: *„Der Prozess der strategischen Unternehmensführung in KMUs ist generell eher informell, unstrukturiert, unregelmäßig und unvollständig. [...] Strategien von KMUs* *haben häufig eher einen stillen Charakter, werden vom Unternehmer selbst verkörpert und sind nicht in strategischen Plänen festgelegt. Obwohl viele Autoren darin übereinstimmen, dass ein strategisches Management für kleinere und mittlere Unternehmen hilfreich ist, nutzen nicht alle KMUs das strategische Management. Noch immer folgt eine Vielzahl von Unternehmen der Strategie des sich Durchwurstelns. Die Gründe für ein solches Vorgehen, auf die in diesem Zusammenhang verwiesen wird, sind der Mangel an Zeit, eine unzureichende Expertise, Unsicherheiten darüber, wie man einen sauberen strategischen Prozess aufsetzt und ein Misstrauen gegenüber Unternehmensfremden."* (LEITNER 1998)

Ähnlich stellt SPÖTTL 2007 mit Bezug auf den Status quo der Markenführung in KMUs fest: *„Produktqualität, Innovationsbereitschaft, Kundenmanagement und Servicedienstleistungen sind für viele mittelständische Unternehmen selbstverständlich. Diese Aspekte der Unternehmensführung schaffen Nachhaltigkeit und tragen zum wirtschaftlichen Erfolg eines Unternehmens bei. Völlig gegensätzlich handeln viele Unternehmen jedoch bei ihrer Markenführung. Insbesondere im B2B-Geschäft verschenken viele mittelständische Unternehmen durch eine inkonsequente bzw. vernachlässigte Markenführung wirtschaftliches Potential."* (SPÖTTL 2007, S. 2)

Auch beim Innovationsmanagement lassen sich im Mittelstand Defizite ausmachen: So haben KMUs sehr viel häufiger mit typischen Innovationsbarrieren wie zum Beispiel begrenzten Kapitalmitteln und unzureichenden Personalressourcen im Innovationsbereich zu kämpfen als größere Unternehmen (vgl. KfW RESEARCH 2006, LICHT et al. 1995). Das bedeutet allerdings nicht, dass kleinere und mittlere Unternehmen per se weniger innovativ sind als etwa größere Unternehmen, auch wenn dies verschiedentlich immer wieder so dargestellt wird. So haben etwa W. COHEN und R. LEVINE in einer umfassenden empirischen Studie festgestellt, dass zwischen der schieren Größe eines Unternehmens und dessen Innovationsgrad kein eindeutiger Zusammenhang festzustellen ist: *„Das sicherlich bemerkenswerteste Kennzeichen der umfangreichen Masse an empirischen Studien über das Verhältnis von Firmengröße und Innovation ist ihre Uneindeutigkeit."* (COHEN u. LEVINE 1989 S. 1069) Zwar ist durchaus ein Zusammenhang zwischen der Firmengröße und der schieren Innovationsintensität (Innovationsinput) vieler Unternehmen auszumachen. Ob zwischen diesen beiden Größen aber ein linearer (die Innovationsintensität steigt mit der Firmengröße) oder aber U-förmiger Verlauf (hohe Intensität bei kleineren und größere Firmen, geringere Innovationsintensität bei mittelgroßen Unternehmen) besteht, ist bereits umstritten (vgl. KAMIEN u. SCHWARTZ 1982, PETERS 2005, SYMEONIDIS 2006). Abgesehen davon führt eine höhere Innovationsintensität nicht zwangsläufig zu einem höheren Innovationserfolg. Dies belegen nicht zuletzt die Flopraten bei Innovationen, die bei größeren Unternehmen ähnlich hoch ausfallen wie bei kleineren Unternehmen (größere Unternehmen können derartige Flops allerdings leichter abfedern als kleine).

Fasst man diese Überlegungen zusammen, so wird deutlich, dass es bei einer Bewertung des Innovations- und Designmanagements von KMUs im Industriegüterkontext weniger um eine starre Abgrenzung dieser von großen Unternehmen im Sinne einer einseitigen Schwarz-Weiß-Malerei gehen kann. Viel wichtiger ist es, die jeweiligen Stärken und Schwächen zu erkennen, die der industrielle Mittelstand im Umgang mit Innovationen besitzt. So sind kleinere Unternehmen häufig agiler und flexibler als große. Sie lernen schneller und besitzen in der Regel eine höhere Nähe zum Markt und zum Kunden. Weitere Stärken sind in einem häufig stärker ausgeprägten Erfindergeist, einer höheren Produktfokussierung sowie informelleren Strukturen und Prozessen zu sehen, die häufig mehr Kreativität im Innovationsprozess und bei der Entwicklung schlagkräftiger Produkt- und Designlösungen ermöglichen. Andererseits verfügen KMUs häufig über limitierte interne Ressourcen und Prozesse, die es ihnen schwermachen, auch umfangreiche Innovations- und Designprozesse zu stemmen. Die Möglichkeiten, Risiken zu verteilen und Markteintrittsbarrieren gegenüber dem Wettbewerb aufzubauen, sind geringer. Darüber hinaus ist der Prozess der Neuproduktentwicklung häufig unzureichend strukturiert. Hinzu kommt, dass bei Innovations- und Designfragen (wie auch in anderen Bereichen) häufig eine hohe Abhängigkeit vom persönlichen Geschmack der/des Eigentümer/s besteht (vgl. hierzu beispielhaft BRUCE et al. 2002). Die Herausforderungen, denen sich der industrielle Mittelstand im globalen Wettbewerb stellen muss, sind dabei mit denen großer Unternehmen durchaus vergleichbar. Auch der Mittelstand hat mit einem steigenden Kosten- und Innovationsdruck bei gleichzeitig kürzer werdenden Produktlebenszyklen und sinkender Kundenbindung zu kämpfen. Herausforderungen wie die eines globalen Supply Chain Managements, einer zunehmenden Optimierung von Entwicklung und Fertigung, der Flexibilisierung der Unternehmensorganisation, der Pyramidisierung von Einkaufs- und Zulieferstrukturen, der Modularisierung von Produkten und eines „Design-to-Cost" beschäftigen immer mehr auch die KMUs.

Welche Konsequenzen hat all dies nun für den Umgang kleinerer und mittelgroßer Unternehmen mit dem Thema „Design"? Zunächst einmal ist festzustellen, dass vor dem Hintergrund eines steigenden Innovations- und Profilierungsdruck das Thema „Design" auch für KMUs an Bedeutung gewinnen wird. Deshalb ist es wichtig, dass diese neben einem funktionierenden Unternehmens-, Technologie-, Produkt-, Sortiments- und Vertriebsmanagement auch ihre Kompetenzen im Innovations-, Marken- und Designmanagement weiter ausbauen. Nur so wird es gerade mittelständischen Unternehmen gelingen, ihre Eigenständigkeit zu bewahren und die hohe technologische Kompetenz, über die diese gerade im industriellen Bereich verfügen, nach außen sichtbar zu machen.

Ähnlich wie in anderen Funktionsbereichen können sich kleinere und mittelgroße Industriegüterunternehmen bei der Implementierung eines zeitgemäßen Designmanagements durchaus an größeren Benchmark-Unternehmen orientieren. Dabei sollten sie jedoch Rücksicht auf ihre deutlich knapperen Ressourcen nehmen und aufpassen, dass sie die Stärken, die sie in puncto Agilität besitzen, nicht durch übertriebene, an Großunternehmen ausgerichtete Institutionalisierungen konterkarieren. Nicht in einer Überinstrumentalisierung, sondern in einer auf die Bedürfnisse von KMUs zugeschnittenen Systematisierung liegt die Lösung. Die Unternehmen, die im Mittelstand mit Innovationen erfolgreich sind, tun dies in der Regel nicht, weil sie über komplexe Mechanismen oder umfangreichste Methodenbaukästen verfügen, sondern ganz einfach, weil in diesen – von der Unternehmerfamilie, aber auch über diese hinaus – eine innovationsfreudige Haltung gepflegt wird, für jeden verständliche Innovationsprozesse existieren und die im Vergleich zu börsennotierten Unternehmen eher begrenzten Ressourcen intelli gent genutzt und gezielt durch externe Kompetenzen ergänzt werden (vgl. hierzu u.a. FRANKE 2008, SPÄTH 2008). Ein Beispiel hierfür liefert u.a. das Benchmark-Unternehmen WITTENSTEIN. Die Ausrichtung des Unternehmens auf Innovation sowohl beim Produkt als auch im Prozess ist dort in den Unternehmensleitlinien festgelegt. Darüber hinaus verfügt das Unternehmen über einen klaren, nicht zu viele Stufen umfassenden Innovationsprozess, ist in verschiedenste Entwicklernetzwerke integriert und nutzt Ausgründungsstrategien zur Erschließung neuer Geschäftsfelder. Ein weiteres Beispiel findet man beim Unternehmen PCS Systemtechnik. Hier hat man sich von der Gründung des Unternehmens an konsequent dem Thema „Design" verschrieben. Die eigene Designpolitik fußt dabei auf sorgfältigen Wettbewerbsbeobachtungen und einer klaren Designstrategie. Bei der Implementierung setzt das Unternehmen jedoch auf ein schlankes Designmanagement über die langjährige Zusammenarbeit mit externen Designpartnern.

Die hier aufgeführten Beispiele zeigen, dass der richtige Umgang für KMUs im Designmanagement nicht in einer unnötigen Verkomplizierung der eigenen Designinitiativen zu sehen ist, sondern vielmehr in einer angemessenen Systematisierung. Eine solche Systema-

Typische Stärken von KMUs	Typische Herausforderungen von KMUs
▪ Flexibilität, Agilität	▪ Zunehmender Wettbewerb
▪ Schnelligkeit	▪ Globalisierung
▪ Erfindergeist	▪ Preiskämpfe
▪ Kürzere Entscheidungswege	▪ Begrenzte Kapitalressourcen
▪ Höhere Nachhaltigkeit	▪ Nachfrage- + angebotsinduzierter Innovationsdruck
▪ (...)	▪ (...)
Typische Schwächen von KMUs:	**Konsequenzen für die Designarbeit**
▪ Begrenzte Ressourcen	▪ Design als wichtiger potenzieller Differenzierungsfaktor
▪ Geringerer Organisations- und Strukturierungsgrad	▪ Andererseits höhere Skepsis und geringere Bereitschaft in das Design zu investieren
▪ Höheres Risiko subjektiver Einflussnahme durch die Eigentümer	▪ Weniger strukturierte Prozesse erschweren eine konsequente Designarbeit
▪ Strategische Defizite	▪ Bereitschaft Designkompetenz von außen zuzukaufen
▪ Defizite in der Markenführung	als wichtige Voraussetzung für Designerfolge
▪ (...)	▪ (...)

Abb. 4.9. Typische Stärken, Schwächen und Herausforderungen von KMUs und Konsequenzen für die industrielle Designarbeit

tisierung sollte dabei klassische mittelständische Tugenden wie
Schnelligkeit, Flexibilität und Nachhaltigkeit nicht beschneiden,
sondern diesen im Gegenteil neue Freiräume verschaffen, zum Beispiel durch die Zusammenarbeit mit externen Strategie-, Konzep-
tions- und Designnetzwerken.

4.7   Umsetzung in der Praxis

Bleibt zum Schluss noch die Frage, wie Industriegüterunternehmen,
die sich bisher überhaupt nicht mit dem Thema „Design" beschäftigt haben (und wenn doch, dann eher zufällig), eine solche „Systematisierung light" für sich erreichen können. Wie gelangt man hier
schnell zu einer guten Basis, wie lässt sich mit wenigen überschaubaren Maßnahmen ein optimales Designmanagement in der industriellen Praxis implementieren? Hierzu sind aus unserer Sicht im
Wesentlichen vier Schritte notwendig:

1. **Designpotenzialanalyse:** Zunächst einmal ist es wichtig, dass
   Industriegüterunternehmen die Chancen und Potenziale, aber
   auch die Risiken richtig einschätzen, die in ihrer jeweiligen
   Branche im Hinblick auf das Thema „Design" bestehen. Dabei
   müssen auch die jeweiligen Stärken und Schwächen des Unternehmens im Umgang mit dem Design analysiert werden.
   Jedes Produkt (auch das nicht explizit designte) ist auf die eine oder andere Arte und Weise gestaltet. Daher ist es wichtig,
   diese Gestaltung sorgfältig zu beurteilen und zu überlegen,
   wie das Design jeweils unter betriebswirtschaftlichen (Kosten,
   Ertragspotenziale, Preis-/Qualitätsanmutung, Sortimentslogik,
   Markenarchitektur, Wettbewerbsstärke, strategische Konsequenz etc.), technisch-konstruktiven (Innovativität, Funktionalität etc.) sowie gestalterischen Gesichtspunkten (Formensprache, Ergonomie, Materialität etc.) zu beurteilen ist. Derartige Design-Potenzialanalysen sollten jedoch nicht nur auf das
   eigene Unternehmen beschränkt werden. Wer sich auch im
   Design erfolgreich vom Wettbewerb differenzieren will, ist
   gut beraten, sich ebenso Referenzbranchen sowie die allgemeine industrielle Innovations- und Trendlandschaft anzu-

schauen und dort nach wichtigen Impulsen für die eigene Engwicklungs- und Gestaltungsarbeit zu suchen.

2. **Designstrategie:** Aufbauend auf einer Designpotenzialanalyse gilt es als Nächstes, eine verbindliche strategische Plattform für die eigene Designarbeit zu schaffen. Hierbei geht es darum, wichtige strategische Zielsetzungen und Eckpfeiler für die Gestaltungsarbeit der Zukunft zu fixieren und sicherzustellen, dass das zukünftige Design direkt auf die allgemeinen Unternehmens-, Marken- und Innovationsziele des Unternehmens einzahlt. Die Auswahl der richtigen Designerfolgsstrategie (Design als Innovationsfaktor, Design als Zulieferstrategie, Design als eigenständige Serviceleistung etc.), Empfehlungen für die zukünftige Designorganisation (Struktur und Prozess) und zur Designbudgetierung, aber auch Überlegungen dahin gehend, wie man auf der Grundlage stimmiger Segmentierungen und Positionierungen integrierte Sortiments-/Produkt- und Designroadmaps entwickeln kann, die das Unternehmen nach vorne bringen, sind die wichtigsten Themen, die im Rahmen einer solchen Designstrategie behandelt werden sollten.

3. **Design-Rahmenkonzeption:** Ist eine stimmige Designstrategie erst einmal formuliert, fällt es Unternehmen in der Regel leichter, in die eigentliche gestalterische Arbeit einzusteigen. Bevor Industriegüterunternehmen jedoch mit der konkreten Gestaltung von einzelnen Produkten beginnen, sind sie gut beraten, die verbale Designstrategie auch in eine gestalterische Rahmenkonzeption zu übersetzen. Ziel einer solchen Rahmenkonzeption ist es, ein allgemeinverbindliches produktsprachliches Raster zu entwickeln, das mit den zentralen Unternehmens- und Markenwerten übereinstimmt und eine hohe Einheitlichkeit und Wiedererkennbarkeit des zukünftigen Produktauftritts am Markt sicherstellt. Immer wieder trifft man gerade bei Industriegüterunternehmen auf den Fall, dass diese Designer mit der Überarbeitung von Einzelprodukten beauftragen, ohne dass dabei vorher eine grundsätzliche Rahmenkonzeption erarbeitet wurde. Ein solches Vorge-

hen ist insofern problematisch, da so Ad-hoc-Lösungen entstehen, die zwar im Einzelfall durchaus funktionieren können, dabei jedoch kaum zum Aufbau eines nachhaltigen Marktauftritts von Produkt, Sortiment und Unternehmen beitragen. Wer das verhindern will, braucht nicht nur in strategischer, sondern auch in gestalterischer Hinsicht grundlegende Festlegungen in Form klarer Designrichtlinien. Diese sollten gleichermaßen einfach, allgemeinverständlich wie verbindlich sein, dabei gleichzeitig jedoch auch über eine hinreichende Entwicklungs- und Anpassungsfähigkeit im Hinblick auf unterschiedliche Markt- und Produktkontexte verfügen. Damit diese Richtlinien nicht totes Papier bleiben, ist es empfehlenswert, sie von Anfang an mit konkreten Designkonzeptentwicklungen zu verknüpfen. So werden die zuvor entwickelten Designvorgaben konkret erlebbar und für Mitarbeiter wie auch Kunden im wahrsten Sinne des Wortes „begreifbar".

4. **Detaillierte Designentwicklungen:** Steht eine grundsätzliche strategische Marschrichtung fest und ist eine gestalterische Rahmenkonzeption geschaffen, kann dann mit der Übertragung dieser Rahmenkonzeption auf neue und in Überarbeitung befindliche bestehende Produkte des Unternehmens begonnen werden. Industriegüterhersteller, die die ersten drei Stufen der hier vorgestellten systematischen Herangehensweise sauber abgearbeitet haben, tun sich unserer Erfahrung nach erkennbar leichter bei der erfolgreichen Gestaltung ihrer Produkte als die Unternehmen, die einfach so in ein Designprojekt „hineinspringen". Während die ersten drei Stufen empfehlenswerterweise in einem zusammenhängenden Projekt entwickelt werden sollten, verläuft diese vierte Stufe einer systematischen Designarbeit fortlaufend und parallel zum eigentlichen Prozess der Produktentwicklung im Unternehmen. Um hier zu möglichst erfolgreichen Ergebnissen zu gelangen, ist es wichtig, Designaspekte möglichst früh und umfangreich im Innovationsprozess zu berücksichtigen. Unsere umfangreichen Untersuchungen zum Zusammenhang von industriellem Design und Innovation haben deutlich gezeigt, dass die Art und Weise, wann und wie Designer in den Ent-

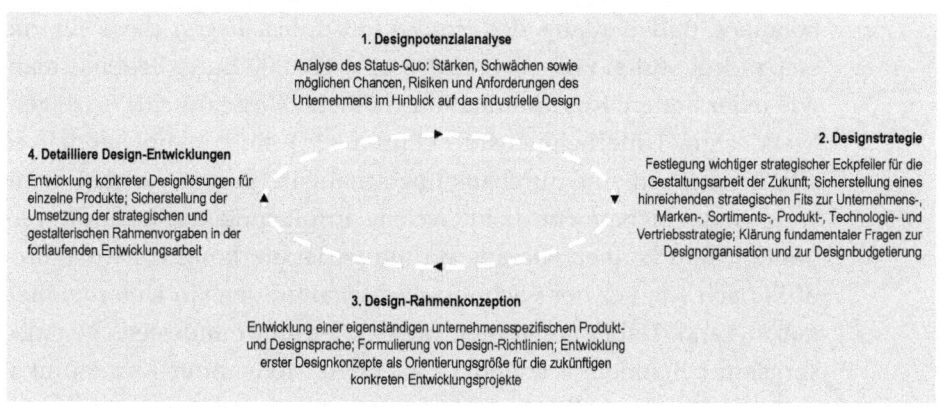

1. Designpotenzialanalyse

Analyse des Status-Quo: Stärken, Schwächen sowie möglichen Chancen, Risiken und Anforderungen des Unternehmens im Hinblick auf das industrielle Design

2. Designstrategie

Festlegung wichtiger strategischer Eckpfeiler für die Gestaltungsarbeit der Zukunft; Sicherstellung eines hinreichenden strategischen Fits zur Unternehmens-, Marken-, Sortiments-, Produkt-, Technologie- und Vertriebsstrategie; Klärung fundamentaler Fragen zur Designorganisation und zur Designbudgetierung

4. Detailliere Design-Entwicklungen

Entwicklung konkreter Designlösungen für einzelne Produkte; Sicherstellung der Umsetzung der strategischen und gestalterischen Rahmenvorgaben in der fortlaufenden Entwicklungsarbeit

3. Design-Rahmenkonzeption

Entwicklung einer eigenständigen unternehmensspezifischen Produkt- und Designsprache; Formulierung von Design-Richtlinien; Entwicklung erster Designkonzepte als Orientierungsgröße für die zukünftigen konkreten Entwicklungsprojekte

Abb. 4.10. 4-stufiger Prozess der Implementierung eines systematischen Designmanagements in der industriellen Praxis

wicklungsprozess einbezogen werden, wie diese gebrieft und konkrete Designprojekte gesteuert werden, von erheblicher Bedeutung für die Effizienz und den Erfolg der Designarbeit im Unternehmen ist.

Vor allem solche Unternehmen, die das industrielle Design erst neu für sich entdecken, scheuen häufig vor der hier beschriebenen systematischen Herangehensweise zurück. Gerade sie sind jedoch gut beraten, von Anfang an über das einzelne Entwicklungsprojekt hinaus zu denken. Wie jede andere Innovationstätigkeit, so kann auch das Design nur dann seine Kraft voll entfalten, wenn es keine Eintagsfliege bleibt, sondern in eine stimmige Gesamtkonzeption eingebettet ist. Gerade Käufer von Industriegütern durchschauen schnell, ob die Gestaltung eines neuen Produkts Teil einer glaubhaften, am Produkt ausgerichteten unternehmerischen Gesamtstrategie oder aber nur als Marketinggag für die nächste Messe gedacht ist. Konsequenz zahlt sich also auch hier aus. Grund genug, gerade im Industriegüterkontext verstärkt auf eine konsequente Produkt- und Designpolitik statt auf pure Effekthascherei zu setzen.

Natürlich ist eine solche Herangehensweise nicht ohne entsprechende Budgets zu bewerkstelligen. Die Investitionen, die Unternehmen für den hier beschriebenen Stufenprozess aufbringen müssen, sind jedoch durchaus überschaubar. Je nach Größe des Unternehmens und Umfang des Produktportfolios liegen diese für die ersten drei Stufen zwischen 50.000 und 150.000 Euro. Bedenkt man, wie teuer andere Kommunikationsmedien (Messeauftritt, Anzeigen, Webdesign, Unternehmensbroschüren etc.) sind, dann handelt es sich hierbei um eine durchaus überschaubare Summe, zumal dann, wenn man in Betracht zieht, welche Erfolgspotenziale damit verbunden sein können. Gerade im Industriegüterkontext ist das Produkt nach wie vor der wichtigste Botschafter, den ein Unternehmen haben kann. Daher sollte man dieses Medium mindestens genauso sorgsam behandeln wie andere wichtige Medien der Kommunikation mit Kunden, Mitarbeitern, Investoren und sonstigen Stakeholdern des Unternehmens auch.

4.8 Design und Nachhaltigkeit

Nicht nur die politische Debatte, auch die industrielle Entwicklungslandschaft wird immer stärker von Themen wie „Nachhaltigkeit", „Langlebigkeit", „Ressourcenschonung" und „Umweltschutz" geprägt. In diesem Zusammenhang muss sich auch das industrielle Design mehr und mehr mit der Frage auseinandersetzen, welchen Beitrag dieses für eine nachhaltige Produktpolitik im Unternehmen leisten kann. Verschiedene Studien belegen, dass das Design aufgrund der fundamentalen Entscheidungen bezüglich Konstruktion, Materialität, Haltbarkeit und Recyclingfähigkeit, die im Designprozess getroffen werden, die Umweltverträglichkeit von Produkten stark beeinflusst (vgl. hierzu u.a. CHARTER u. TISCHNER 2001, ROSE 2000, RUBIK 2000, SCHALTEGGER et al. 2002). Über die Umweltverträglichkeit hinaus besitzt das Design einen hohen Einfluss auf die Qualität und Langlebigkeit von Produkten. Hari Bapuji von der Asper School of Business an der University of Manitoba hat in einer wegweisenden Studie am Beispiel der Spielzeugindustrie aufgezeigt, dass fehlerhafte Produkte häufig eher auf Designfehlern als auf Produktionsfehlern beruhen (vgl. BAPUJI 2008). Um derartige Qualitätsprobleme zu vermeiden und darüber hinaus zu einem nachhaltigen Produktdenken zu gelangen, müssen sich Industriegüterunternehmen von einem einseitigen „Design-to-cost"-Denken verabschieden und stattdessen Kostenüberlegungen gezielt mit Nutzen-

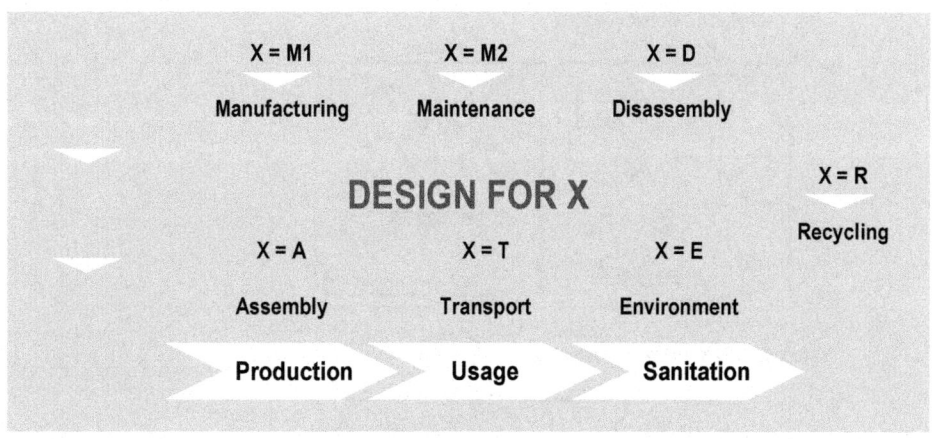

Abb. 4.11. Grundlagen einer multiperspektivischen Herangehensweise an Designprojekte nach dem „Design for X"-Ansatz (Quelle: in Erweiterung von EVERSHEIM et al. 1995)

und Nachhaltigkeitsüberlegungen verknüpfen. Walter Eversheim, Uwe Bölke und Wilfried Kölscheid von der RWTH Aachen haben bereits 1995 in einem Vortrag auf der „International Conference on Life-cycle Modelling for Innovative Products and Processes" in Berlin aufgezeigt, wie eine derartig multiperspektivische Herangehensweise an das Design idealtypischerweise aussehen sollte.

Eversheim, Bölke und Kölscheid zeigen in ihrem Vortrag anschaulich auf, dass ein Grundproblem des Produktdesigns, wie es heute häufig praktiziert wird, darin zu sehen ist, dass bei diesem Teilaufgaben und damit verbundene Restriktionen in der Regel in chronologischer Abfolge abgearbeitet werden. *„Als Konsequenz derart sequenzieller Prozesse sind die Möglichkeiten einer gesamthaften Produktoptimierung stark eingeschränkt."* (EVERSHEIM et al. 1995) Um den Anforderungen an eine ganzheitliche Produktentwicklung gerecht zu werden, ist es dagegen notwendig, Produktanforderungen wie zum Beispiel einen geringeren Energie- und Materialverbrauch und reduzierte Emissionen, aber auch klassische betriebswirtschaftliche Anforderungen wie etwa Kundenwünsche und Marktpotenziale sowie Kosten und sonstige Finanzwirkungen „isochron" (zu gleichen Zeitpunkten) zu betrachten. Ausgehend von dem Grundgedanken, beim Design des Produktes immer den gesamten Lebenszyklusprozess von der Konstruktion und Produk-

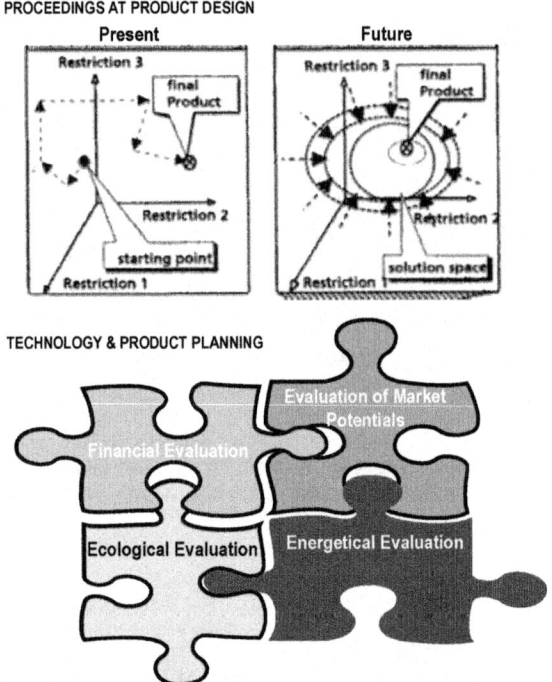

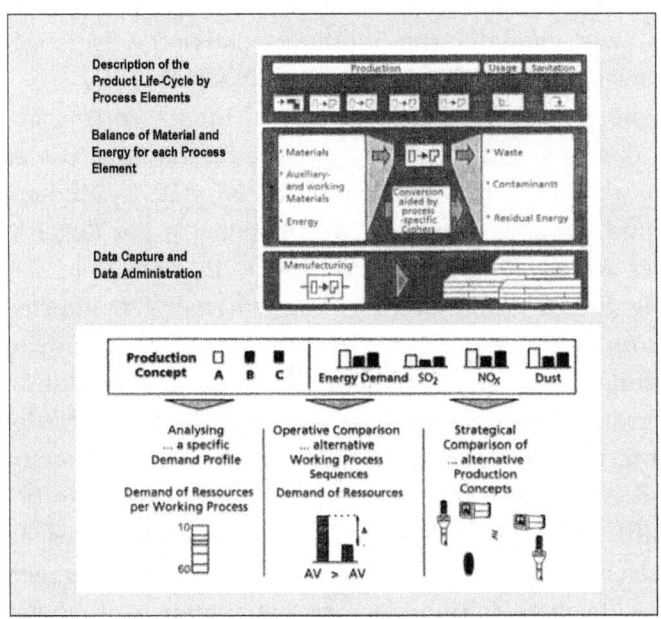

Abb. 4.12. Ansatzpunkte einer integrierten industriellen Produktgestaltung nach EVERSHEIM et al. 1995

tion über die Nutzung bis zur Entsorgung im Auge zu behalten, empfehlen EVERSHEIM et al. Industriegüterunternehmen die Implementierung eines Systems der integrierten Produktanalyse und Produktkonzeption, das Aspekte der Kosten- und Nutzenoptimierung genauso berücksichtigt wie die der Ressourcenschonung, der Recyclingfähigkeit und der verbesserten strategischen Marktfähigkeit von Produkten.

Inzwischen gibt es eine ganze Vielfalt von Methoden und Tools, die dem Praktiker bei der Umsetzung einer nachhaltigen Produktgestaltung im Unternehmen behilflich sein können. Die Architektin, Produktdesignerin und Expertin für nachhaltiges Design, Ursula Tischner, verweist gleich auf ein ganzes Dutzend praktikabler Methoden und Tools im Bereich des „Sustainable Designs" (vgl. TISCHNER o. Jg.). Dazu zählen Ökobilanzen ebenso wie ABC- und Nutzenanalysen, „House of Quality"-Ansätze und entsprechende Softwaretools.

Unabhängig davon, welche Instrumente man konkret bei der Umsetzung eines „Sustainable Design" im eigenen Unternehmen verwendet, ist eine sorgfältige Produktanalyse Grundlage für die Entwicklung nachhaltigerer Produktstrategien, Produktkonzepte und Produktlösungen. Bei der Durchführung derartiger Nachhaltigkeits-

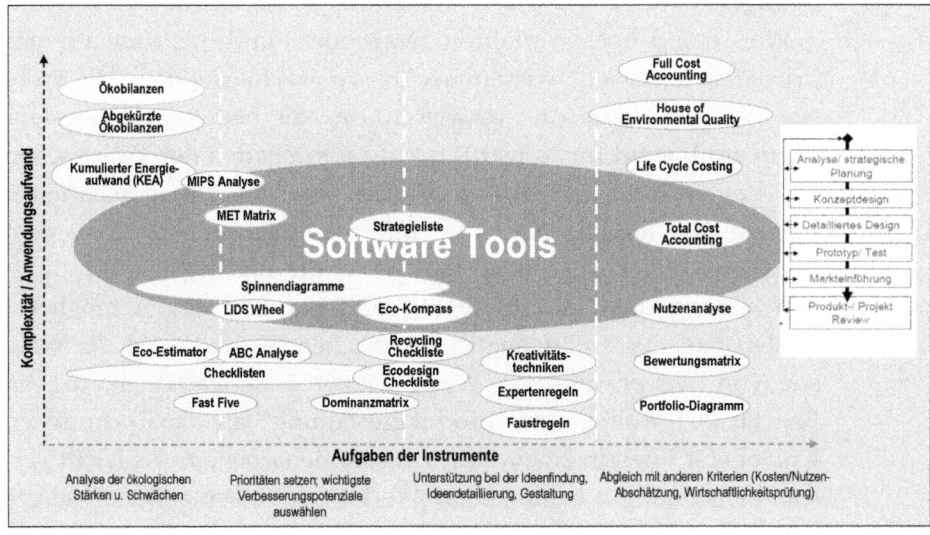

Abb. 4.13. Sustainable Design – Methoden und Tools (Quelle: TISCHNER o. Jg.)

Verpflichtende Anforderungen	Wünschenswerte Anforderungen	Fehlen Informationen?
Falls zutreffend, bitte ankreuzen	Falls zutreffend, bitte ankreuzen	Falls zutreffend, wer kümmert sich um die Informationen?
WIRTSCHAFTLICHE ASPEKTE		
Befriedigt Kundenbedürfnisse	Bietet Kunden einen neuen und offensichtlichen Vorteil; ermutigt zu umweltfreundlichen Verhalten	Analyse der Kundenbedürfnisse inklusive umweltbezogener Kundenbedürfnisse
Hat Erfolgspotenzial am Markt	Besser als alle Konkurrenzlösungen; Vorteile offensichtlich und gut kommunizierbar	Untersuchung von Marktsituation + Wettbewerb
Beeinflusst nicht die Kosten	Reduktion der Kosten (auch beim Kunden)	Einschätzung der wahrscheinlichen Kosten über den gesamten Lebenszyklus
Technisch machbar für das Unternehmen (zusätzlicher Entwicklungsaufwand?)	Technisch einfach zu realisieren (ohne zusätzliche Entwicklungsarbeit)	Generierung von Informationen zum notwendigen F&E-Aufwand; Suche nach technischen Alternativen
UMWELTASPEKTE		
Entspricht legalen Umweltanforderungen	Übererfüllt legale Umweltanforderungen	Analyse umweltrechtlicher Vorgaben + Standards
Negative Umwelteinflüsse werden reduziert	Negative Umwelteinflüsse werden drastisch reduziert	Analyse der Umwelteinflüsse der jew. Lösung
SOZIALE | ETHISCHE ASPEKTE		
Die Arbeitsbedingungen (intern und entlang der Wertschöpfungskette) entsprechen Grundanforderungen	Die Arbeitsbedingungen (intern und entlang der Wertschöpfungskette) sind gut bis ausgezeichnet	Überprüfung der Arbeitsbedingungen entlang der gesamten Wertschöpfungskette
Entspricht dem Unternehmensimage und ist „politisch korrekt"	Verbessert das Unternehmensimage	Analyse von Unternehmensimage + möglicher Reaktionen auf die neue Lösung; Entwicklung einer klaren Haltung (Identität) des Unternehmens

Abb. 4.14. Beispiel einer Checkliste für das „Sustainable Design" (Quelle: CHARTER u. TISCHNER 2001)

analysen haben sich ganzheitliche Checklisten bewährt, die ökonomische, ökologische und ethische Faktoren gleichermaßen berücksichtigen.

Wer mehr über Verfahren, Methoden und Instrumente des „Sustainable Design" wissen möchte, sei abschließend auf die Website „www.ecodesign.at" verwiesen, die seit 1996 vom Ecodesign-Team am Institut für Konstruktionswissenschaften der Technischen Universität Wien betrieben wird. Die Idee des dort geschaffenen sogenannten Infoknotens ist es, Informationen und Links zu dem immer wichtiger werdenden Fachgebiet der nachhaltigen Produktentwicklung und -gestaltung zu sammeln und einem möglichst breiten Nutzerkreis zugänglich zu machen. Betreut wird die Website von Wissenschaftlern verschiedener Fachrichtungen, die im Bereich „Umweltgerechte Produktgestaltung" an der Technischen Universität Wien in einem Team zusammenarbeiten. Als leicht verständliche und gut handhabbare Werkzeuge stehen auf der Website das Onlinetool ECODESIGN PILOT (ein Produkt-, Innovations-, Lern- und Optimierungstool) inklusive Hilfsprogramm zur Verfügung.

Seit Jahren bewährt hat sich auf der Website u.a. auch ein interaktiver Veranstaltungskalender mit der Möglichkeit, dort Veranstaltungen zum nachhaltigen Design anzukündigen und sich gleichzeitig selbst über ähnliche Veranstaltungen zu informieren. Daneben gibt es auf der Website eine Mailingliste, über die sich Interessierte mit anderen Nachhaltigkeitsexperten austauschen können. Aktuell arbeitet das Ecodesign-Team an der Zusammenstellung eines „Handbook of Sustainable Engineering", das 2009 erscheint (vgl. WIMMER u. KAUFFMAN 2009).

Derartige Instrumente bieten dem Praktiker wichtige Ansatzpunkte für die Umsetzung eines nachhaltigen Designs im eigenen Unternehmen. Wer zukünftig auch im Industriegüterkontext erfolgreich Produkte absetzen möchte, kommt immer weniger um eine Berücksichtigung der Nachhaltigkeitskomponente herum. Dies ist nicht nur so, weil sich die rechtlichen Rahmenbedingungen wie auch Investitionsbedingungen für eine nachhaltige Produktpolitik in den nächsten Jahren deutlich verschieben werden. Vielmehr bestehen in einem proaktiven Nachhaltigkeitsmanagement auch wichtige Ansatzpunkte für die Profilierung von Unternehmen. So trägt eine nachhaltige Produktpolitik nachweislich zur Steigerung der Unternehmensreputation am Markt bei. Auch in dieser Hinsicht erhöht eine intelligente Designpolitik somit die Wettbewerbsstärke und Marktattraktivität von Unternehmen. Ein Grund mehr, dem Design einen deutlich höheren Stellenwert beizumessen, als dies heute in vielen Industriegüterunternehmen noch der Fall ist.

Über die Autoren

Dr. Christoph Herrmann

Dr. Christoph Herrmann ist ausgewiesener Experte in Fragen des Innovations-, Marken- und Designmanagements. Nach dem Studium der Betriebswirtschaftslehre im In- und Ausland (Universität Passau, London School of Economics and Political Science) und Promotion am Aral Stiftungslehrstuhl für Strategisches Marketing der Universität Witten/Herdecke war Christoph Herrmann zunächst in verschiedenen Managementpositionen führender Industrie- und Beratungsunternehmen tätig. 2003 gründete er gemeinsam mit Günter Moeller die auf Innovationen spezialisierte Unternehmensberatung hm+p Herrmann, Moeller + Partner mit Sitz in München. In den vergangenen Jahren hat Christoph Herrmann verschiedenste Innovationsprojekte für Unternehmen wie Audi, Brauholding International (BHI), DaimlerChrysler, Fischer, Infineon, Otto, Philip Morris, Qimonda, Red Bull und Volkswagen begleitet. Christoph Herrmann ist Autor und Herausgeber zahlreicher Fachbücher und Fachbeiträge zu den Themen „Produktinnovation", „Markenführung" und „Design". Neben seiner praktischen Tätigkeit war Christoph Herrmann Gastprofessor an der Universität der Künste Berlin (2000/2001) und Lehrbeauftragter an verschiedenen Hochschulen. Zurzeit unterrichtet er an der European Business School (EBS) das Modul „Strategisches Produkt-, Marken und Designmanagement" im „Executive Master Programm in Business Innovation" und leitet an der EBS gemeinsam mit Günter Moeller, Prof. Dr. Ronald Gleich und Prof. Dr. Peter Russo die Forschungsgruppe „Industrial Design & Innovationsmanagement".

Günter Moeller

Günter Moeller gehört gemeinsam mit Dr. Christoph Herrmann zu den führenden Köpfen, die in Europa seit Jahren für eine stärkere Verzahnung wirtschaftlicher und gestalterischer Kompetenzen in

Praxis, Forschung und Lehre eintreten. Nach dem Studium des Industriedesigns und der Betriebswirtschaftslehre an der Universität/Gesamthochschule Kassel und Abschluss als Diplom-Designer war Günter Moeller zunächst in verschiedenen Positionen der Industrie und der Beratungsbranche tätig, wo er sich von Anfang an konsequent mit Fragen des markenorientierten Designs und seiner industriellen Nutzung auseinandergesetzt hat. 2003 hat er gemeinsam mit Christoph Herrmann die auf Fragen der Produkt-, Marken- und Designinnovation spezialisierte Unternehmensberatung hm+p Herrmann, Moeller + Partner mit Sitz in München gegründet. In den zurückliegenden Jahren hat er zahlreiche Innovations-, Marken- und Designprojekte für Unternehmen wie ACO, Bosch, Brenntag, Carl Zeiss, DLW, Gardena, Haworth, Otto und T-Mobile betreut. Neben seiner praktischen Tätigkeit war er als Lehrbeauftragter für Marken- und Designmanagement an verschiedenen Hochschulen tätig (u. a. an der Bauhausuniversität in Weimar und der Hochschule für Gestaltung in Offenbach). Gemeinsam mit Christoph Herrmann und verschiedenen Innovationsexperten aus Europa hat er 2005 das „Management Institute for Innovation + Design" (MID) in Mailand gegründet und verschiedene Publikationen zu Innovations-, Design- und Marketingfragen veröffentlicht.

Prof. Dr. Ronald Gleich

Prof. Dr. Ronald Gleich ist Inhaber des Stiftungslehrstuhls für Industrielles Management der European Business School (EBS), International University Schloss Reichartshausen und Vorsitzender der Institutsleitung des Strascheg Instituts for Innovation and Entrepreneurship (SIIE) an der EBS. Zuvor war er Kaufmännischer Geschäftsführer der European Business School (2004-2005) sowie Prorektor für Weiterbildung der Hochschule (2003-2006). Prof. Gleich hat sich im Jahr 2000 an der Universität Stuttgart mit einer Untersuchung zum Thema „Performance Measurement" habilitiert. Vor seiner Tätigkeit an der EBS war er Partner bei der Unternehmensberatung Horváth & Partners sowie Leiter des Büros Stuttgart und des Competence Centers Controllingsysteme dieses Unternehmens. Neben seiner Lehr- und Forschungstätigkeit berät Prof. Dr. Gleich Unternehmen in Fragen des Controllings, des industriellen Managements und der Innovation. Er ist Autor und Herausgeber zahlreicher Fachbücher zu Themenfeldern des Controlling und des Innovationsmanagements. Gemeinsam mit Dr. Christoph Herrmann, Prof. Dr. Peter Russo und dem Dipl.-Designer Günter Moeller hat er 2007 an der European Business School die Forschungsgruppe „Industrial Design & Innovationsmanagement" ins Leben gerufen, die sich mit den wirtschaftlichen Effekten einer konsequenten unternehmerischen Designpolitik auf die Wachstumsfähigkeit und Innovationskraft von Unternehmen beschäftigt.

Prof. Dr. Peter Russo

Prof. Dr. Peter Russo ist gemeinsam mit Prof. Dr. Ronald Gleich Vorsitzender der Institutsleitung des Strascheg Institute for Innovation and Entrepreneurship. Nach dem Studium der Betriebswirtschaftslehre an den Universitäten Mainz, Würzburg, Padua (Italien) und San Diego (Kalifornien) mit den Schwerpunkten Marketing, Finanzen und Wirtschaftsrecht (Abschluss Dipl.-Kfm.) absolvierte er seine Promotion an der Universität Nürnberg-Erlangen. Parallel hierzu arbeitete er als Junior-Consultant am Massachusetts Institute of Technology (MIT), Boston. Schon während seines Studiums beschäftigte er sich mit der Finanzierung junger Unternehmen, ebenso während seiner beruflichen Tätigkeit beim Konzern Deutsche Bank AG, wo er mehrere leitende Positionen in Frankfurt/Main und München innehatte. Vor seiner Berufung war Prof. Russo zunächst Finanzvorstand, später Vorstandsvorsitzender eines deutschen börsennotierten Hightechunternehmens im Bereich Marketing/mobile Kommunikation. Darüber hinaus hält er verschiedene Aufsichtsrats- und Beiratsmandate, u. a. bei der Gründerinitiative der Microsoft Deutschland GmbH, beim Münchner Business Plan Wettbewerb (MBPW) und der Stiftung Industrieforschung. Seit 15. Oktober 2007 ist Prof. Russo Visiting Professor an der Stanford University.

Christoph Dilk

Christoph Dilk ist wissenschaftlicher Mitarbeiter am Strascheg Institute for Innovation and Entrepreneurship (SIIE) der European Business School (EBS), International University Schloss Reichartshausen.

Er hat Betriebswirtschaftslehre an der EBS sowie an der University of Hawaii at Manoa (USA) und der Universidad Argentina de la Empresa (UADE) in Buenos Aires studiert. Seit 2005 promoviert er am SIIE. Gemeinsam mit Prof. Dr. Ronald Gleich war er maßgeblich an der Durchführung der Studie „Wachstumspotenziale im Maschinenbau" beteiligt, die das SIIE 2007 realisiert hat. Ein weiterer Forschungsschwerpunkt von Christoph Dilk ist die Analyse von Innovationsnetzwerken in der Automobilindustrie.

Literaturverzeichnis

ACCENTURE 2005, Accenture (Hrsg.), Was macht Innovationen erfolgreich? – Wie die richtige Innovationsstrategie den Unternehmenswert steigert, Kronberg 2005

AMMANN u. SCHÄRER 2007, Ammann, P. und Schärer, S., Marktsegmentierung für Industriegütermärkte, in: Pepels, W., Marktsegmentierung – Erfolgsnischen finden und besetzen, 2. Auflage, Düsseldorf 2007

ANTIKAINEN 2004, Antikainen, T. (Hrsg.), Strategic Design, Working Papers, University of Art and Design, Helsinki 2004

BACKHAUS 2003, Backhaus, K., Investitionsgütermarketing, Wiesbaden 2003

BACKHAUS u. VOETH 2004, Backhaus, K. und Voeth, M., Handbuch Industriegütermarketing, Wiesbaden 2004

BAPUJI 2008, Bapuji, H., Toy Recalls, Is China the Problem?, White Paper, Asper School of Business, University of Manitoba 2008

BAXTER 1995, Baxter, M., Product Design: Practical Methods for the Systematic Development of New Products, 3. Auflage, London 1995

BEERENS et al. 2005, Beerens, J., Goldbrunner, T., Hauser, R. u. List, G., Mastering the Innovation Challenge, Results of the Booz Allen Hamilton European Innovation Survey, London 2005

BERTRAND u. SCHOAR 2006, Bertrand, M. u. Schoar, A., The Role of Family in Family Firms, in: The Journal of Economic Perspectives, Volume 20, Number 2, Spring 2006, S. 73-96

BESSANT et al. o. Jg., Bessant, J., Neely, A., Tether, B., Whyle, J. u. Yaghi, B., Intelligent design: How Managing the Design Process Effectively Can Boost Corporate Performance, in: Executive Briefing, Advanced Institute of Management (JW) 2005

BESSANT u. FRANCIS 1997, Bessant, J. u. Francis, D., Implementing the new product development process, Technovation 17 (4) 1997, S. 189-197

BIRKIGT et al. 2000, Birkigt, K., Stadler, M. u. Funck, H.J., Corporate Identity – Grundlagen, Funktionen, Fallbeispiele, München 2000

BLAICH 1993, Blaich, R., Product design and corporate strategy: managing the connection for competitive advantage, New York u. London 1993

BMWI 2007, Bundesministerium für Wirtschaft und Technologie (BMWI), Schlaglichter zur Wirtschaftspolitik, Berlin 2007

BONSIEPE 2007, Bonsiepe, G., The uneasy relationship between design and design research, in: Michel, R. (Hrsg.), Design Research Now, Essays and Selected Projects, Basel et al. 2007, S. 25-39

BOOTHROYD 1996, Boothroyd, G., Design for Manufacture and Assembly, The Boothroyd-Dewhurst Experience, in: Huang, George Q. (Hrsg.), Design for X – Concurrent Engineering Imperatives, New York 1996 S. 19-40

BORJA DE MOZOTA 2003a, Borja de Mozota, B., Design Management, Using Design to Build Brand Value and Corporate Innovation, Paris 2001

BORJA DE MOZOTA 2003b, Borja de Mozota, B., Design and competitive edge: A model for design management excellence in European SMEs, in: Design Management Journal, 2003 (2), S. 88- 103

BRUCE et al. 1998, Bruce, M., Cooper, R. u. Vazques, D., Design Management, A Guide to Sourcing, Briefing and Managing Design for Small and Medium Sized Companies, Design Council Report, London 1998

BRUCE et al. 2002, Bruce, M., Harun, R. u. Sinha, P., Design Skills as Core Competency, Managing Design Competencies for Serial Innovation in Small Companies, Proceedings, DMI Conference, 11th Int. Forum Design Management Research & Education, Boston 2002

BRUCE u. BESSANT 2002, Bruce, M. u. Bessant, J. (Hrsg.), Design in Business, Strategic Innovation through Design, Harlow 2002

BRUCE u. HARUN 2001, Bruce, M. u. Harun, R., Exploring Design Capability for Serial Innovation in SMEs, Paper, European Design Academy Conference, Portugal 2001

BUCK 2003, Buck, A. (Hrsg.), Design Management in der Praxis, Stuttgart 2003

BUCK et al. 1998, Buck, A., Herrmann, C. u. Lubkowitz, D., Handbuch Trendmanagement, Innovation und Ästhetik als Grundlage unternehmerischer Erfolge, Frankfurt/Main 1998

BUCK u. VOGT 1997, Buck, A. u. Vogt, M. (Hrsg.): Designmanagement, Was Produkte wirklich erfolgreich macht, Frankfurt/Main 1997

BÜRDEK 2005, Bürdek, B.E., Design – Geschichte, Theorie und Praxis der Produktgestaltung, 3. Auflage, Basel 2005

BURGHARDT 2006, Burghardt, M., Projektmanagement: Leitfaden für die Planung, Überwachung und Steuerung von Entwicklungsprojekten, 7. überarbeitete und erweiterte Auflage, Publicis Corporate Publishing 2006

CAPELL 2007, Capell, K., Can You Measure Design's Value?, in: Business Week 21, März 2007

CHARTER u. TISCHNER 2001, Charter, M. u. Tischner, U., Sustainable Solutions, Developing Products and Services for the Future, Greenleaf Publishing, 2001

COHEN u. LEVINE 1989, Cohen, W u. Levine, R., Empirical studies of innovation and market structure, in: Schmalensee, R., u. Willig, R. (Hrsg.), Handbook of Industrial Organization, Vol. 2, Amsterdam 1989

COOPER 2002, Cooper, R.G., Top oder Flop in der Produktentwicklung, Erfolgsstrategien: Von der Idee zum Launch, Chichester 2002

COOPER 2004, Cooper, R.G., The Seven Principles of the Latest Stage-Gate Method Add up to a Streamlined New-Product Idea-to-Launch Process, White Paper, März/April 2004, www.stage-gate.com

COOPER et al. 2003; Cooper, R., Hands, D., Wootton, A., Machiavelli and Innovation: The Politics of Design?, Proceedings, 5th European Academy of Design Conference, Barcelona, 28-30 April 2003

COOPER u. PRESS 1995, Cooper, R. u. Press, M., The Design Agenda: A Guide to Successful Design Management, Chichester 1995

DAVIS 2006, Davis, G., Beyond aesthetics, Industrial design and human factors, in: applianceDESIGN, September 2006, S. 50-53

DDV 1995, Deutsche Designer Verband (Hrsg.), Design – Honorar und Verträge, Stuttgart 1995

DESIGN COUNCIL 2004, Design Council (Hrsg.), The Impact of Design on Stock Market Performance of UK Quoted Companies 1994-2003, London 2004

DESIGN COUNCIL 2006, Design Council (Hrsg.), Design in Britain 2005-2006, London 2006

DIHT 1999, Deutscher Industrie- und Handelstag (Hrsg.), Advantage: Design, Beitragsband, Bonn 1999

DILK et al. 2008, Dilk, C., Gleich, R., Kochen, J.C. u. Staiger, T.J., Wachstumspotenziale im Maschinenbau, Frankfurt am Main 2008

DMI 2003, Design Management Institute Boston (Hrsg.), Special Issue on „Design Consulting", Summer 2003

DMI 2004, Design Management Institute Boston (Hrsg.), Investing in and Supporting Design Innovation, in: Design Management Review, Boston, Winter 2004

DOOLEY et al. 2002, Dooley, K., Subra, A. u. Anderson, J., Adoption rates and patterns of best practices in new product development, Int. J. of Innovation Management, 6 (1) 2002, S. 85-103

DTI 2005, Department of Trade & Industry (Hrsg.), Creativity, Design and Business, DTI Economics Paper No. 15, London 2005

EHRENSPIEL at al. 2007, Ehrenspiel, K., Kiewert, A. und Lindemann, U., Cost-Efficient Design, English Edition, Berlin u. Heidelberg 2007

ENGARDIO u. EINHORN 2005, Engardio, P. u. Einhorn, B., Outsourcing Innovation, First came manufacturing. Now companies are farming out R&D to cut costs and get new products to market faster. Are they going too far?, in: BusinessWeek online, March 21, 2005

ENGELN 2006, Engeln, W., Methoden der Produktentwicklung, München 2006

ENGELN et al. 2008, Engeln, W., Goos, J., Zang, R., Gröbe, B. und Traitteur, E. v., Integration von Produktdesign in den Produktentwicklungsprozess für die Investitionsgüterbranche, in: Hentsch et al. 2008, a.a.O., S. 169-179

ERLHOFF et al. 1997, Erlhoff, M., Manzini, E., Mager, B., Dienstleistung braucht Design, Köln 1997

ERNST 2006, Ernst, D., Innovation Offshoring, Asia's Emerging Role in Global Innovation Networks, East Western Center Special Report, Number 10, Honolulu 2006

ESCHBACH 2006, Eschbach, A., Alltagsdesign im Rampenlicht, Retrospektive Konstantin Grcic im Münchner Haus der Kunst, in: NZZ vom 22. März 2006

EVERSHEIM et al. 1995, Eversheim, W., Bölke, U.H. und Kölscheid, W., Lifecycle Management as an Approach for Design for X?, in: Life-cycle Modelling for Innovative Products and Processes, hrsg. v. Frank-Lothar Krause u. Helmut Jansen, Berlin 1995, S. 71-79

FLURSCHEIM 1983, Flurscheim, C.H. (Hrsg.), Industrial design in engineering: a marriage of techniques, London: Design Council 1983

FORM DISKURS 1998, Form diskurs, Zeitschrift für Design und Theorie, Themenheft „Strategic Design Planning", Heft 4, I/1998

FRANKE 2008, Franke, N., Top-100-Studie, Stärken des Mittelstandes, erschienen am: 15.05.2008 unter: www.innovationen-machen.de

FROWEIN 2007, Frowein, C., Anmerkungen zum Innovationsmanagement, Präsentation, Innovationstag, Magdeburg Dezember 2007

GASSNER 2007, Gassner, R., F+E-Outsourcing – Innovationschance oder Risiko?, Explorative Untersuchung eines neuen Trends im Innovations- und Forschungssystem, WerkstattBericht Nr. 88, IZT Institut für Zukunftsstudien und Technologiebewertung, Berlin 2007

GATZKY 2008, Gatzky, T., Industriedesign in der Ingenieurausbildung – Über ein Ausbildungsmodell, das auf Integration setzt, in: Hentsch et al., a.a.O., S. 151-167

GEIPEL 1989, Geipel, P., Industrie-Design als Marktfaktor bei Investitionsgütern (Diss.), Reihe Produktforschung und Industriedesign, Hrsg.: Leitherer, E., München 1989

GEMSER u. LEENDERS 2001, Gemser, G. u. Leenders, M., How Integrating Design in the Product Development Process Impacts on Company Performance, The Journal of Product Innovation Management, 18 (1) 2001

GILLESPIE 2002, Gillespie, B., Strategic Design Management and the Role of Consulting, University of Westminster 2002

GLEICH 2006, Gleich, R. (Hrsg.), Produktentwicklungsmanagement, ZfCI Performance Excellence Zeitschrift für Controlling und Innovationsmanagement, Heft 3, 2006

GLEICH et al. 2006, Gleich, R., Rauen, H., Russo, P. u. Wittenstein, M. (Hrsg.), Innovationsmanagement in der Investitionsgüterindustrie treffsicher voranbringen, Frankfurt/Main 2006

GLEICH et al. 2008, Gleich, R., Herrmann, C., Moeller, G., Russo, P. und Tilebein, M. (Hrsg.), Markenbildung durch Industriedesign: Konzepte für kleinere und mittlere Investitionsgüterhersteller, Berichtsband 1: Herausforderungen, Chancen, Potenziale, Oestrich/Winkel, 28. März 2008, erstmalig veröffentlicht unter: www.ebs-siie.de

GOCHERMANN 2004, Gochermann, J., Kundenorientierte Produktentwicklung, Marketingwissen für Ingenieure und Entwickler, Wiley, 1. Auflage, Januar 2004

GÖTZ u. SCHMID 2004, Götz, K. u. Schmid, M., Theorien des Wissensmanagements – Systemische Untersuchungen über die Wissenskatalysatoren Wettbewerb, Marketing, Human Ressource, Kreativität und Innovation, Frankfurt/Main 2004

GRIMHEDEN u. HANSON 2005, Grimheden, M. u. Hanson, M., What Is Design Engineering and How Should It Be Taught? Proposing A Didactical Approach, Proceedings, ICED Conference, Melbourne 2005

GROSSE-OETRINGHAUS 1996, Große-Oetringhaus, W.F., Strategische Identität – Orientierung im Wandel. Ganzheitliche Transformation zu Spitzenleistungen, Berlin 1996

GRÖSSER 1994, Größer, H., Markenartikel und Industriedesign. Schriftenreihe Produktentwicklung & Industriedesign (Diss.), München 1994

GRÜNER (2007), Grüner, H., Design – Kompetenz – Mittelstand, Personalentwicklung in kleinen und mittleren Unternehmen zur Stärkung der Designkompetenz, in: IDZ 2007b

GURNANI 2006, Gurnani, A.P., Engineering Design at the Edge of Rationality (Diss.), Graduate School State University of New York at Buffalo 2006

HADWIGER u. ROBERT 2002, Hadwiger, N. u. Robert, A., Produkt ist Kommunikation – Integration von Branding und Usability, Bonn 2002

HAGEL u. BROWN 2006, Hagel, J. u. Brown, J.S., Globalization and Innovation: Some Contrary Perspectives, Paper, World Econ. Forum, Davos, Januar 2006

HALEVI 1999, Halavi, G., Restructuring the Manufacturing Process, Boca Raton: The St. Lucie Press/APICS Series on resource management, 1999

HALEVI 2004, Halavi, G., Production Management, Simple or Complex, in: International Journal of Innovation and Technology Management (IJITM), Vol. 1, Issue: 4 (December 2004), S. 359-371

HANCOCK 1992, Hancock, M., How to Buy Design, London 1992

HANSEN u. LEITHERER 1984, Hansen, U. u. Leitherer, E., Produktpolitik, Stuttgart 1984

HARDAKER et al. 1998, Hardaker, G., Ahmed, P.K., Graham, G., An integrated response towards the pursuit of fast time to market of NPD in European manufacturing organizations, in: European Business Review, Volume 98, Number 3, 1998, S. 172-177

HARDT 2004, Hardt, M., Do you Speak Design?, in: Design Report, Heft 1, 2004, S. 30-31

HAUFFE 1995, Hauffe, T., Design, Köln 1995

HAUSCHILDT u. SCHLAAK 2001, Hauschildt, J. u. Schlaak, T.M., Zur Messung des Innovationsgrades neuartiger Produkte, in: Zeitschrift für Betriebswirtschaft, 71. Jg. (2001), Nr. 2, S. 161-182

HAYES 1990, Hayes, R.H., Design: Putting Class into World Class, in: Design Management Journal 1, no. 2 (Summer 1990), S. 8-14

HEIDTMANN 2005, Heidtmann, V., Innovationsmanagement, Innovationen schneller, marktgerechter, kostengünstiger entwickeln, in: Roland Berger (Hrsg.), Executive Review 2/2005, S. 18-23

HELLMANN 2007, Hellmann, K.-U., Facetten einer aktiven Konsumentendemokratie, in: Ästhetik & Kommunikation, Heft 139, 38. Jahrgang, Winter 2007, S. 25-32

HENTSCH et al. 2008, Hentsch, N., Kranke, G. und Wölfel, C. (Hrsg.), Industriedesign und Ingenieurwissenschaften, Technisches Design in Forschung, Lehre und Praxis, Dresden 2008

HERRMANN 1998, Herrmann, C., Stilvoll durchs Stiluniversum, Design Management als Stilarbeit, Formdiskurs 4(1998)1, S. 26-35

HERRMANN 2005, Herrmann, C., Strategic Design, Wie man eine Insel erobert, Oder: Warum die Designtheorie und die Designausbildung in Deutschland eine strategische Neuausrichtung brauchen, Vortrag an der Bergischen Universität Wuppertal, 20. Oktober 2004

HERRMANN u. RÜSEN 2008, Herrmann, C. und Rüsen, T., Innovation von Familienunternehmen, in: Frankfurter Allgemeine Zeitung, Nr. 186 vom 11. August 2008, S. 18

HERRMANN u. MOELLER 2004, Herrmann, C. u. Moeller, G., Die Innovation der Innovation, in: Frankfurter Allgemeine Zeitung, Nr. 102 vom 3. Mai 2004, S. 23

HERRMANN u. MOELLER 2005, Herrmann, C. u. Moeller, G., Design als zentraler Wertschöpfungsfaktor, Frankfurter Allgemeine Zeitung, Nr. 212. vom 12. September 2005, S. 24

HERRMANN u. MOELLER 2006a, Herrmann, C. u. Moeller, G., Innovation – Marke – Design, Grundlagen einer neuen Corporate Governance, Düsseldorf 2006

HERRMANN u. MOELLER 2006b, Herrmann, C. u. Moeller, G., Business & Design: Der Faktor Design im Wirtschaftsprozess, in: Muth, Weidner, u. Zehetbauer (Hrsg.), Unternehmenskommunikation – Werbung, PR, Direktmarketing, Case Studies, Digitale Fachbibliothek (CD-ROM), Düsseldorf 2006

HERRMANN u. MOELLER 2006c, Herrmann, C. u. Moeller, G., Designgeschichte und wirtschaftliche Entwicklung, in: Muth, Weidner, u. Zehetbauer (Hrsg.), Unternehmenskommunikation – Werbung, PR, Direktmarketing, Case Studies, Digitale Fachbibliothek (CD-ROM), Düsseldorf 2006

HERRMANN u. MOELLER 2006d, Herrmann, C. u. Moeller, G., Designmanagement & Strategisches Design, in: Muth, Weidner, u. Zehetbauer (Hrsg.), Unternehmenskommunikation – Werbung, PR, Direktmarketing, Case Studies, Digitale Fachbibliothek (CD-ROM), Düsseldorf 2006

HERRMANN u. MOELLER 2006e, Herrmann, C. u. Moeller, G. Der Sputnik-Effekt, Die deutschen Hochschulen sollen den Anschluss an die Spitze schaffen. Doch die fehlende politische Förderung transdisziplinärer Arbeit wird echte Erfolge verhindern, in Financial Times Deutschland, Ausgabe vom Montag, 27. Februar 2006, S. 26

HERRMANN u. MOELLER 2007, Herrmann, C. u. Moeller, G., Strategisches Sortiments-, Produkt-, Marken- und Designmanagement, Kernaspekte eines erfolgreichen Innovationsmanagements – Ein Praxisbericht, in: ZfCI, Performance Excellence – Zeitschrift für Controlling und Innovationsmanagement, 2. Jahrgang, Heft Nr. 3/2007, S. 54-58

HERRMANN u. MOELLER 2008a, Herrmann, C. u. Moeller, G., Design Entrepreneuring, Designmanagement als Kernfunktion der Unternehmensentwicklung, in: Russo et al. 2008, a.a.O., S. 78-99

HERRMANN u. MOELLER 2009, Herrmann, C. u. Moeller, G., Design Governance, Design as a key factor for innovation and economic success, ICFAI University Press, Hyderabad 2009

HERSTATT u. VERWORN 2006, Herstatt, C. u. Verworn, B., Management der frühen Innovationsphasen, Grundlagen – Methoden – Neue Ansätze, Wiesbaden 2006

HERTENSTEIN et al. 2001, Hertenstein, J., Platt, M. u. Brown, D., Valuing Design: Enhancing Corporate Performance through Design Effectiveness, in: Design Management Journal 12(2001)3

HERWIG 2006, Herwig, O., Stoppt Marketing!, Hier machen wir Werbung. Und zwar dafür, beim Produktdesign auf die Meinung der Werbeabteilung zu verzichten, in: Süddeutsche Zeitung Magazin, Ausgabe vom 7. April 2006, S. 36-38

HESKETT 1997, Heskett, J., Industrial Design, Paperback Edition, London 1997

HEUFLER 2006, Heufler, G., Design Basics, Von der Idee zum Produkt, Zürich 2006

HIETAMÄKI et al. 2005, Hietamäki, T., Hytönen, J. u. Lammi, M., Modelling the Strategic Impacts of Design in Businesses, Research Project in Design 2005 Technology Program, TEKES, The National Technology Agency of Finland, Final Research Report September 2005, UIAH Helsinki 2005

HILDEBRANDT et al. 2007, Hildebrandt, A., Merkel, H. und Koeman, A., Die Sprache von Mode & Design: Kreativ, Vielfältig, Global, Red Dot Publikation, Essen 2007

HOFMAIER 1993, Hofmaier, R. (Hrsg.), Investitionsgüter- und High-Tech-Marketing. Erprobte Instrumentarien, Erfolgsbeispiele, Problemlösungen, 2. Auflage, Landsberg/Lech 1993

HOLLINS u. PUGH 1990, Hollins, B. u. Pugh, S., Successful Product Design, London 1990

HOMBURG u. RICHTER 2003, Homburg, C. u. Richter, M., Branding Excellence, Wegweiser für professionelles Markenmanagement in der Investitionsgüterindustrie, IMU, Universität Mannheim 2003

HUANG 1996, Huang, G.Q. (Hrsg.), Design for X – Concurrent Engineering Imperatives, New York 1996

HYTÖNEN u. HEIKKINEN 2003, Hytönen, J. u. Heikkinen, H., Design Policy and Promotion Programmes in Selected Countries and Regions, Survey prepared at Designium, The New Centre of Innovation in Design, University of Art and Design in Helsinki, October 2003

IBM 2006, IBM (Hrsg.), Global Innovation Outlook 2.0, 2005, IBM, Armank/NY 2006

IDZ 2006, Internationales Design Zentrum Berlin (Hrsg.), Design Management, Teil 1: Design Management im Fokus, Berlin 2006

IDZ 2007a, Internationales Design Zentrum Berlin (Hrsg.), Design Management, Teil 2: Design Management konkret, Berlin 2006

IDZ 2007b, Internationales Design Zentrum Berlin (Hrsg.), Design Management, Teil 3: Einblicke und Ausblicke, Berlin 2006

JÄRVINEN u. KOSKINEN 2001, Järvinen, J. u. Koskinen I., Industrial Design as a Culturally Reflexive Activity in Manufacturing, Sitra Reports Series 15, University of Art and Design, Helsinki 2001

JENSEN u. WELLENSTEIN 2005, Jensen, O. u. Wellenstein, B., Organisation des Produktmanagements: State-of-Practice und Trends in verschiedenen Branchen, IMU, Univ. Mannheim 2005

JOZIASSE 2000, Joziasse, F., Corporate Strategy: Bringing Design Management into the Fold., in: Des. Manag. J. 11(2000)4

KAIRIES 2006, Kairies, P., Professionelles Produkt-Management für die Investitionsgüterindustrie, Praxis und moderne Arbeitstechniken, 7. A., Renningen 2006

KAISER 2008, Kaiser, Arvid, Outsourcing, Mittelständler in der Falle, in: Manager Magazin, 25. Juni 2008

KALWEIT et al. 2006, Kalweit, A., Paul, C., Peters, S. und Wallbaum, R., Handbuch für Technisches Produktdesign, Material und Fertigung – Entscheidungsgrundlagen der Produktentwicklung für Designer und Ingenieure, Berlin et al. 2006

KAMIEN u. SCHWARTZ 1982, Kamien, M.I. u. Schwartz, N.L., Market Structure and Innovation, Cambridge 1982

KAPFERER 1992, Kapferer, J.-N., Die Marke, Kapital des Unternehmens, Landsberg/Lech 1992

KARJALAINEN 2004, Karjalainen, T.-M., Semantic Transformation in Design. Communicating Strategic Brand Identity through Product Design References, Helsinki 2004

KARLSON u. AHLSTRÖN 1996, Karlsson, C. u. Åhlström, P., The Difficult Path to Lean Product Development, Journal of Product Innovation Management, 13, 283-295

KEINONEN u. TAKALA 2006, Keinonen, T. u. Takala, R. (Hrsg.), Product Concept Design, A Review of the Conceptual Design of Products in Industry, Berlin 2006

KELLY 2002, Kelly, T., Das IDEO Innovationsbuch, Wie Unternehmen auf neue Ideen kommen, Düsseldorf 2002

KFW RESEARCH 2006, Kreditanstalt für Wiederaufbau KFW (Hrsg.), Mittelstands- und Strukturpolitik, Sonderband „Innovation im Mittelstand", Frankfurt/Main 2006

KICHERER 1987, Kicherer, S., Industriedesign als Leistungsbereich von Unternehmen, München 1987

KISS 1998, Kiss, E., Integriertes Industriedesign. Normenstrategien zur Einbindung des Industriedesign in die integrierte Produktentwicklung (Diss.), Bamberg 1998

KLOMP u. VAN LEEUWEN 1999, Klomp, L. u. van Leeuwen, G., The importance of innovation for firm performance, Voorburg 1999

KLÜNDER 2006, Klünder, P., Planbarer Brückenschlag, Die Methoden-Toolbox des Institutes für Integriertes Design, in: Design Report, Heft 11, 2006

KÖNIG u. VÖLKER 2001, König, M., Vöker, R. (Hrsg.), Plattformmanagement, Effizienter innovieren mit Produktplattformen, Arbeitsbericht Nr. 3/2001, Gefördert vom Ministerium für Ministerium für Wirtschaft und Verkehr des Landes Rheinland-Pfalz, Kompetenzzentrum Innovation und Marktorientierte Unternehmensführung, 2001

KOPPELMANN 1988, Koppelmann, U., Wettbewerbsvorsprung durch Design, in: Markenartikel (1988)4

KOPPELMANN 1994, Koppelmann, U., Marketing und Design, in: Spektrum d. Wiss., 1994, S. 100-107

KRANKE 2007, Kranke, G., Integration von Design in die universitäre Ausbildung von Ingenieuren, Habilitationsschrift, Technische Universität Dresden, Fakultät Maschinenwesen, 2007

KRETZSCHMAR 2003, Kretzschmar, A., The Economic Effects of Design, Danish Design Council, Report for the National Agency for Enterprise and Housing, 2003

KUNTZ-BRUNNER 2006, Kuntz-Brunner, R., Marketing tritt zu häufig an die Stelle des Designs, in: VDI Nachrichten, Nr. 10 vom 10. März 2006, S. 10

KUTTKAT 2007, Kuttkat, B., Schönes Produktdesign allein reicht nicht, in: Maschinenmarkt, 18. Mai 2007

LAUREL 2003, Laurel, B., Design Research, Methods and Perspectives, Cambridge/Mass. 2003

LEDWITH et al. 2006, Ledwith, A., Richardson, I. und Sheahan, A., Small firm-large firm experiences in managing NPD projects, in: Journal of Small Business and Enterprise Development, Volume: 13, 2006(3), S. 425-440

LEHNHARDT 1996, Lehnhardt, J.M., Analyse und Generierung von Designprägnanzen. Designstile als Determinanten der marketingorientierten Produktgestaltung (Diss.), Fördergesellschaft Produktmarketing e.V., Köln 1996

LEITHERER 1991, Leitherer, E., Industrie-Design, Entwicklung, Produktion und Ökonomie, Stuttgart 1991

LEITNER 1998, Leitner, K.H., Beyond the Hype: Current Trends in Management and Organisation Theory and their Relevance for SMEs, Proceedings of 28th European Small Business Seminar, 16-18th September 1998, WIFI, Vienna, S. 629-642

LENZEN 1993, Lenzen, T., Industriedesign als Erfolgsfaktor für mittelständische Unternehmen, Dissertation, Bamberg 1993

LESTER 1998, Lester D., Critical Success Factors for New Product Development, Research Technology Management, January-February 1998, S. 36-43

LICHT et al. 2005, Licht, G., Schnell, W. u. Stahl, H., Results of the German Innovation Survey, Centre for European Economic Research, Mannheim 2005

LINDEMANN 2005, Lindemann, U., Der Ingenieur und seine Designer – oder der Ingenieur und seine Partner, in: Reese 2005, a.a.O., S. 297-313

LINDEMANN 2007, Lindemann, U., Methodische Entwicklung technischer Produkte, Methoden flexibel und situationsgerecht anwenden, 2. bearbeitete Auflage, Berlin u. Heidelberg 2007

LINXWEILER 1999, Linxweiler, R., Marken-Design. Marken entwickeln, Markenstrategien erfolgreich umsetzen, Wiesbaden 1999

LORENZ 1986, Lorenz, C., The Design Dimension: Product Strategy and the Challenge of Global Marketing. Oxford 1986

LORENZ 1990, Lorenz, C., The Design Dimension: The new Competitive Weapon for Product Strategy and Global Marketing. Oxford 1990

MALAVAL 2004, Malaval, P., Strategy and Management of Industrial Brands, Berlin u. New York 2004

MARKETING 2008, Design Agency Leagues, in: Marketing, 9. July 2008, S. 31-39

MARZANO 1999, Marzano, S., Creating Value by Design, Philips Design, Eindhoven 1999

MAYER 2006, Mayer, S., Wettbewerbsfaktor Design, Zum Einsatz von Design im Markt für Investitionsgüter, Berlin 2006

MCKINSEY 2007, McKinsey & Company (Hrsg.), Acting on global trends: A McKinsey Global Survey, The McKinsey Quarterly 2007

MEIER-KORTWIG 1997, Meier-Kortwig, H.-J., Design Management als Beratungsangebot, Köln 1997

METAV 2008, Fachmesse Metav, Design ein Erfolgsfaktor im Maschinenbau, Fachforum auf der METAV 2008, Düsseldorf, 2. April 2008

MICHEL 2007, Michel, R. (Hrsg.), Design Research Now, Essays and Selected Projects, Basel et al. 2007, S. 25-39

MICHAELS u. WOOD 1989, Michaels, J.V. u. Wood, W.P., Design to Cost, Wiley 1989

MICROSOFT CORP. 2004, Microsoft Corp. (Hrsg.), Collaborative Product Development Reference Framework, White Paper, Nov. 2004

MOELLER 1997, Moeller, G., Design braucht Marketing – Marketing braucht Design, in: Buck, A. u. Vogt, M., Design Management, Was Produkte erfolgreich macht, Wiesbaden 1997

MOELLER 1998a, Moeller, G., Unternehmensidentität und Produktidentität, in: Sommerlatte et al. (Hrsg.), Das innovative Unternehmen, Wiesbaden 1998

MOELLER 1998b, Moeller, G., Design Management, in: Sommerlatte et al. (Hrsg.), Das innovative Unternehmen, Wiesbaden 1998

MOELLER 1998c, Moeller, G., Industrie-Design, in: Sommerlatte et al. (Hrsg.), Das innovative Unternehmen, Wiesbaden 1998

MOELLER 1998d, Moeller, G., Product Identity und Corporate Design, in: Sommerlatte et al. (Hrsg.), Das innovative Unternehmen, Wiesbaden 1998

MOELLER u. KNEWITZ 2000, Moeller, G. und Knewitz A., Das Produkt sichert das Überleben der Marke, Beitrag zur Produktpolitik, in: Horizont, Heft 2/2000

MUTLU 2003, Mutlu, B.D., New User-centered Methods for Design Innovation: A Study on the Role of Emerging Methods in Innovative Product Design an Development, Dissertaton, Istanbul Technical University, Institute of Science and Technology, 2003

MUTLU u. ER 2003, Mutlu, B.D. u. Er, A., Design Innovation: Historical and Theoretical Perspectives on Products Innovation by Design, Paper, 5th European Academy of Design Conf., Barcelona 2003

MWVLW 2006, Ministerium für Wirtschaft, Verkehr, Landwirtschaft und Weinbau Rheinland-Pfalz, (Hrsg.), Design für den Mittelstand, Eine Broschüre mit grundlegenden Informationen, Praxisbeispielen und Ansprechpartnern in Rheinland-Pfalz, Mainz 2006

NASSCOM 2006, Nasscom and Booth Allen Hamilton (Hrsg.), Globalization of Engineering Services, The next Frontier for India, New Delhi 2006

NUSSBAUM 2005, Nussbaum, B., India is hot in Innovation and Design with Cisco, Microsoft and Intel piling in, in: BusinessWeek online, 9. Dezember 2005 (including posted comments)

OBERLÄNDER 2006, Oberländer, D.M., Macht Design Marke?, in: Design Report, Heft 4/2006

OTTO 1993, Otto, R., Industriedesign und qualitative Trendforschung, München 1993

OWEN 2006, Owen, C.L., Design Thinking: Driving Innovation, IIT Institute of Design 2006

OWEN 2007, Owen, C.L., Reforming the Development Process, IIT Institute of Design 2007

PETERS 2005, Peters, B., The Relationship between Product and Process Innovations and Firm Performance: Microeconometric Evidence, Preliminary Draft, 2005

PETERS 2004, Peters, S., Modell zur Beschreibung der kreativen Prozesse im Design unter Berücksichtigung der ingenieurtechnischen Semantik – Ein Beitrag zur Förderung der interdisziplinären Kooperation zwischen Designern und Ingenieuren, Dissertation, Universität Duisburg-Essen 2004

PETERS 2007, Peters, S., Die Macht der Materialien, in: Form, Special Issue: Materialien für Designer, Heft 217, Jg. 2007, S. 13-16

PFÖRTSCH u. SCHMID 2005, Pförtsch, W. u. Schmid, M., B2B-Markenmanagement, Konzepte – Methoden – Fallbeispiele, München 2005

PIIRAINEN 2001, Piirainen, M., Design and Business Performance – Assessing the impact of product design on business performance, White Paper, Helsinki School of Economics and Business Administration, Department of International Business, International Design Business Management Program, May 27, 2001

PINKWART et al. 2006, Pinkwart, A., Kolb, S., Heinemann, D., Strategische Defizite von KMU, Ansatzpunkte zur Behebung im Turnaround, in: KSI Zeitschrift für Krisen-, Sanierungs- und Insolvenzberatung, Ausgabe 03/2006

POTTER et al. 1991, Potter, S., Capon, C., Bruce, M. u. Walsh, V., The Benefits and Costs of Investment in Design, Rep. (1991)3, The Open University Milton Keynes, 1991

PRICKEN 2004, Pricken, M., Kribbeln im Kopf. Kreativitätstechniken und Brain-Tools für Werbung und Design, Mainz 2004

PUGH 1990, Pugh, S., Total Design, Integrated Methods for Successful Product Engineering, Wokingham 1990

PUDLATZ et al. 2005, Pudlatz, M., Sturm, F., Kemp, J. u. Harris, H., Stimulating Manufacturing Excellence in Small and Medium Enterprises, Proceedings, Seventh International Conference on Stimulating Manufacturing Excellence in Small and Medium Enterprises, Glasgow, 12th June 2005

RAMS 1995, Rams, D., Weniger, aber besser, Hamburg 2005

RAHE 2006, D., Risiko Zukunft, Risiko Innovation, Nutzerorientierte Innovationen durch Integrierten DesignTransfer, Das Steinbeis Magazin/02.06, S. 7-9

RASSAM 1995, Rassam, C., Design and Corporate Success, Strategies for Product Development, Aldershot/Hamps. 1995

REESE 2005a, Reese, J. (Hrsg.), Der Ingenieur und seine Designer, Berlin 2004

REESE 2005b, Reese, J., Von der Anstrengung, der Technik ein Gesicht zu geben, in: Reese 2005a, a.a.O., S. 6-107

REINERTSEN 1998, Reinertsen, D.G., Die neuen Werkzeuge der Produktentwicklung, München 1998

RICHTER 2007, Richter T., Vice President, s.point design Shanghai, Interview mit C. Herrmann u. G. Moeller m Rahmen einer Sondierungsreise nach Indien + China, Shanghai 14. November 2007

ROCKS 2005, Rocks, D., China Design, How the Mainland is Becoming a Global Center for Hot Products (Asian Cover Story), in: BusinessWeek online, November 21, 2005

ROSE 2000, Rose, C.M., Design for Environment, A Method for the Formulating Product End-of-Life Strategies, Dissertation, Stanford University 2000

ROTHWELL 1994, Rothwell, R., Towards the Fifth-generation Innovation Process, in: International Marketing Review, 1994, Volume, 11, S. 7-31

ROY 1994, Roy, R., Can the Benefits of Good Design Be Quantified?, Design Management Journal, Volume 5, Heft 2, 1994

ROY u. POTTER 1997, Roy, R. u. Potter, S., The Commercial Impacts of Investment in Design, in: Bruce u. Cooper, Marketing and Design Management, London 1997

ROY u. RIEDEL 1997, Roy, R. u. Riedel, J., The Role of Design and Innovation in Competitive Product Development, Final Report, Second European Academy of Design Conf., 1997

ROY u. WIELD 1986, Roy, R. u. Wield, D. (Eds), Product Design and Technological Innovation: a reader, Milton Keynes 1986

RUBIK 2000, Rubik, F. (unter Mitarbeit von Esther Hoffmann, Dr. Ulla Simshäuser), Innovationen durch die Umweltpolitik – Integrierte Produktpolitik (IPP) in Deutschland. Vorschläge des IÖW, Endbericht im Auftrag des BMU. 25. April 2000. Heidelberg 2000

RUOKONEN 2005, Ruokonen, A. (Hrsg.), Design 2005: Industrial Design – Technology's Counterpart in Competitiveness, TEKES The National Technology Agency of Finland (Hrsg.), Helsinki 2005

RUSSO et al. 2008, Russo, P, Gleich, R. u. Stracheg, F. (Hrsg.), Von der Idee zum Markt, München 2008

RUSSO u. STILLER 2006, Russo, P. u. Stiller, P., Intrapreneurship als Erfolgsfaktor der Produktentwicklung, in: ZfCI, Performance Excellence Zeitschrift für Controlling und Innovationsmanagement, Heft 3/2006, S. 40 ff.

RÜSEN 2008, Rüsen, T., Krisen und Krisenmanagement in Familienunternehmen: Schwachstellen erkennen, Existenzbedrohungen meistern, Wiesbaden 2008

RYCROFT 2003, Rycroft, R., Self-Organizing Innovation Networks, Implications for Globalization, Occasional Paper Series, The George Washington University, February 24, 2003

SCHALTEGGER et al. 2007, Schaltegger, S., Herzig, C., Kleiber, O. u. Klinke, T. u. Müller, J., Nachhaltigkeitsmanagement in Unternehmen, Konzepte und Instrumente zur nachhaltigen Unternehmensentwicklung, hrsg. vom Bundesministerium für Umwelt, Naturschutz und Reaktorsicherheit, Berlin 2007

SCHMIDT o. Jg., Schmidt, E.M., Innovation im Mittelstand, Theoretische und empirische Aspekte, White Paper Nr. 16, RWI Essen o. Jg.

SCHMIDT, P. 2004, Schmidt, P., Talking Business. Wie wichtig ist der Faktor Design für eine erfolgreiche Unternehmensstrategie?, in: Form, Nr. 193/194, Januar/Februar 2004, S. 38-45

SCHMITT u. SIMONSON 1997, Schmitt, B. u. Simonson, A., Marketing Aesthetics, The Strategic Management of Brands, Identity and Image, New York 1997

SEEGER 2005a, Seeger, H, Design technischer Produkte, Produktprogramme und -systeme. Industrial Design Engineering, 2. bearbeitet und erweiterte Auflage, Berlin 2005

SEEGER 2005b, Seeger, H., Aus- und Weiterbildung von Ingenieuren im Design, in: REESE 2005a, a.a.O., S. 277-288

SEIDEL 2005, Seidel, M., Methodische Produktplanung, Reihe Informationsmanagement im Engineering, Band 1, Karlsruhe 2005

SENTANCE 1997a, Sentance, A. u. Clark J., The Contribution of Design to the UK Economy, Design Council, London 1997

SENTANCE 1997b, Sentance, A. u. Walters, C., Design, Competitiveness and UK Manufacturing Performance, Design Council, London 1997

SITTE 2001, Sitte, G., Technology Branding, Strategische Markenpolitik für Investitionsgüter (Diss.), Wiesbaden 2001

SMITH 1994, Smith, E., Good Design is indeed good business, Design Management Journal (Spring) 1994, 18-23

SMITH u. REINERTSON, Smith P.G. u. Reinertson, D.G., Developing Products in Half the Time: New Rules, New Tools, Second Edition. John Wiley and Sons, 1997

SOMMERLATTE et al. 2006, Sommerlatte, T., Bey, G. u. Seidel, G., Innovationskultur und Ideenmanagement, Düsseldorf 2006

SOTAMAA 2007, Sotamaa, Y., Design as an Innovation Driver, Shift from Technology-driven Development to Human-centered Innovation, Presentation, InnoEurope Conference, Riga and Vilnius November 8, 2007

SPÄTH 2008, Späth, L. (Hrsg.), Top 100 2008 – Die 100 innovativsten Unternehmen im Mittelstand, Redline Wirtschaft 2008

SPIESS 1993, Spieß, H., Integriertes Designmanagement, Beiträge zum Produktmarketing, Bd. 23, Köln 1993

SPÖTTL 2007, Spöttl, S., Markenführung im Mittelstand – Ein Kurzbericht über Strategien und Aspekte der Markenführung, SSBC, Download 2007

STAMM 2003, Stamm, B.v., Managing Innovation, Design and Creativity, London 2003

STEFFEN 2000, Steffen, D. (Hrsg.), Design als Produktsprache, Der „Offenbacher Ansatz" in Theorie und Praxis, Frankfurt/Main 2000

STEINMEIER 1998, Steinmeier, I., Industriedesign als Innovationsfaktor für Investitionsgüter (Diss.), Frankfurt/Main 1998

STMWIVT 2005, Bayerisches Staatsministerium für Wirtschaft, Infrastruktur, Verkehr und Technologie (Hrsg.), Design: Zeichen setzen im Wettbewerb – Designmanagement für kleine und mittlere, Unternehmen, München 2005

SVID 2004, Swedish Industrial Design Foundation (Hrsg.), 10 Points: Attitudes, Profitability and Design Maturity in Swedish Companies, Studie, Stockholm 2004

SYMEONIDIS 1996, Symeonidis, G., Innovation, Firm Size and Market Structure, Schumpeterian Hypotheses and some new Themes, OECD Economics Department working paper 161, 1996

TAKALA et al. 2006, Takala, R., Keinonen, T. u. Jääskö V. (Hrsg.), Product Concept Design. A Review of the Conceptual Design of Products in Industry, Berlin 2006

TE TOKI A RATA 2004, Te Toki a Rata, University of Otaga, Interview with Gui Bonsiepe 2004

TEKES 2005, Tekes, The Finish Technology Agency (Hrsg.), Industrial Design – Technology's Counterpart in Competitiveness, Design 2005 – The Industrial Design Technology Programme 2002–2005, Academy of Finland Research Programme for Industrial Design 2004-2007, Program Brochure, Helsinki 2005

TETHER 2004, Tether, B.S., In the Business of Creativity: An Investigation into Design, Innovation and Design Consultancies in the 'Networked Economy', Centre for Research on Innovation and Competition (CRIC), University of Manchester 2004

TETHER 2005, Tether, B.S., The Role of Design in Business Performance, DTI Think Piece, CRIC, University of Manchester 2005

THEYS 2003, Theys, M., How Does Outsourcing Relate to Innovation? A Case Study, Univ. Lausanne, April 2003

THILMANY 2006, Thilmany, J., Pros and Cons of CAD, in: Mechanical Engineering, September 2006

THOMPSON 1994, Thompson, P., Making Design a Strategic Weapon: The PIMS Contribution, Design Manag. J. (1994) 2

TIDD 2006, Tidd, J., A Review of Innovation Models, Paper 1, Tanaka Business School, Imperial College, London 2006

TIDD et al. 2005, Tidd, J., Bessant, J. u. Pavitt, K., Managing Innovation, Integrating technological, market and organizational change, Third Edition, Wiley 2005

TISCHNER et al. 2000., Tischner, U., Schmincke, E. und Rubik, F., Was ist EcoDesign, Birkhäuser 2000

TISCHNER o. Jg., Tischner, U., Internes Operatives Umweltmanagement, Teil 5: EcoDesign, in: Lutz, U., Döttinger, K . u. Roth, K., Betriebliches Umweltmanagement, Loseblattwerk, Düsseldorf ohne Jahrgang

TRUEMAN 1998, Trueman, M., Competiting through Design. In: Long Range Planning, 1998

ULRICH 1998, Ulrich, K., Design als integrierender Faktor der Unternehmensentwicklung, Dissertation, Wuppertal 1998

ULRICH u. EPPINGER 2007, Ulrich, K.T. u. Eppinger, St.D., Product Design and Development, Neue überarb. Aufl., Columbus/OH 2007

VAHRS u. BURMESTER 2005, Vahrs, D. u. Burmester, R., Innovationsmanagement, Von der Produktidee zur erfolgreichen Vermarktung, Stuttgart 2005

VANDEVELDE et al. 2002, Vandevelde, A., Van Dierdonck, R. u. Clarysse, B., The Role of Physical Prototyping in the Product Development Process, Vlerick Working Papers 2002/07, Vlerick Leuven Gent Manag. School

VDI 1997, Verein Deutscher Ingenieure (Hrsg.), Statusbericht Design und Innovation, Technologiezentrum Physikalische Technologien (Technologie-Monitoring), Düsseldorf 1997

VDID o. Jg., VDID Verband Deutscher Industrie Designer und Zollverein School (Hrsg.), Strategie: Der beste Schritt zur richtigen Zeit, Produktdesign-Kompetenz für den Mittelstand, Teil 1

VDID o. Jg., VDID Verband Deutscher Industrie Designer und Zollverein School (Hrsg.), Marketing: Die Punktlandung im Markt, Produktdesign-Kompetenz für den Mittelstand, Teil 2

VDID o. Jg., VDID Verband Deutscher Industrie Designer und Zollverein School (Hrsg.), Marke: Design, Das Gesicht der Marke, Produktdesign-Kompetenz für den Mittelstand, Teil 3

VDID o. Jg., VDID Verband Deutscher Industrie Designer und Zollverein School (Hrsg.), Management: Das Projekt im Griff, Produktdesign-Kompetenz für den Mittelstand, Teil 4

VDMA 2002, VDMA, Die Bedeutung der Marke in der Investitionsgüterindustrie, Studie des VDMA innerhalb seiner Mitgliedsfirmen, VDMA Nachrichten 09/02

VERGANTI 2003, Verganti, R., Design as Brokering of Languages: The Role of Designers in the Innovation Strategies of Italian Firms, Design Management Journal, 3, 2003, S. 34-42

VERGANTI 2007, Verganti, R., Erfolgsfaktor Design, in: Harvard Business Manager, April 2007, S. 26-40

VERGANTI u. DELL'ERA 2005, Verganti, R. u. Dell'Era, C., Radical Design-driven Innovation, The Secret of Italian Design, Proceedings, European Design Forum ,Verona, 17.-18. März 2005

VERONA u. RAVASI 2003, Verona, G. u. Ravasi, D. (Hrsg.), Dynamic Capabilities for Continuous Product Innovation, White Paper, SDA Bocconi, Mailand 2003

VERWORN u. HERSTATT 2000, Verworn, B. u. Herstatt, C., Modelle des Innovationsprozesses, Arbeitspapier Nr. 6, 2000

VERYZER 2005, Veryzer, R., The Roles of Marketing and Industrial Design in Discontinuous New Product Development, Journal of Product Innovation Management 22, 2005, S. 22-41

WABERSKY 2007, Wabersky, M., Wo drückt der Schuh, Erste Ergebnisse einer Befragung kleiner und mittelständischer Unternehmen in Berlin zum Thema Design, in: IDZ 2006 S. 65-69

WALSH 1996, Walsh, V., Design, Innovation and the Boundaries of the Firm, in: Research Policy, Heft 25, 1996

WALSH et al. 1992, Walsh, V., Roy, R., Bruce, M. u. Potter, S., Winning by Design: Technology, Product Design and International Competitiveness, Oxford 1992

WHEELWRIGHT u. CLARK 1992, Wheelwright, S.C. u. Clark, K.B., Revolutionizing Product Development, New York 1992

WILDEMANN 1997, Wildemann, H., Fertigungsstrategien, Reorganisationskonzepte für eine schlanke Produktion und Zulieferung, 3. Auflage, TCW Verlag, München 1997

WILDEMANN 2007, Wildemann, H., Roadmapping, Leitfaden zur Planung und Erschließung von Zukunftspotenzialen im Unternehmen, 5. Auflage, TCW Verlag, München 2007

WIMMER u. KAUFFMAN 2009, Wimmer, W. u. Kauffman, J., Handbook of Sustainable Engineering, in Vorbereitung, Heidelberg 2009

WOLF 1994, Wolf, B. (Hrsg.), Designmanagement in der Industrie, Gießen 1994

WOLF 2008a, Wolf, B., Brand, Reputation and Design Management in Small and Medium-Sized Enterprises, Hogeschool Inholland (University of Applied Sciences), Amsterdam 2008

WOLF 2008b, Wolf., B., Aussagen zum Designmanagement in Unternehmen im Rahmen eines Doktoranden-Kolloquiums an der Universität Wuppertal, Frühjahr 2008

WOODCOCK u. MOSEY 2002, Woodcock, D. u. Mosey, S., Developing New Products in Smaller Manufacturing Companies, Prime Faraday Technology Watch, Loughborough/Leicester 2002

WOODSIDE et al. 2001, Woodside, A.G., Liukko, T. u. Arch, G. (Hrsg.), Designing Winning Products, JAI Press 2001

YAMAMOTO u. LAMBERT 1994, Yamamoto, M. u. Lambert, D., The Impact of Product Aesthetics on the Evaluation of Industrial Products, in: Journal of Product Innovation Management (1994)11

ZEC 1998, Zec, P., Mit Design auf Erfolgskurs – Strategien, Konzepte, Prozesse, Köln 1998

ZEC 2006, Zec, P., Return on Ideas, Better by Design, Ludwigsburg 2006

ZERWECK 2008, Zerweck, P., Warum Designer nicht einparken können und Ingenieure nirgendwo hinkommen, in: Hentsch, N., Kranke, G. und Wölfel, C. (Hrsg.), Industriedesign und Ingenieurwissenschaften, Technisches Design in Forschung, Lehre und Praxis, TUD Press, Dresden 2008, S. 127-134

Printed by Printforce, the Netherlands